"十二五"国家重点图书
材料科学研究与工程技术系列
(应用型院校用书)

材料基础实验教程

主　编　徐家文
副主编　王永东　王振玲
参　编　刘爱莲　王淑花　郑光海
主　审　王振廷

哈尔滨工业大学出版社

内 容 简 介

本书是根据材料成型及控制工程专业和金属材料工程专业的实验教学要求编写,内容包括实验基础知识和材料科学基础、材料测试分析方法、材料力学性能、金属材料热处理、金属腐蚀与防护、材料成型方法(铸造和焊接)、计算机在材料科学中的应用等,涉及诸多专业基础课和专业课的内容。本书既有实验基础知识,基础实验,又有综合性、设计性实验。全书由64个实验组成,每个实验都包括实验目的、基本原理、主要仪器设备、实验步骤与方法、基本要求、思考题等内容,选用本书时可根据自己的实际教学情况加以取舍。

本书既是高等院校材料类专业及其相关专业的本科生和专科生实验教材,又是科研人员、教师和技术人员的参考书。

图书在版编目(CIP)数据

材料基础实验教程/徐家文主编. —哈尔滨:哈尔滨工业大学出版社,2011.1

材料科学研究与工程技术系列

(应用型院校用书)

ISBN 978-7-5603-3092-1

Ⅰ.①材… Ⅱ.①徐… Ⅲ.①工程材料-实验-教材 Ⅳ.①TB3-33

中国版本图书馆 CIP 数据核字(2010)第 187422 号

策划编辑	张秀华 杨桦
责任编辑	张秀华 刘威
出版发行	哈尔滨工业大学出版社
社　　址	哈尔滨市南岗区复华四道街10号 邮编150006
传　　真	0451-86414749
网　　址	http://hitpress.hit.edu.cn
印　　刷	哈尔滨市工大节能印刷厂
开　　本	787mm×1092mm 1/16 印张14.5 字数332千字
版　　次	2011年1月第1版 2011年1月第1次印刷
书　　号	ISBN 978-7-5603-3092-1
定　　价	24.80元

(如因印装质量问题影响阅读,我社负责调换)

前　言

材料科学与工程学科的发展表明，试验在材料研究与应用过程中有重要作用，也是材料学科专业有别于其他学科和专业的重要特点。从事材料的生产与研究工作，要求具有扎实的基础理论知识，同时又能够理论联系实践，具备多方面的实验研究能力。实验教学是理论联系实际、提高创新能力的重要环节，它对培养学生的实验技能、创新能力和综合能力有着不可替代的作用。因此，普通高等院校培养材料科学与工程方面的人才必须高度重视实验和实践教学。

本书结合国内多所院校材料成型及控制工程和金属材料工程专业教学实际编写而成，使实验教学与专业课程教学紧密联系，同时又具有相对的独立性和针对性，旨在培养学生的实验动手能力、专业实践技能和实验设计与创新能力。第1章介绍测量与误差、实验方案设计、实验数据处理等实验基础知识；第2章至第9章介绍材料科学基础、材料分析测试方法、材料力学性能、金属材料热处理、金属腐蚀与防护、铸造和焊接等方面的60余个实验。每个实验都包括实验目的、基本原理、仪器及材料、实验过程和方法、实验基本要求和思考题等内容。教材在实验项目上重点选择专业基础课和专业主干课的实验，内容编排上注意与理论课紧密结合，但不刻意重复一些理论课中已有的内容，主要考虑实验教学应具有的系统性和实践的独特性。

本书主体部分各章下面以节来划分，避免因各校实验名称的差异而造成使用时的混乱，使教材具有更大的灵活性和适应性。同时，书中有一定比例的综合性和设计性实验，但鉴于各院校不同实际情况及组织教学过程的不同，所以书中没有特意指明，使用过程中可根据实际情况进行选择。随着学科专业内容的不断扩张，大学课程的学时愈发显得紧张，要在一学期内进行书中全部或大部分实验是不切实际的，编者认为分学期、分阶段进行比较合适，而且有些实验在具体实施过程中其内容可能还要进行取舍。

众多教师为本书出版做出了贡献，由于篇幅限制这里不能一一介绍，只将主要参与编写的人员列出。本书的第1章由刘爱莲编写，第2章、第5章和第8章的8.1~8.7节由王永东编写，第3章、第7章、第9章由王振玲编写，第6章由王淑花编写，第8章的8.8~8.11节由郑光海编写。徐家文编写了本书的第4章并负责全书的统稿和修改工作，王振廷审阅了本书并提出宝贵意见。此外，本书编写过程中得到多所院校教师的帮助并提供了许多有价值的参考资料，在此表示衷心感谢！同时也对本书参考和引用文献资料的作者表示诚挚的谢意！

由于编者学术水平所限，因此在章节安排、内容取舍以及文字编排中难免有不妥之处，恳请读者和各位专家同行不吝指正。

编　者
2010年3月

目　录

第1章　实验技术基础知识 ·· 1
　1.1　测量及误差 ·· 1
　1.2　测量数据的记录及处理 ·· 6
　1.3　实验方案的设计 ··· 12
　1.4　正交实验设计 ··· 17
　1.5　有交互作用的正交实验 ··· 23
　1.6　正交实验的方差分析 ··· 27
　1.7　实验报告的撰写 ··· 31
　思考题 ··· 32

第2章　材料科学基础实验 ·· 34
　2.1　二元合金相图测绘 ··· 34
　2.2　铁磁性材料居里点测试 ··· 36
　2.3　铁碳合金平衡组织的观察 ··· 39
　2.4　金属塑性变形与再结晶 ··· 42
　2.5　铸铁的显微组织观察与分析 ··· 45
　2.6　有色金属的显微组织分析 ··· 47
　2.7　粉末特性及模压成形 ··· 50
　2.8　溶胶-凝胶法制备纳米粉体 ·· 52

第3章　金属材料测试分析方法实验 ·· 54
　3.1　金相试样制备及显微镜使用 ··· 54
　3.2　金相定量分析 ··· 59
　3.3　MX2600FE型扫描电子显微镜构造及图像分析 ······························· 61
　3.4　透射电子显微镜结构及选区电子衍射分析 ································· 64
　3.5　金属晶体X射线衍射及图谱分析 ·· 67
　3.6　碳钢化学成分测定 ··· 71
　3.7　形状记忆合金形变回复率的测定 ··· 74

第4章　材料力学性能实验 ·· 77
　4.1　金属拉伸试验及断口分析 ··· 77
　4.2　金属薄板拉伸 ··· 80
　4.3　金属室温压缩变形 ··· 82

I

4.4	金属硬度实验	84
4.5	显微维氏硬度	88
4.6	金属韧脆转变温度测定	91
4.7	金属断裂韧度 K_{IC} 的测量	94
4.8	金属疲劳试验	98
4.9	金属的摩擦磨损	102
4.10	失效断口宏观分析	104

第5章 金属材料热处理实验 ... 107

5.1	钢的奥氏体晶粒度测量	107
5.2	钢的淬透性测量	109
5.3	碳钢退火、正火后的组织观察与分析	112
5.4	碳钢淬火、回火后的组织观察与分析	115
5.5	高速钢热处理后的组织观察与分析	118
5.6	球墨铸铁热处理	121
5.7	渗碳层组织观察与分析	123
5.8	高频感应加热表面淬火	125
5.9	铝合金固溶及时效处理	128
5.10	观察与分析常见热处理缺陷组织	130

第6章 金属腐蚀与防护实验 ... 132

6.1	临界点蚀电位的测定	132
6.2	阳极极化曲线的测定	133
6.3	电刷镀实验	137
6.4	钢的化学镀镍	139
6.5	钢的常温磷化	141
6.6	钢板热浸镀铝	144

第7章 铸造实验 ... 148

7.1	原砂性能综合实验	148
7.2	型砂常温性能测试	150
7.3	铸件凝固过程温度场测试	154
7.4	液态金属流动性测试	156
7.5	铝硅合金的细化和变质处理	158
7.6	金属铸锭组织	161
7.7	铸造残余应力的测定	163
7.8	感应炉熔炼制备球墨铸铁	165

第 8 章　焊接实验 ………………………………………………………… 168

8.1　焊接接头组织观察与分析 …………………………………………… 168
8.2　焊接接头扩散氢含量测定 …………………………………………… 171
8.3　手工电弧焊焊条制作 ………………………………………………… 174
8.4　不锈钢焊接接头的晶间腐蚀 ………………………………………… 178
8.5　钎料对母材的润湿性 ………………………………………………… 181
8.6　焊接电弧的静特性 …………………………………………………… 184
8.7　焊接电源的外特性 …………………………………………………… 186
8.8　斜 Y 型坡口焊接裂纹试验 …………………………………………… 190
8.9　钨极氩弧焊 …………………………………………………………… 192
8.10　电阻点焊工艺 ………………………………………………………… 196
8.11　磁粉探伤 ……………………………………………………………… 199

第 9 章　计算机在材料科学中的应用 ………………………………… 202

9.1　金属液充型过程数值模拟 …………………………………………… 202
9.2　Jade 5.0 软件在金属晶体 X 射线衍射谱标定中的应用 …………… 206
9.3　Origin 软件在实验数据处理中的应用 ……………………………… 211
9.4　渗碳气氛计算机控制过程 …………………………………………… 215

参考文献 ……………………………………………………………………… 220

第1章 实验技术基础知识

1.1 测量及误差

试验中有大量的测量工作,测量既包括对许多物理量的测量,也包括对测量数据的处理。这些过程都与误差理论有着密切的关系,如果处理不当就会影响测量结果的精确性,使试验成为徒劳无效的工作,因此必须掌握测量和误差的基础知识。

一、量和测量

量是指现象、物体或物质可定性区别和定量确定的一种属性。而量值用来定量地表达被测对象相应属性的大小。测量就是把被测对象中的某种信息,如强度、韧性、尺寸、位移等检测并加以度量的实验操作,也就是以确定被测对象属性的具体数值为目的进行的操作。测量的结果用量值表示,量值一般是测量数值和计量单位的乘积,也就是测量结果包括测量数据和所用单位两个部分。

1. 基本量和导出量

科学技术领域中存在许多的量,它们彼此之间往往存在规律性的联系。因此,可以选取几个量作为基本量,其他量作为基本量的导出量,并将基本量看做相互独立的量,而导出量则直接或间接地与基本量存在函数关系。国际单位制(SI)中规定长度、质量、时间、电流、温度、物质的量、发光强度7个量为基本量,分别用 L、M、T、I、θ、N、J 表示。

将一个导出量用若干个基本量幂的乘积表示出来的表达式,称为该量的量纲式,简称量纲。按照国家标准,物理量 Q 的量纲记为 $\dim Q$,国际上沿用的习惯记为 $[Q]$。例如,导出量中速度($v = ds/dt$)的量纲:$\dim v = LT^{-1}$;加速度($a = dv/dt$)的量纲:$\dim(a) = LT^{-2}$;力($F = ma$)的量纲:$\dim(F) = LMT^{-2}$;压强($p = F/S$)的量纲:$\dim(p) = MT^{-2}L^{-1}$。

量纲是科学技术中一个重要问题,它可以定性地表示出导出量与基本量之间的关系,可以有效地进行单位换算,可以用它来检查物理公式的正确与否及推知某些物理规律。例如,根据"在任何一个量与量之间的关系中,等号两侧的量纲也相同,两项相加时每项量纲也要相等"的量纲法则,可以检验物理公式的正确性。

2. 法定计量单位

现实中许多量之间存在着规律性的联系,可先规定基本量的单位,其他量的单位可由它们与基本量之间的关系式导出来,这样制定的一套单位构成一定的单位制。我国的法定计量单位是由以国际单位制(SI)为基础并选用少数其他单位制的计量单位组成,强制各行业、各组织都必须遵照执行。国际单位制(SI)中基本量的单位称为基本单位,其各单位名称及单位符号列于表1.1中。

表 1.1　国际单位制(SI)中的基本量的量纲及单位

基本量	长度	质量	时间	电流	温度	物质的量	发光强度
量纲符号	L	M	T	I	θ	N	J
单位符号	m	kg	s	A	K	mol	Cd
单位名称	米	千克	秒	安	开	摩尔	坎

国际单位制中的弧度和球面度是无量纲的量,它们未列入基本单位和导出单位,称为辅助单位。辅助单位既可作为基本单位使用,又可作为导出单位使用。在选定了基本单位和辅助单位之后,按导出量与基本量之间的关系,由基本单位和辅助单位以相乘或相除的形式所构成的单位称为导出单位。

3. 测量方法

测量方法是指在实施测量中所涉及的一套理论运用和实际操作,其中包括测量原理和获得测量结果的方式。按照是否直接测定被测量,测量分为直接测量法和间接测量法。一般基本量的测量都属于直接测量,例如,用游标卡尺测量圆柱直径、用量筒测量液体容积、用物理天平称材料的质量、用秒表测量单摆周期,等等。仪表上所标明的刻度或从显示装置上直接读取的值,都是直接测量的量值。实际实验中,能够直接测量的量是少数,大多数是依据直接测量的数据,通过一定函数关系的计算来得到所需的结果。例如,通过测量长度来计算矩形面积,通过测量电流强度、电压来计算电功率,通过测量单摆长度和周期计算重力加速度,等等,这些都属于间接测量法。

按照测试的手段,测量方法可分为机械方法、光学方法和电学方法。随着微电子技术和计算机技术的发展,对电量的测量技术已达到用机械方法和一般光学方法测量时很难达到的水平,在动态和静态测量中得到了广泛的应用。这里的"动态"和"静态"是指被测量是否随时间变化。静态测量过程中,被测量值恒定或随时间变化很缓慢;而动态测量过程中,被测量值随时间产生比较快的变化,因此动态测量中,要确定被测量就必须测量其瞬时值及其随温度的变化规律。

在测量过程中,按传感器是否与被测物体作机械接触,可分为接触测量和非接触测量。传感器是能按一定规律将被测量转换成同种或别种量值输出的器件。传感器从被测对象中接收能量信息,把某种或多种信息从被测系统中检拾出来,在整个测试系统中占有首要地位。热电偶是常用的温度传感器,它能直接将被测对象输入的能量(热)转换为电能而不需外加能源,属于典型的热电型传感器。而那些需要借助辅助能源将输入的机械量转换成电参数输出的传感器称为参量型传感器。

二、测量误差

各种各样的测量误差始终存在于一切科学实验和测量过程中,因此误差具有必然性和普遍性。随着人们试验技巧、控制技术和专门知识的提高和丰富,误差可以被控制得越来越小。一个完整的测量结果表达式应该包含误差部分,没有标明误差的测试结果有时会成为没有用处的数据,因为数据的质量通常是按它们的误差与最终使用的要求相比较进行评价的。

1. 误差产生的原因

测量值与被测量真值之间的差异称为测量误差,简称误差。研究事物的客观规律总是在一定的环境和仪器条件下进行,由于测试条件(环境、温度、湿度)的变化以及仪器精度的不同,使观测数据总有一定的变异性或波动性,所以测量值并不是被测量在一定条件下客观存在的、实际具有的量值,而是被测量真实量值的近似值。

测量误差主要来源于五个方面:① 作为标准度量的器具,如刻度尺、天平砝码、温度计等不可能绝对准确,产生测量装置误差;② 测量方法不完善,如使用了近似的数学模型,用直线代替曲线,产生测量方法误差;③ 测量前未能将测量器具和被测对象调整到正确位置和状态,产生调整误差;④ 观测者的瞄准和读数习惯、分辨视力等主观因素产生的观测误差;⑤ 测量过程中环境状态的变化、材料组分的非均一性以及试样内部细微差别等,产生环境误差。

2. 误差的表示方法

(1) 绝对误差。如果把无误差的理论结果定义为真值,则测量结果 x_i 与真值 μ_0 之间的偏差称为绝对误差 Δx_i,即

$$\Delta x_i = x_i - \mu_0$$

绝对误差具有与被测量相同的单位,其值可为正亦可为负。虽然真值是在一定条件下客观存在的量值,但由于测量误差的普遍存在,一般情况下被测量的真值无法得到。这种情况下,通常用偏差来衡量测量结果的准确度。偏差与误差在概念上是不同的,它表示测量结果与算术平均值 $\bar{x}$ 之间的差值,即

$$d_i = x_i - \bar{x}$$

与绝对误差公式相比,偏差是用算术平均值 $\bar{x}$ 代替真值 μ_0。

(2) 相对误差。相对误差是绝对误差与真值的比值,即

$$E_r = \frac{x_i - \mu_0}{\mu_0}$$

相对误差常用百分数(%)、千分数(‰) 或百万分数表示,它是无量纲数,描述的是比值的大小,而不是误差本身的绝对大小。

(3) 范围误差。范围误差是指一组测量数据中最大数据与最小数据的差,在统计中常用极差来反映数据分布的变异范围和数据的离散程度,又称为全距或极差。其公式表达为

$$R = x_{\max} - x_{\min}$$

式中,R 为测量值分布区间范围;$x_{\max}$ 为最大测量值;$x_{\min}$ 为最小测量值。

极差的优点是计算简单,含义直观,运用方便,在数据统计处理中有相当广泛的应用。但它未能利用全部测量值的信息,不能细致地反映测量值彼此相符合的程度。

(4) 引用误差。引用误差是绝对误差与计量器具标称范围内的最高值或量程的百分比。量程是指测量装置测量范围的上限与下限之差。例如,标称范围为 -60 ~ 100 ℃ 的温度计,其量程为 160 ℃,如果用该温度计测量温度时的示值为 10.0 ℃,而实际温度为 9.2 ℃,这时温度计的引用误差为 (10.0 ℃ - 9.2 ℃)/160 ℃ = 0.5%。

引用误差只用于表示计量器具的特性,其用相对误差的形式表示测量装置所具有的测量准确程度。测量装置应保证在规定的使用条件下其引用误差不超过某个规定值,这个规定值称为仪表的允许误差。

3. 误差分类

(1) 系统误差。系统误差是指在一定试验条件下,出现某些保持恒定或按一定规律变化的因素而使多次测定平均值与真值偏离的误差。系统误差的来源是多方面的,可来自仪器和试剂,也可来自操作不当或个人的主观因素(例如读取刻度的习惯)及测量方法的不完善。

系统误差最重要的特点是单向性或规律性。引起误差的因素在一定条件下是恒定的,误差的符号偏向同一方向或有规律变化,因此可按照它的作用规律对它进行校正或设法消除,增加测定次数不能使系统误差减小。系统误差决定测量结果的准确程度,因此要研究系统误差产生的原因,发现、减小或消除系统误差,使测量结果更加趋于正确和可靠。

(2) 随机误差。随机误差是由于各种因素的偶然微弱变动而引起的单次测定值对平均值的偏离。在相同的条件下,多次重复测量被测量时,随机误差大小和方向都以不可预知的方式变化。但是,如果用统计学方法,将大量的实验数据整理成直方图的形式,可以研究随机误差的分布特征。可以设想,如果测定次数非常多,测定值的间隔再细分,直方图将逐渐趋于正态分布的曲线。这种正态分布清楚地反映出偶然误差的规律性,可以分析出各种大小偏差的概率。

测量过程中系统误差很小和不存在过失的情况时,多次测量结果的随机误差具有以下几个性质:① 测量值落在算术平均值附近次数多,即单峰性;② 绝对值相等的正负误差出现的概率相同,即对称性;③ 误差的绝对值不会超过一定的限度,即有界性;④ 误差的算术平均值随测量次数的增加而减小,即具有抵偿性。由随机误差的性质可知,多次测量时试验误差的代数和将会很小,甚至相互抵消,所以可以通过增加测定次数的办法在某种程度上减少随机误差。

(3) 粗大误差。明显超出在规定条件下预期误差范围的误差,称为粗大误差或精大误差。粗大误差使测量值明显偏离被测量的真值,是一种显然与事实不符的误差。一般是因分析人员的粗心或疏忽而造成的,没有一定规律可循,只要分析人员加强工作责任心,这种误差是完全可以避免的。所以在作误差分析时,要估计的误差通常只有系统误差和随机误差两类。

含有粗大误差的测定值会明显地歪曲客观现象,因此含有粗大误差的测定值称为异常值。要采用的测定结果不应该包含粗大误差,即所有的异常值都应当剔除。但是,在材料试验中舍弃异常值时必须谨慎,除依据随机误差理论作判据外,还要对被测对象本身做深入考察,确认是否有可能是很重要的极端数据。例如,对淬火钢进行硬度测试时,如果发现一些点明显低于应具有的硬度,就应该考虑热处理工艺参数的合理性及热处理炉控温准确性等问题。因为若热处理过程中加热温度达不到奥氏体化的临界温度以上,基体中将存在一部分未溶的铁素体,导致试样局部硬度较低。

4. 误差的相互转化

不同性质的误差在一定条件下可以相互转化,即系统误差和随机误差在某种情况下是能相互转化的。例如,尺子的分度误差是随机误差,但以后将它作为基准尺以检定成批尺子时,该分度误差使得成批测量结果始终长一些或短一些,此时就成为系统误差。这类系统误差常称为系统性随机误差或前次随机误差。又如,刻度盘某一分度线具有一个恒定系统误差,但所有分度线的误差却有大有小,有正有负,对整个度盘的分度线的误差来说具有随机性质。如果用度盘的固定位置测量定角,则误差恒定,可以当做已定系统误差;如果用度盘的各个不同位置测量该角,则误差时大时小,即随机化了。

在实际测量中,人们常利用误差相互转化这个特点,来减小实验结果的误差。例如,当实验条件稳定且系统误差可掌握时,就尽量保持在相同条件下作实验,以便修正系统误差;当系统误差未能掌握时,就可采用随机化测量使系统误差随机化,以便得到抵偿部分系统误差的结果。将系统误差随机化后归并到随机误差之中后,能够减少多次测量的算术平均值的误差。

三、系统误差的判断与消除

系统误差具有单向性和规律性,而随机误差具有不可预料性,所以误差检验与消除主要考虑系统误差。但只有发现测量结果中存在系统误差才有可能想办法消除或减少。目前还没有适用于发现各种误差的普遍方法,只有根据具体测量过程和对测量仪器全面仔细的分析,才能最终确定有无误差。

1. 系统误差的判断

对某一物理量进行多次测量,得数据列为 $x_1, x_2, x_3, \cdots x_n$,算出算术平均值 $\bar{x}$ 及偏差 d_i。将测得的数据按递增的顺序依次排列,然后进行如下分析:① 如果偏差的符号在连续几个测量中均为负或正,则测量中含有线性系统误差;② 如果发现偏差值的符号有规律地交替变换,则测量中有周期性系统误差;③ 当某一条件存在和不存在时,测量数据偏差由基本上保持相同的符号状态(正或负)变为相反的符号状态(负或正),则该测量过程中含有与条件变化有关的固定系统误差。

此外,还可以按照测量的先后顺序排列数据,如果数据列的前一半偏差之和与后一半偏差之和的差值显著不为零,则该测量结果中含有线性误差。当然也可以比较条件改变前后偏差之和的差值,如果差值显著不为零,则测量中含有随条件改变的固定系统误差。

2. 系统误差的减小和消除

在实际测量中,可以判断出系统误差是否存在,但不容易完全消除系统误差,只能采用一些办法降低到测量误差允许的范围,或者系统误差对测量结果的影响小到可以忽略。一般如果能保证系统误差不超过总误差最后一位有效数字的 1/2 单位,则不至于影响测量结果的准确性。

消除和减少系统误差,可以采取以下措施:① 采用近似性较好又比较切合实际的理论公式,尽可能满足理论公式所要求的实验条件;② 选用能满足测量误差要求的实验仪器装置,严格保证仪器设备所要求的测量条件;③ 用标准件校准仪器,作出校准曲线,分析误差规律,找出修正公式或修正值;④ 采用交换法、抵消法、补偿法、对称测量法、半周期偶数次测量法等特殊方法进行测量;⑤ 正确使用仪器,如电子仪器要通电预热,使用前调零点,测量值尽量落到 2/3 满量程范围内。

四、测量精密度、准确度和不确定度

试验中经常涉及测量精度的问题,测量精度泛指测量结果的可信程度,但不是规范的术语。描述测量结果可信程度的规范性术语有精密度、准确度和不确定度等。工程上有时也用精确度描述可信程度,精确度包含精密度和准确度两者的含义,测量精确度高表示测

试结果精密又准确。

1. 测量精密度

测量精密度是指在一定条件下进行多次测定时,所得测定结果之间相互接近的程度,即反映测量结果中随机误差大小的程度。精密度的概念与重复测量时单次结果的变动性有关,测量过程显示分散性小就说明是精密的,反之亦然。在材料实验中,使用重复性和再现性表示不同情况下分析结果的精密度。重复性表示同一分析人员在同一条件下所得分析结果的精密度;再现性表示不同分析人员或不同实验室之间在各自条件下所得分析结果的精密度。

2. 测量准确度

测量准确度是测量结果中所有系统误差与随机误差的综合,表示测量结果与真值的一致程度。准确度与精密度是两个完全不同的概念。精密度是保证准确度的先决条件,精密度低说明所测结果本身就不可靠,自然失去了衡量准确度的前提。但是,如果存在较大的系统误差,精密度高不一定准确度也高。

在单次测量时,每次测量都会显示出某种不准确的程度,即它总要偏离真值。由于随机误差与系统误差相叠加的缘故,总会发生上述偏离真值的情况。实际上,一个即使没有系统误差的测量系统也不可能产生准确的单次测量值,因为随机误差为零的几率是零。

3. 测量不确定度

测量不确定度是用来描述由于误差存在而导致被测量值不能准确测定的程度,或者说表征被测量真值所在某个量值范围。国际计量局建议用不确定度取代误差来表示实验结果,用以评定实验测量结果的质量。不确定度根据其性质可以分为 A 类分量和 B 类分量。A 类分量可根据测量结果用统计方法计算数值;B 类分量是根据经验或其他信息来估算的。各类不确定度的计算见本章 1.2 节。

1.2 测量数据的记录及处理

试验条件总会受某些因素的变化影响,从而使观测值的数据具有一定的变异性和波动性,所以应当经过消除系统误差、剔除异常数据以后,才能进一步对数据加以整理,用一定的方式将它们表达出来。

一、测量数据的记录

实验总是要获得和处理有关的数据和信息,在实验之前要设计出实验原始记录的表格。实验记录表中包含所有实验数据和所有中间及最后的计算结果,它记录着最完全的实验结果,在测量数据的记录、整理和计算过程中,一定要遵循有效数字及其运算规则。

1. 有效数字

实验数据是用一定位数的数字来表示,这些数字都是有效数字,其末尾数往往是估计出来的,具有一定的误差。记录实验数据时一般要在末尾保留一位可疑数字,例如用万分之一分析天平称量,将试样质量记为 20.681 g 或 20.681 00 g 都不对,应记为 20.681 0 g;再如用洛氏硬度计测量材料的硬度,将硬度读为 60HRC 就不对,正确的应该是 60.0HRC。由于有效数字的位数取决于测量仪器的精度,只有数据中的最后一位是可疑数字,所以有效数字位数不能多写也不能少写,否则数据不真实也不可靠,或损失了实验精度。例如,试样的质量记为 0.4 g 和记为 0.400 0 g,两者之间的相对误差将相差 1 000 倍,这说明有效数字意义重大。

在确定有效数字时应当注意:① 数据中小数点不影响有效数字的位数,如 30 mm,0.030 m 这两个数精度相同,它们的有效数字位数都为 2,所以可以用科学计数法表示较大或较小的数,而不影响有效数字的位数;② 数字 0 是否为有效数字,取决于它在数据中的位置,例如 20.50 是四位有效数字,而 0.020 5 是三位有效数字,后者中的"0"只起到定位作用;③ 为明确有效数字的位数,有时必须采用科学计数法,例如将 5 400 记为 5.4×10^3,表示两位有效数字;④ 计算中涉及的一些常数,可以根据实际需要取有效数字。

2. 有效数字的运算规则

通过测量值计算获得的结果,其有效数字与相对误差最大的原始数据相同。实际中有效数字运算时可以参照以下基本规则:① 有效数字的加减法运算,其最终的位数以精度较低的有效数字位数决定;② 几个数相乘除时,计算结果的有效数字与各值中有效数字最少的一个相同,也可再多保留一位;③ 乘方与开方运算的有效数字与其原数相同或多保留一位;④ 对数运算取对数运算前原数的有效位数。

3. 数字修约的规则

在数据运算时,一般要先修约后运算,就是以有效位数最少者为准截去其他数据多余的尾数或多保留一位,不能不加思索地把数据所有的位数都参与运算。以前常用"四舍五入"法修约数字,这种方法在数学上存在一些问题,因为在大量数据运算中,可疑位是 1,2,3,…,9 的概率是相同的,所以 1,2,3,4 舍去的负误差可与 9,8,7,6 作为 10 进入前一位产生的正误差抵消,唯独由 5 产生的正误差无法抵消,显然采用"四舍五入"修约数字会造成正误差的累积。

为了解决上述问题,人们提出了"四舍六入五成双"的数字修约方法。用这种方法把数据修约成 n 位有效数字时,数据第 $n+1$ 位小于 5 则舍,大于 5 则入;等于 5 时,如果第 n 位数字为偶数则舍,为奇数则入,保证 n 位数字为双。依据这种修约规则,将 2.345 50 和 2.346 50 截去尾数成四位有效数字时均为 2.346。

二、测量数据的标准偏差

1. 算术平均值

在实际工作中,测试人员都在同一条件多次平行测量被测量,以求得算术平均值。在获得一组测定值中,算术平均值是出现概率最大的测定值,是最可信赖值和最佳值。因此常用算术平均值来表示测定结果,算术平均值的计算公式为

$$\bar{x} = \frac{1}{n}\sum_{i=1}^{n} x_i \tag{1.1}$$

测量值较少时(如少于 20 次),为了说明分析结果的精密度,通常以单次测量偏差绝对值的平均值即平均偏差 $\bar{d}$ 表示其精密度,计算公式为

$$\bar{d} = \frac{1}{n}\sum_{i=1}^{n} |x_i - \bar{x}| \tag{1.2}$$

若没有系统误差,当测量次数无数多时,所得平均值可认为是真值 μ_0,此时单次测量

的平均偏差用 δ 表示。

2. 标准偏差的计算

用统计学方法处理分析数据时,广泛采用标准偏差来衡量数据的分散程度和精确度。当测量次数无限多且没有系统误差时,标准偏差的数学表达式为

$$\sigma = \sqrt{\frac{\sum_{i=1}^{n}(x_i - \mu_0)^2}{n}} \tag{1.3}$$

计算标准偏差时,对单次测量偏差加以平方,不仅是为了防止单次测量偏差累加时正负抵消,更重要的是使大偏差能够更显著地反映出来,更好地说明数据的分散程度和精确度。统计学上已经证明,当测量次数非常多时,标准偏差与平均偏差的关系为 $\delta = 0.8\sigma$。

在材料试验中,对同一量的测定次数有限,获得的测量值数据不多时,标准偏差计算式为

$$s = \sqrt{\frac{\sum_{i=1}^{n}(x_i - \bar{x})^2}{n-1}} \tag{1.4}$$

式中,$n-1$ 为自由度 f,通常指独立变量的个数。对于一组 n 个测量数据的样本,其偏差的自由度 f 为 $n-1$。式中引入 $n-1$ 的目的主要是为了校正有限次测量中,以 $\bar{x}$ 代替 μ_0 引起的误差。很明显,当测量次数非常多时,测量次数 n 与自由度 f 的区别很小,$s \to \sigma$。

根据式(1.4)计算标准偏差,需要先求出平均值 $\bar{x}$,再求出偏差 $(x_i - \bar{x})$ 及 $\sum(x_i - \bar{x})^2$,然后计算标准偏差。这种方法比较麻烦,而且在计算 $\bar{x}$ 时,由于最后一位数字的取舍可能带来误差,因此通常将公式进行变换,最终标准偏差的计算式为

$$s = \sqrt{\frac{\sum_{i=1}^{n}(x_i)^2 - (\sum_{i}^{n}x_i)^2/n}{n-1}} \tag{1.5}$$

3. 平均值标准偏差的计算

在一组等精度测量中,平均值的标准偏差的计算式为

$$s_{\bar{x}} = \frac{s}{\sqrt{n}} = \sqrt{\frac{\sum_{i=1}^{n}(x_i - \bar{x})^2}{n(n-1)}} \tag{1.6}$$

平均值的标准偏差与测定次数的 $\sqrt{n}$(平方根)成反比。随着测定次数 n 的增加,平均值的标准偏差减小,但是当 $n > 10$ 时,随测定次数增加而减小得很慢,这时再进一步增加测定次数,工作量增加,但对减小平均值测定误差已无多大作用。

4. 变异系数(RSD)

标准偏差是一个非常重要的统计量,但它只考虑绝对误差的大小,一般测量值大的物理量,绝对误差就较大。为了了解更多的总体信息,有必要考虑相对标准偏差的大小。定义标准偏差与测量量的算术平均值之比为单次测量结果的相对标准偏差(RSD),又称变异系数或离散系数。

$$\text{RSD} = \frac{s}{\bar{x}} \times 100\% \tag{1.7}$$

变异系数作为统计量能够较好地代表测量的相对精度,我国国标要求测试报告除提供算术平均值和标准偏差之外,还应有变异系数。

三、异常数据的剔除

在试验中多次重复测定时,有时会发现一组测定值中某个数据比其他数据明显偏大或偏小,这种明显偏离的测定值称为异常数据。这些异常数据可能是随机误差的极度表现,也可能是由粗大误差造成的,还有可能是模型中固有的变异性。不管哪种情况,都应对异常数据进行统计检验,从统计上判断是保留还是剔除。

1. 3σ 准则

3σ 准则是在测量次数充分多的前提下判别粗大误差最简单的规则。如果在一组数据中发现某测量值的偏差大于 3σ,即

$$|x_i - \bar{x}| > 3\sigma$$

则可认为它含有粗大误差。由于偏差大于 3σ 的测量值出现的概率约为 0.26%,属于有限次数实验中不可能发生的小概率事件,出现了应该剔除。

3σ 准则过于保守,在测量次数较少时会使粗大误差出现的次数少,所以通常当 $n > 100$ 时采用该方法。使用 3σ 准则时,允许一次将偏差大于 3σ 的所有数据删除,然后再将剩余各个数据重新计算 σ,继续判断是否还有超差数据。

2. 格拉布斯准则

将多次独立测量数列 $x_i (i = 1, 2, 3, \cdots, n)$ 按大小顺序排队,将其中的最大值 $x_{(1)}$ 和最小值 $x_{(n)}$ 列为怀疑对象,定义统计量

$$G_{(1)} = \frac{|x_{(1)} - \bar{x}|}{\sigma}$$

$$G_{(n)} = \frac{|x_{(n)} - \bar{x}|}{\sigma}$$

从表 1.2 中可查得格拉布斯判据的临界值 $G_0(n, \alpha)$,若 $G_{(1)} > G_{(n)}$,则 $G_{(1)}$ 将与 $G_0(n, \alpha)$ 比较,如果 $G_{(1)} \geq G_0(n, \alpha)$,则涉及的数据 $x_{(1)}$ 应剔除。然后重新计算 $\bar{x}$ 和 σ,再判断剩余数据中是否还有超差数据,直至剔除所有超差数据。格拉布斯判据 $G_0(n, \alpha)$ 中字符 n 为测量次数,α 为显著性水平(一般取 5%),表示统计量 $G_{(1)}$ 被判为异常值而实际却不是的概率。

表 1.2 $G_0(n, \alpha)$ 值表

n	α 0.01	α 0.05	n	α 0.01	α 0.05	n	α 0.01	α 0.05
3	1.15	1.15	9	2.32	2.11	15	2.70	2.41
4	1.49	1.46	10	2.41	2.18	16	2.74	2.44
5	1.75	1.67	11	2.48	2.24	17	2.78	2.47
6	1.94	1.82	12	2.55	2.29	18	2.82	2.50
7	2.10	1.94	13	2.61	2.33	19	2.85	2.53
8	2.22	2.03	14	2.66	2.37	20	2.88	2.56

3. t 检验准则

数学统计学证明,当测量次数较少(少于100)时,随机变量服从 t 分布,可以用 t 检验准则来判别粗大误差。设对某物理量多次测量,得到数据列 $x_i(i = 1,2,3,\cdots,n)$,若认为其中测量值 x_j 为可疑数据,将它剔除后计算其余测量值的算术平均值 $\bar{x}$ 和标准偏差 σ。根据测量次数 n 和选取的显著性水平 α,由 t 分布表 1.3 查得 t 检验系数 $K(n,\alpha)$,如果

$$\frac{|x_j - \bar{x}|}{\sigma} > k(n,\alpha)$$

则认为测量值 x_i 含有粗大误差,需要将其剔除。然后用相同的方法对剩余的测量值进行判别,直至这些测量值中不再含有异常数据。

格拉布斯准则与 t 检验准则都有严格的概率定义,对测量次数较少的数据给出较严格的结果,处理效果较好,推荐在一般的试验中使用。在具体计算时,对检验方法判别式中的 σ 值,常用估计值 s 来代替。

表 1.3 $k(n,\alpha)$ 值表

n	α 0.01	α 0.05	n	α 0.01	α 0.05	n	α 0.01	α 0.05
4	4.97	11.46	10	2.43	3.51	16	2.22	3.08
5	3.56	6.53	11	2.37	3.41	17	2.20	3.04
6	3.04	5.04	12	2.33	3.31	18	2.18	3.01
7	2.78	4.36	13	2.29	3.23	19	2.17	3.00
8	2.62	3.96	14	2.26	3.17	20	2.16	2.95
9	2.51	3.71	15	2.24	3.12	21	2.15	2.93

四、测量结果的表达方法

测量数据经过误差分析和数据处理之后,便涉及如何用适当的方式表达测量结果的问题,一个完整的测量结果至少应该包含测量值和误差两个部分。测量值为多次测量的算术平均值,而误差部分的表示情况比较复杂,它决定了测量结果的表达方式。以前有用极限误差 δ_{max} 来表达测量结果,但 δ_{max} 不是严格意义上的误差,而是误差的临界值,无法说明测量的精确度,已逐渐不被采用。后来人们结合置信度,将区间估计原理和不确定度用于测量结果的表达,下面介绍两种方法。

1. 用区间估计表示测量结果

设 n 次测量组成数据列 $x_1, x_2, \cdots, x_n$,分别计算其算术平均值 $\bar{x}$ 和平均值标准偏差 $s_{\bar{x}}$,按照概率统计理论,如果测量值 x 服从正态分布,则 $(\bar{x} - \mu)/s_{\bar{x}}$ 服从自由度为 $n-1$ 的 t 分布,若设其在 $[-t_\beta, t_\beta]$ 区间的概率为 β,或者说区间 $[\bar{x} - t_\beta s_{\bar{x}}, \bar{x} + t_\beta s_{\bar{x}}]$ 包容真值的概率为 β,则测量结果可表达为

$$x_0 = \bar{x} \pm t_\beta s_{\bar{x}} \tag{1.8}$$

所选用的置信率 β 因行业而异,通常物理学中采用 0.683,工程上采用 0.95。式(1.8)中 t_β 的数值可根据置信率 β 和自由度 f 从表 1.4 中查到。

表 1.4 t 分布的 t_β 表

f	β						
	0.6	0.7	0.8	0.9	0.95	0.98	0.99
1	1.376	1.963	3.078	6.314	12.706	31.821	63.656
2	1.061	1.386	1.886	2.920	4.303	6.965	9.925
3	0.978	1.250	1.638	2.353	3.182	4.541	5.841
4	0.941	1.190	1.533	2.132	2.776	3.747	4.604
5	0.920	1.156	1.476	2.015	2.571	3.365	4.032
6	0.906	1.134	1.440	1.943	2.447	3.143	3.707
7	0.896	1.119	1.415	1.895	2.365	2.998	3.499
8	0.889	1.108	1.397	1.860	2.306	2.896	3.355
9	0.883	1.100	1.383	1.833	2.262	2.821	3.250
10	0.879	1.093	1.372	1.812	2.228	2.764	3.169

例 1.1 拉伸实验中测量 5 个试样的抗拉强度 σ_b，分别得到 799 MPa、813 MPa、818 MPa、820 MPa 和 802 MPa，要求置信概率为 0.9，请给出这批材料的抗拉强度的实验结果。

(1) 计算测量数据的算术平均值作为抗拉强度的估值

$$\bar{\sigma}_b = \frac{\sum_{i=1}^{5} \sigma_{bi}}{5} = 810 \text{ MPa}$$

(2) 计算测量数据的平均值标准偏差 $s_{\bar{x}}$

$$s_{\bar{x}} = \sqrt{\frac{\sum_{i=1}^{5}(\sigma_{bi} - \bar{\sigma}_b)^2}{5(5-1)}} = 4.4 \text{ MPa}$$

(3) 根据置信度 $\beta = 0.9$，自由度 $f = 4$，从表 1.4 中查得 $t_{0.9} = 2.132$，最后测量结果为

$$\sigma_b = (810 \pm 2.13 \times 4.4) \text{ MPa} = 810 \pm 9 \text{ MPa}$$

从理论上讲，用区间估计的方法表达测量结果是合理的，这样的表达方式能同时说明准确度和置信概率。很明显，$t_\beta s_{\bar{x}}$ 越小而 β 越大，则测量结果越精确可信。但这种表达方式与测量数据所服从的概率分布密切相关，解释也受到概率分布的限制。

2. 用不确定度表示测量结果

(1) 不确定度的计算。不确定度的 A 类分量直接由平均值的标准偏差公式计算，并用 σ_A 表示

$$\sigma_A = s_{\bar{x}} = \sqrt{\frac{\sum_{i=1}^{n}(x_i - \bar{x})^2}{n(n-1)}} \tag{1.9}$$

不确定度的 B 类分量常根据相应的误差极限采用近似标准差估算，并用 u_B 表示，其

估算公式为

$$\begin{cases} u_B = \dfrac{\Delta}{3} \\ u_B = \dfrac{\Delta}{\sqrt{3}} \end{cases} \tag{1.10}$$

当非统计不确定度相应的估计误差为高斯分布时,式(1.10)中分母取 3;当估计误差为均匀分布时,式中分母取 $\sqrt{3}$。式中 Δ 即为非统计不确定度相应的估计误差限,实际中常视为实验仪器误差 $\Delta_{仪}$。

(2) 不确定度的综合。数据分析过程中,若有 $n+m$ 项的不确定度需要求总和,其中 n 项为 A 类不确定度,m 项为 B 类不确定度,则其合成不确定度公式为

$$\sigma_{合} = \sqrt{\sum_{i=1}^{n}\sigma_A^2 + \sum_{j=1}^{m}u_B^2} \tag{1.11}$$

(3) 用不确定度表示测量结果。近年来,国际上越来越多地采用不确定度的方法表达测量结果。由于将不确定度分别予以考虑,所以如果测量过程中有较大的仪器误差和环境误差时,用不确定度方法表示测量结果比其他方法更接近实际。用不确定度表示测量结果的形式为

$$x = \bar{x} \pm c\,\sigma_{合}(单位)(写出置信概率) \tag{1.12}$$

式中,c 为置信因子;$\sigma_{合}$ 为合成不确定度。

用不确定度表示测量结果表达式中的 c 与 σ 的乘积,称为总不确定度(U),表示在一定置信概率(P)下所对应的置信区间。当置信概率为 68.3% 时,置信因子为 1;当置信概率为 95.4% 时,置信因子为 2;当置信概率为 99.7% 时,置信因子为 3。

用不确定度表示测量结果时,如果只考虑 A 类不确定度时,若选取置信度 $P = 0.683$,就与用平均值标准偏差表示的实验结果 $x = \bar{x} \pm s_{\bar{x}}$ 完全一致;若选取置信度 $P = 0.954$,测量结果为 $x = \bar{x} \pm 2s_{\bar{x}}$,此时测量结果表达式只与标准偏差有关,并且对所有分布都是适用的,很方便。

1.3 实验方案的设计

按照预订的目标、设想和计划,利用科学的方法和手段来取得某一事物、某一过程或某一方面的科学信息,称为科学实验。在进行实验之前,应该有针对性地阅读资料,了解有关内容和实践经验,对实验总体进行设想和构思,制定完整的实验方案。制定实验方案的要求是条理清晰、系统可行,作到科学性、安全性、可行性。实验方案包括的主要内容有:① 实验目的;② 技术路线;③ 实验内容;④ 实验安排设计;⑤ 实验步骤;⑥ 实验记录;⑦ 数据处理;⑧ 进度安排。

一、实验目的

实验目的是实验方案首先要考虑的问题,应当认真分析,提出实验目的及其预期效果,避免盲目性。例如球墨铸铁热处理试验,其目的是掌握热处理对球墨铸铁基体组织和性能的影响规律,而对热处理加热过程中的表面脱碳现象和石墨形态的微小变化就不作

实验的主要目的。

实验的具体目标不同,实验的内容如实验所用的方法和材料、实验条件的安排和实验数据的分析和处理等都会不同。例如,若实验的具体目标是一般性的数据积累,就应考虑实验所用材料是否具有足够的代表性,而且应将实验条件安排的使最后得到的平均值是无偏差的统计量;如实验的具体目标是验证某项理论或学说,往往选用比较单纯的(例如纯度比较高)实验材料,实验条件应尽可能安排的使得到的实验结果便于直接同理论或学说预测的结论进行比较;如实验的具体目标是研究某个或某些因素的影响,在设计实验时就应考虑尽可能采用均衡的实验安排和相应的数据处理方法。

二、实验技术路线

实验技术路线是指对要达到研究目标准备采取的技术手段、具体程序及解决关键性问题的方法等在内的研究途径。材料实验通常包含材料制备、试样处理、试样加工、组织观察、性能检测等一系列的过程,每一过程都有可能有多种工艺路线或方法。因此选择实验技术路线时,要综合考虑材料价格、工艺条件、操作控制、产品质量和实验室条件等因素,对已有的各种工艺路线进行仔细的分析和比较,从中选择合理的方案。对于生产实际中的课题,一般不能通过对过程的合理简化来获得理想的结果,项目往往要经历实验室实验研究阶段、模型实验阶段、工业规模实验阶段,在对材料、工艺等进行全面研究的基础上提供设计数据。

实验技术路线应尽可能详尽说明拟采用的工艺路线、技术方法及条件,过程的关键点要阐述清楚并具有可操作性,可以用图表、文字等方式进行表达。材料试验工艺路线或实验流程图绘制精度一般要求不高,微软公司Office组件中的Visio组件及Word的绘图工具均可完成。

三、实验内容的确定

根据实验的具体目标确定实验的具体内容一般包括:① 明确实验的指标、因素和变化的水平;② 确定实验所用的材料及实验前的预处理方法;③ 确定实验的方法、实验的仪器、测量项目。

确定实验内容需分析影响实验目标的因素,能够通过试验找出影响因素和实验指标间的关系,有时还要找出最佳条件。实验指标是指为达到实验目的而必须通过实验获取研究对象的特征参数,是实验过程中的因变量。实验因素是指能对实验指标产生影响的因素,是实验研究过程中的自变量,可以是数量因素也可以是非数量因素。实验中因素所处的具体状态或情况称为水平,实验的因素和水平这两个概念有时不能严格区分,但对一个确定的实验方案中的因素和水平是清晰的。下面以热处理工艺对碳钢性能的影响为例,说明实验指标、因素和水平的关系。

研究热处理工艺对碳钢性能的影响,可以取材料的硬度等作为实验指标,热处理的加热温度、保温时间和回火温度作为实验因素,对这三个因素取不同的水平,进行一定的实验设计后并实施实验,测量硬度等性能指标,即可获得热处理工艺参数对材料性能影响的规律。表1.5列出了该实验中的因素和水平,可以看出实验中有4个因素,每个因素有3个水平,这是一个3水平4因素的实验。

表1.5 热处理工艺对碳钢性能影响的因素和水平

水平	因素			
	加热温度/℃	保温时间/min	回火温度/℃	回火时间/min
1	790	10	300	10
2	830	30	450	20
3	860	50	600	30

四、实验安排设计

实验内容确定以后,就要考虑如何将处于不同水平的各个因素组合成各种实验条件,以及如何将实验材料分配给各种实验条件,这就是实验安排设计。实验安排设计的目的在于找出实验条件对实验效果的影响大小和趋势,寻找最佳条件,做出正确的结论。实验安排得不好,影响实验数据的利用率和实验数据的分析处理。

1. 单因素实验安排

单因素实验设计法是以因素各水平的全面搭配来组织实验,逐一考察各因素各水平对实验指标的影响,因此又称网络法。单因素实验每次只变动一个因素,其他因素暂时固定在某一适当的水平上,待找到该因素的最优水平后,便固定下来,然后再依次考察其他因素。单因素实验设计法的主要缺点是,当各因素间存在交互作用时,需反复实验,实验工作量大,可靠性较差。此外,第一个因素的起点选择特别重要,若选择不合适,可能永远都找不出最优条件。

若要考察某一因素(x)对指标(y)影响规律的全貌,实验因素的水平可按均分法安排,即实验因素在一定的数值范围内均匀布置实验点,实验设计如图1.1所示,图中 x_1, x_2, x_3, x_4, x_5 为因素对应的水平。均匀法安排实验时各实验点可以同批进行实验,当实验过程中发现最优条件可能出现在某一范围内时,可在此范围内再安排一组间距较小的实验。

单因素实验中,若只需找到使指标 y 为最大或最小值的因素 x 的最适宜值时,可采用黄金分割法设计实验点,比较每次实验结果,去掉一部分实验范围,使实验范围逐渐缩小,直到找出最优点为止。黄金分割法又称0.618法,其实验设计如图1.2所示。具体做法是:① 在估计包含最优点的实验范围(a,b)内,第一个实验点安排在0.618的位置,第二个实验点安排在第一个实验点的对称位置,既0.382的位置。此时:$x_1 = a + 0.618(b - a)$,$x_2 = a + 0.382(b - a)$;② 用 $f(x_1)$ 和 $f(x_2)$ 分别表示取 x_1 和 x_2 值时的实验结果,如果 $f(x_1) > f(x_2)$,则在(x_2, b)范围内寻找实验点 x_1 的对称点 x_3,再比较实验结果。如此反复,直到找到符合条件的最优值。

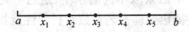

图1.1 均分法实验设计

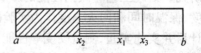

图1.2 黄金分割法实验

2. 多因素实验设计法

实际生产中遇到的问题一般都包含多种因素,每种因素具有不同的状态,如果要对每个因素的不同水平相互搭配进行全面实验,常常是困难甚至是不可能的。一个非常自然的想法就是从因素水平的组合中选择一部分有代表性水平组合进行试验,这就是多因素的实验设计问题。多因素实验设计法,是将多个需要考查的因素,通过数理统计原理组合在一起同时实验,而不是一次只变动一个因素,因而有利于揭示各因素间的交互作用,迅速地找到最佳条件。

正交实验设计是研究多因素、多水平实验的一种科学方法,它利用正交表从全面试验中挑选出部分有代表性的点安排实验。对于一个3水平3因素实验,如果采用全面实验法取 3 因素所有水平之间的组合,共需 $3^3 = 27$ 次实验,如果采用正交实验法,只需 9 次实验。利用正交试验法对上述实验的安排如图 1.3 所示,共有 9 个实验点,9 个平面中每个面上都有三个点,每条线仅有一个点。由于试验点分布均匀整齐,9 次实验就代表了全面实验需要的 27 次实验中好、中、坏各种搭配条件,有效减少了实验次数,得到的结果往往接近最佳条件。

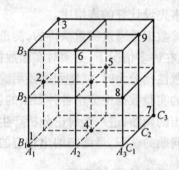

图1.3 正交实验中的实验点分布

在正交实验中,为了简化数据处理,需要同时考虑实验的均匀分散性和整齐可比性。如果不考虑实验数据的整齐可比性,只让数据点在实验范围内均匀分布,则可以大大减少实验次数。这种单纯从数据点分布均匀性出发的实验设计方法称为均匀实验设计方法,它是我国数学家方开泰应用数论方法构思提出来的一种实验设计方法。均匀实验设计法是用均匀设计来安排实验,具体内容可参阅其他书籍。

五、实验过程

通过实验取得实验结果,是整个实验的主要步骤。完成一个材料实验一般要经历准备、实施、总结三个阶段,期间需经历试样的制备、加工、检测、分析等多个环节。实验方案中要重点写每个阶段要做的工作及具体的操作步骤。例如,试样如何制备,采用什么方法进行加工,需要什么样的热处理,对表面质量有何要求,测试需要什么仪器,如何操作,试样如何保存,先测试哪些指标,后测试哪些指标等,都应该仔细记录。

实验过程中,往往需要在实际工件或产品上进行取样测试和分析,正确的取样和分析方法十分重要。要注意以下几点:① 选择分析取样的位置要正确,所取的样品一定要具有代表性,如进行铸件组织观察时,不能图简单从浇注系统或冒口上取样,因为这些部分的冷却凝固条件与铸件不尽相同,组织和质量存在差别;② 要选择正确的取样方法,例如用砂轮片切割机进行试样切割时,如不进行冷却切割,切割部位温度会很高,造成材料组织的变化;③ 了解测试仪器设备对试样的要求,例如拉伸试样夹持部分的尺寸与试验机钳口的规格是否匹配;用扫描电镜观察的试样尺寸不能过大,表面要清洁干净;④ 要选正确的观察方式,例如观察试样显微组织时,一定要先低倍后高倍地观察整个试样,不能只用高倍观察有限的几个局部；⑤ 要选择正确的分析方法，例如进行材料微区成分测定时，要用能谱仪或波谱仪等。

六、数据的记录与处理

作为实验的结果，一种是实验中观察到的现象的记录和描述，一种是实验数据。实验现象包括组织状态、试样变化、测试环境、仪器运转以及一些异常现象等情况，必要时还要进行现场照相。实验原始数据应按有效数据处理方法进行取舍，再按一定格式整理出来，记录在事先设计好的表格中。

实验数据是通过测量获得的，测量是否准确，测得的数据是否可靠，对于整个实验至关重要。在许多情况下，必须对实验数据进行分析处理，才能作出正确可靠的判断。当实验结果分散性比较大时，就特别需要用统计分析方法对实验数据进行分析处理，以便从分散性较大的实验数据中分清各种因素的影响，作出不掺杂主观成分的推断和判断。由数据分析所作出的判断，进一步讨论分析产生有关现象的原因和实验数据所反映的客观规律，以深化对问题的认识，最终归纳出相应的结论。

七、实验结果的表示

实验数据经过误差分析和数据处理后，如何科学地将结果表述清楚就显得很重要。实验结果不是罗列原始数据，其表述要求清晰、简洁、合理、正确。实验结果一般可采用列表法、图形法、数学模型法等形式。

1. 列表法

列表法是将已知数据、直接测量数据和计算得到的数据按照一定的形式和次序对应列入表格中，从而反映变量之间的依从关系。表格法的优点是：① 数据一目了然，便于阅读、理解和校核；② 形式承上启下，查寻方便；③ 数据集中，使不同条件下的试验结果易于比较。

列表时应注意：① 表格要清楚地反映测量的次数，测得量和计算量的名称及单位；② 物理量的单位可写在标题栏内，一般不在数值栏内重复出现；③ 表中所列数据要正确反映测量值的有效数字。

2. 图形法

图形法是用曲线图的形式表达实验的因变量和自变量依从关系的方法。这种方法的优点是能够直观地反映坐标轴两物理量之间的关系、变化规律、最大值或最小值、周期等现象，是表示实验结果常用的方法之一。

图形法表达实验结果时须注意：① 根据测量的要求选定坐标轴，一般以横轴为自变量，纵轴为因变量。坐标轴要标明所代表的物理量的名称及单位。② 坐标轴的标度要合理选择，分度的估读数要与试验数据的有效数字末位相对应；③ 坐标原点可以是零，也可以不是零，以保证数据在坐标图中的适当位置；④ 描绘曲线要求有足够多的试验点，直线至少有4个数据点，曲线通常应在6个点以上；⑤ 同一坐标图中有多条试验曲线时，各个曲线中数据点的位置应采用不同的记录形式（如 ▲，△，◆，● 等）表示，并在图中或图下注明各记录符号的意义。

3. 数学模型法

数学模型法是将实验结果即各因素间变化的依从关系用一个数学表达式表示出来。用数学模型法表示实验结果其形式紧凑,为了解参数之间的函数关系带来很多方便,所以被普遍使用。由实验结果得出反映自变量和因变量之间函数关系的参数方程称为经验公式。采取数学手段,将离散的实验数据经过分析、综合得出函数关系的过程称为回归分析,即经验公式一般是通过回归分析获得的。求一个自变量与一个因变量之间的经验公式比较简单,而有关多变量之间函数关系的经验公式建立起来比较麻烦,需参阅其他书籍。

1.4　正交实验设计

正交实验设计是一种安排多因素实验的方法,它根据正交配置的原则从各因素各水平的空间中选择最具代表性的搭配来组织实验,综合考虑各因素的影响。正交实验设计包含两个基本内容:① 怎样用正交表安排实验;② 如何分析实验结果。主要解决多因素实验中的三个问题:① 确定因素对实验结果影响的顺序;② 确定每个因素的最佳水平;③ 确定因素水平的较好组合。

一、正交表的概念及种类

1. 正交表的概念

正交表是一整套规格化的设计表格,用 $L_n(m^k)$ 表示。L 为正交表的代号,k 为列数,m 为水平数,n 为正交表的行数,一般正交表中 $n = k(m-1) + 1$。用正交表安排实验时,列数 k 为最大容纳的因素个数,m 为最大容纳的水平数,行数 n 即实验次数,正交表中每一行代表实验各因素和水平的一种组合搭配。例如,正交表 $L_9(3^4)$ 标号的具体含义如下:

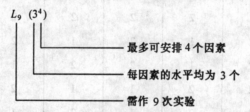

表 1.6 和表 1.7 为 $L_9(3^4)$ 和 $L_8(2^7)$ 正交表。从 $L_9(3^4)$ 的结构看,它是一个 9 行 4 列的表,每行冠以一个试验号,代表一次实验;表头中每列对应有列号,代表一个因素;每一列内容均由"1"、"2"、"3"三个数字组成,表示每个因素可安排三个水平。用正交表 $L_9(3^4)$ 进行 4 因素 3 水平的实验设计时,只需要 9 次实验,而全面实验需要 $3^4 = 81$ 次。

正交性是正交表最基本的属性,正交性的性质体现在两个方面:① 任一列中,不同数字出现的次数相等;② 任意两列中横向所组成的数对出现次数相等。例如,$L_8(2^7)$ 正交表中任何一列中都有"1"、"2",出现次数为4次,表示每个水平下均有4个实验;任何两列(同一横行内)有序对共有 4 种:(1,1)、(1,2)、(2,1)、(2,2),每对出现次数 2 次。

用正交表进行实验设计最大的特点是其均衡搭配和综合可比性。由于正交表从统计学角度考虑了试验点的代表性、分布的均匀性和因素水平的合理搭配等问题,从而具有均衡搭配的特点。正交实验设计中,只有获得全部实验结果之后,再对实验指标进行分组统计处理,才能得出相应的结论,这就是正交表的综合可比性。

表 1.6　$L_9(3^4)$ 正交表

试验号	列　　号			
	1	2	3	4
1	1	1	1	1
2	1	2	2	2
3	1	3	3	3
4	2	1	2	3
5	2	2	3	1
6	2	3	1	2
7	3	1	3	2
8	3	2	1	3
9	3	3	2	1

表 1.7　$L_8(2^7)$ 正交表

试验号	列　　号						
	1	2	3	4	5	6	7
1	1	1	1	1	1	1	1
2	1	1	1	2	2	2	2
3	1	2	2	1	1	2	2
4	1	2	2	2	2	1	1
5	2	1	2	1	2	1	2
6	2	1	2	2	1	2	1
7	2	2	1	1	2	2	1
8	2	2	1	2	1	1	2

2. 正交表的种类

一般数理统计书上都给出了各种正交表,可以根据实际工作加以选用。实际中使用的正交表具有不同的形式,但不外乎有同水平正交表和混合水平正交表两种。各列具有相同的水平数的正交表称为同水平正交表,又称规则表。例如

2^k 系列的有:$L_4(2^3)$,$L_8(2^7)$,$L_{16}(2^{15})$,$L_{32}(2^{31})$,$L_{64}(2^{63})$,$L_{20}(2^{19})$…

3^k 系列的有:$L_9(3^4)$,$L_{27}(3^{13})$,$L_{18}(3^7)$,$L_{81}(3^{40})$…

4^k 系列的有:$L_{16}(4^5)$,$L_{64}(4^{21})$…

5^k 系列的有:$L_{26}(5^6)$…

各列水平数不相同的正交表,称为混合水平正交表,又称不规则表。下面就是一个混合水平正交表名称的写法:

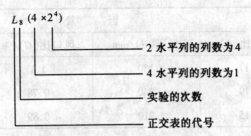

此混合水平正交表含有1个4水平列,4个2水平列,共有1+4=5列。不同水平的混合正交表有 $L_{18}(2 \times 3^7)$, $L_{12}(3 \times 2^4)$, $L_{16}(8 \times 2^8)$, $L_{16}(4^2 \times 2^9)$ 等。不规则表中每个因素水平不再严格相等,因此应用比较灵活。

二、用正交表安排实验

用正交表安排实验的基本过程是:① 明确试验目的,确定试验指标;② 确定因素和水平;③ 选用合适正交表;④ 确定试验方案。正交试验设计中因素可以是定量的,也可以是定性的,水平间距离可以相等,也可以不相等。

1. 选表

选用正交表的基本原则是:① 根据水平数确定选择 $L(2^k)$、$L(3^k)$、$L(4^k)$… 中的哪个系列,若各因素全是2水平,就选用 $L(2^k)$ 表;若各因素全是3水平,就选 $L(3^k)$ 表;各因素的水平数不同时需选择混合水平表;② 正交表的列数要足够大,能否容纳下所考虑的因素和因素间交互作用;若试验结果做方差分析,还必须至少留一个空白列。

2. 表头设计

表头设计就是将各因素合理安排到正交表的表头各列上去,并按次序将水平数值填入正交表中,同时在表中留出填写试验指标和数据分析的位置。各因素之间没有相互作用或不需要考虑它们之间相互作用时,可以将各因素放在正交表头的任意列上。

3. 实验方案

进行表头设计后,正交表中每一行就是因素和水平的一种组合,将因素水平值具体化后就构成了一个试验条件。试验中各号试验进行的顺序,应按随机化原则安排,不必拘泥于试验号的先后,也可以挑选认为有希望的先做。此外,正交实验在排列因素水平表时,不要简单地按因素数值由小到大或由大到小的顺序,最好使用随机的方法来决定排列顺序,请注意例1.2中的因素水平排列。

例1.2 为了确定冲天炉最佳焦比消耗,根据实践经验,选择铁水温度为实验目标,每批焦比、风压、风口比和底焦高度四项为试验控制因素,其余因素固定在原来工艺保持不变,现四项试验控制因素的工艺参数分别取为:

每批焦比:1:15,1:17,1:19　　风压/mm:180,210,240

风口比/%:0.78,0.89,1.1　　底焦高度/m:1.2,1.4,1.5

若不考虑因素间的相互作用,请做出因素水平表并用正交表安排实验。

按照随机化原则进行该实验的因素水平表排列,见表1.8。这是一个4因素3水平的实验,故选用 $L_9(3^4)$ 正交表。由于不考虑各因素之间相互作用,可将各因素放在正交表头的任意列上,具体安排见表1.9。

表 1.8 $L_9(3^4)$ 冲天炉降低焦比的因素和水平表

水 平	因 素			
	每批焦比(A)	风压(B)/mm	风口比(C)/%	底焦高度(D)/m
1	1∶17	180	1.1	1.2
2	1∶19	240	0.78	1.5
3	1∶15	210	0.89	1.4

表 1.9 冲天炉降低焦比的试验方案及结果

试验号	试验条件因素及水平				实验指标	
	1(A)	2(B)	3(C)	4(D)	y/℃	$y-1395$
1	1(1∶17)	1(180)	1(1.1)	1(1.2)	1 369	19
2	1	2(240)	2(0.78)	2(1.5)	1 393	43
3	1	3(210)	3(0.98)	3(1.4)	1 385	35
4	2(1∶19)	1	2	3	1 394	44
5	2	2	3	1	1 394	44
6	2	3	1	2	1 378	28
7	3(1∶15)	1	3	2	1 391	41
8	3	2	1	3	1 411	61
9	3	3	2	1	1 392	42
Ⅰ	97	1.04	108	106		
Ⅱ	116	1.48	129	112		
Ⅲ	144	1.05	120	140		
Ⅰ	32.3	34.7	36.0	35.0		
Ⅱ	38.7	49.3	43.0	37.3		
Ⅲ	48.0	35.0	40.0	46.7		
R	15.7	14.6	7.0	11.7		

主 → 次：
$A \to B \to D \to C$

三、正交试验的直观分析

正交试验方法之所以能得到重视并在实践中得到广泛的应用，其原因不仅在于能使试验的次数减少，而且能够用相应的方法对试验结果进行分析并引出许多有价值的结论。由于正交实验设计中任意两个实验都有两个以上因素具有不同水平，它们没有进行比较的相同条件，所以需要全部实验完成后才能进行综合分析。

试验数据的综合分析与比较有两种方法：直观分析法和方差分析法。按照因素所处水平对实验分组，把多因素的处理问题转化为单因素的问题来处理，这种分析方法称为直观分析法,也称为极差分析法。极差分析法能够确定因素的最佳水平,分析因素的主次顺序,提供因素水平的较好组合。下面结合实例介绍直观分析过程,方差分析法待后面介绍。

例1.3 化学方法制备某种纳米粉的生产中,影响产品纯度的因素有反应温度(A)、反应时间(B)、溶剂量(C)、环境压力(D),试验中每个因素所取的水平见表1.10,采用$L_8(2^7)$正交表设计的试验方案及试验结果列于表1.11中,分析实验中的哪些水平对指标有利,并分清因素的主次。

表1.10 纳米粉制备试验中的因素水平表

水平	实验因素			
	反应温度(A)/℃	反应时间(B)/h	溶剂量(C)/mL	环境压力(D)/MPa
1	30	1	100	0.1
2	40	1.5	200	0.2

表1.11 $L_8(2^7)$ 纳米粉制备正交试验表及试验结果

试验号	实验因素及水平							纯度 y/%
	1(A)	2(B)	3	4(C)	5	6	7(D)	
1	1(30 ℃)	1(1 h)	1	1(100 ml)	1	1	1(0.1 MPa)	75
2	1	1	1	2(200 ml)	2	2	2(0.2 MPa)	84
3	1	2(1.5 h)	2	1	1	2	2	81
4	1	2	2	2	2	1	1	83
5	2(40 ℃)	1	2	1	2	1	2	80
6	2	1	2	2	1	2	1	84
7	2	2	1	1	2	2	1	72
8	2	2	1	2	1	1	1	77
Ⅰ	323	323	308	308	317	315	314	
Ⅱ	313	313	328	328	319	321	322	
Ⅰ̄	80.75	80.75	77	77	79.25	78.75	8.5	
Ⅱ̄	78.25	78.25	82	82	79.75	80.25	80.5	
R	2.5	2.5	5	5	0.5	1.5	2	

先将实验分成两组,一组中包含1,2,5,6号实验,组内B因素的水平均为B_1;另一组中包含3,4,7,8号实验,组内B因素的水平均为B_2。两组实验的综合比较通过表1.12可以发现,B_1和B_2条件下各有的4次实验中,因素A、B、C、D的变化相同,皆取两种水平。由于两组实验的差异主要是由于B因素的具体水平不同而引起,因此在B_1和B_2条件下的实验结果可以进行如下计算

$$\begin{cases} \text{I}_B = y_1 + y_2 + y_5 + y_6 \\ \text{II}_B = y_3 + y_4 + y_7 + y_8 \end{cases}$$

两组实验的指标观测值之和(或平均值 $\bar{\text{I}},\bar{\text{II}}$)的结果分别是 $\text{I}_B = 323$、$\text{II}_B = 313$,由于 $\text{I}_B > \text{II}_B$,说明 B 因素取"1"水平对实验指标有利。

表1.12 纳米粉制备实验中因素 B 的综合比较

试验号	A	B	C	D
1,2,5,6	A_1 两次 A_2 两次	全是 B_1	C_1 两次 C_2 两次	D_1 两次 D_2 两次
3,4,7,8	A_1 两次 A_2 两次	全是 B_2	C_1 两次 C_2 两次	D_1 两次 D_2 两次

注:表中 A_1 表示 A 因素的1水平,其他同此理。

采用同样办法,也可以比较 A、C、D 因素水平变化对实验的影响。将计算的结果汇总到表1.11的下部,表中罗马数字"Ⅰ"和"Ⅱ"为各因素"1"或"2"水平所对应指标观察值 y 之和。从表中各因素水平所对应指标观察值之和可以看出,取因素 A_1 比取 A_2 时的纯度高,因素 B 取 B_1 比取 B_2 的纯度高,因素 C 取 C_2 比取 C_1 的纯度高,因素 D(溶剂量)取 D_2 比取 D_1 的纯度高。

前面的叙述解决了因素中哪些水平更有利于实验指标的问题,但是还没有从 A、B、C、D 四个因素中分清主次,抓住主要矛盾。一个因素对试验结果的影响大,那么这个因素的不同水平所对应指标平均值之间的差异也就大,这种差异用极差 R 表示

$$R = \max\{\bar{\text{I}},\bar{\text{II}},\bar{\text{III}}\cdots\} - \min\{\bar{\text{I}},\bar{\text{II}},\bar{\text{III}}\cdots\} \tag{1.13}$$

式中,$\bar{\text{I}}$ 代表正交表中各列"1"水平对应观察指标的平均值,依次类推。max,min 代表取其中的最大值和最小值。

对于本例各因素的极差分析结果见表1.11最后一行,其中 $R_A = 2.5, R_B = 2.5, R_C = 5, R_D = 2$。可见溶剂量($C$)的两个水平间差异最大,是最主要因素,其次是反应温度(A)和反应时间(B),最后是环境压力(D)。结合前面的分析过程选择最优组合,可以判定 $A_1B_1C_2D_2$ 为产品的最优生产条件,这种组合是正交实验表中的2号试验。

同理可以对例1.2冲天炉降低焦比的实验进行极差计算,表1.9中因素各水平所对应的极差分别为 $R_A = 15.7, R_B = 14.6, R_C = 7.0, R_D = 11.7$,因为 $R_A > R_B > R_D > R_C$,所以在给定因素水平范围内,每批焦比(A)、风压(B)、风口比(C)及底焦高度(D)对指标影响由主到次的排列为 $A \to B \to D \to C$。根据各因素的极差大小,确定它们的重要程度。

用图表示各因素水平变化对指标的影响,这样变化趋势反映的更清楚,例如图1.4所示的冲天炉降低焦比实验结果的趋势分析图。作这类趋势分析的图时,横坐标所示的水平值,应按由小到大或由大到小来排列。在选择因素生产的组合条件时,应按照因素的主次,从 $\bar{\text{I}},\bar{\text{II}},\bar{\text{III}}\cdots$ 中选择最优值所对应的水平。冲天炉降低焦比实验中,正交实验分析得出的最优生产条件为 $A_3B_2C_2D_3$,这种组合在正交试验表中没有出现,但其是一个在实用上可能最佳的展望条件,实际情况如何还需进一步试验。

此外,确定生产条件时,次要因素对指标影响较小,应根据节约、方便或其他生产条件来选取。例如,D 因素是冲天炉降低焦比的次要条件,取其他值对试验指标影响不大,因此 $A_3B_2C_2D_3$ 最优生产条件中该因素的水平可不必一定选取 D_2,以后用符号 $A_3B_2C_2D_0$ 来表示。

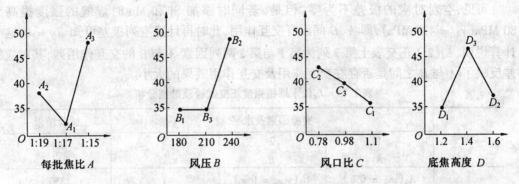

图 1.4　冲天炉降低焦比实验结果趋势分析图

四、多指标实验的数据分析

实际工作中，用来衡量实验结果的指标常常有多个，称之为多指标实验。例如研究一种新材料，既要考虑它的强度，又要考虑它的韧性和生产成本，这就是一个三指标的试验。多指标试验的配列方法仍然采用正交表，只是在正交表试验指标处多留出一些位置，以便填写多个试验指标的数值。

多指标试验的数据处理方法有综合评分法和综合平衡法。综合评分法是根据指标的重要程度给每个指标权数，然后计算每个试验的总分，这样就将多指标问题转换成单指标问题，可以按照前面的方法分析结果。综合平衡法是把每个指标逐一进行分析，然后再把多个指标计算分析的结果进行综合平衡，从而得出最优或较优的参数组合。

1.5　有交互作用的正交实验

一、交互作用表

在一个实验中，往往不仅是各个因素在起作用，而且因素间有时会联合起来起作用，这种作用称为交互作用。如果实验中 A 因素和 B 因素存在交互作用时，交互作用表示为 $A \times B$。下面举例说明因素与因素之间还会联合起来影响某一指标而有交互作用，并列出正交表加以验算，以说明正交表上的交互作用列。

例 1.4　在焊接试验中，不含 Si(记为 A) 和 Mn(记为 B) 时，焊缝强度是 350 MPa，只加 $w_{Si} = 0.5\%$ 能使焊缝强度提高 30 MPa，只加 $w_{Mn} = 1\%$ 能使焊缝强度提高 50 MPa。同时添加 $w_{Si} = 0.5\%$ 和 $w_{Mn} = 1\%$ 时，焊缝强度提高 160 MPa，分析因素 A 和因素 B 之间的交互作用。

由于分别向焊缝添加 Si 和 Mn 时焊缝强度提高为 30 MPa 和 50 MPa，而同时添加 Si 和 Mn 时焊缝的强度提高 160 MPa $\neq$ (30 + 50) MPa，所以 A、B 两因素之间存在交互作用。如果该例采用 $L_4(2^3)$ 的正交表设计试验，其结果应见表 1.13。用前面介绍求极差的方法计算表中空列(即第 3 列)的极差

$$R_3 = \left| \frac{(y_1 + y_4)}{2} - \frac{(y_2 + y_3)}{2} \right| = \left| \frac{(350 + 510)}{2} - \frac{(400 + 380)}{2} \right| = 40 \text{ MPa}$$

可见,空列对应的极差不为零。但是,若同时添加 Si 和 Mn 时焊缝的强度提高为 80 MPa(y_4 = 430 MPa),即 A、B 间没有交互作用,此时再计算空列极差可知 R_3 = 0。这个计算说明,$L_4(2^3)$ 正交表上第 3 列为第 1 与第 2 两列因素 A 与 B 的交互作用列,其对应极差反映了 A 与 B 之间是否存在交互作用及交互作用效果的大小。

表 1.13　$L_4(2^3)$ 焊接强度正交试验及数据分析

试验号	实验因素及水平			试验结果
	1 A	2 B	3	y
1	$A_1(w_{Si} = 0\%)$	$B_1(w_{Mn} = 0\%)$	1	350
2	A_1	$B_2(w_{Mn} = 1\%)$	2	400
3	$A_2(w_{Si} = 0.5\%)$	B_1	2	380
4	A_2	B_2	1	510
Ⅰ	750	730	860	
Ⅱ	890	910	780	
Ī	375	365	430	
Ī̄	445	455	390	
R	70	90	40	

在正交试验设计中,很多正交表都附有一张交互作用表,利用这种交互作用表可以很方便地找出正交表中任意两列交互作用所应占用的列号。表 1.14 是 $L_8(2^7)$ 的交互作用表,表内数字所代表的是正交表中的列号,带括号的数字是基本因素所在的列号,不带括号的数字是交互作用项所在的列。交互作用表中,一个基本因素所在行和另一个基本因素所在列交叉点位置的数字,即为这两列交互作用项在正交表中的列号。例如交互作用表中,(1) 所在的行和 (4) 所在列交叉点的数据是 5,说明 $L_8(2^7)$ 正交表中第 1 列和第 2 列的交互作用项在第 5 列,其余类推。

需注意,二水平的正交表,两列间的交互作用仅占一列,三水平的正交表,两列间的交互作用要占两列,也就是说要考虑交互作用,最好选择两水平表。

表 1.14　$L_8(2^7)$ 两列间的交互作用表

列号	1	2	3	4	5	6	7
1	(1)	3	2	5	4	7	6
2		(2)	1	6	7	4	5
3			(3)	7	6	5	4
4				(4)	1	2	3
5					(5)	3	2
6						(6)	1
7							(7)

二、选表及表头设计

有交互作用的实验进行正交设计时,把交互作用看成一个单独因素,让因素和交互作用各占适当的列,注意不要把不同的因素安排在同一列,以免因素发生重叠。例如,4个因素 A、B、C、D 的所有交互作用都考虑时,选用 $L_8(2^7)$ 表就会发生重叠(见表 1.15),这时就应该选用类似 $L_{16}(2^{15})$ 这样更大的正交表。

表 1.15 四因素相互作用时的 $L_8(2^7)$ 表头设计

列号	1	2	3	4	5	6	7
因素	A	B	$A\times B$ $C\times D$	C	$A\times C$ $B\times D$	$B\times C$ $A\times D$	D

例 1.5 进行复合材料配方的试验,试验目的是提高其疲劳寿命,考察的指标为材料能够承受的应力循环次数(万次)。根据经验,选择纤维总量、纤维品种及粘结剂含量作为控制因素,试验的因素水平表见表 1.16,要求除考虑三个给定的控制因素(A,B,C)之外,还要考察它们之间的交互作用($A\times B, A\times C, B\times C$),请设计正交表表头。

表 1.16 复合材料配方试验的因素及水平表

水平＼因素	纤维总量(A)	纤维品种(B)	粘结剂(C)
1	1.5	高强纤维	2.5
2	1.0	高模纤维	2.0

这个试验的三个因素都是二水平,故选用 2^k 系列的正交表,这个系列中包含有 $L_4(2^3)$、$L_8(2^7)$、$L_{16}(2^{15})$ 等多个不同试验次数的正交表。由于试验中需考虑 $A\times B$、$A\times C$、$B\times C$ 三个交互作用,所以试验的因素实际为 6 个,因此需选择 $L_8(2^7)$ 的正交表进行试验。结合 $L_8(2^7)$ 两列之间的相互作用(表 1.9 或表 1.10),表头设计时把有交互作用的 A、B 两因素分别安排在 $L_8(2^7)$ 的第 1、2 列,第 3 列安排 $A\times B$ 的交互列,第 4 列安排 C 因素,后面安排 $A\times C$、$B\times C$ 两个交互列,具体表头设计如下:

试验号＼列号	A	B	$A\times B$	C	$A\times C$	$B\times C$	
	1	2	3	4	5	6	7

试验需要考察因素间的交互作用时,表头设计一开始就应考虑安排有交互作用的两因素及它们交互作用。例如,若根据专业或生产经验,复合材料试验中的 $A\times B$ 的交互作用可以略去不计,则表头设计就不应该先考虑安排 A、B,而应先考虑 A、C 或 B、C,具体可安排如下:

试验号＼列号	A	C	$A\times C$	B		$B\times C$	
	1	2	3	4	5	6	7

或

试验号＼列号	B	C	$B\times C$	A		$A\times C$	
	1	2	3	4	5	6	7

对试验之初不考虑交互作用而选用较大的正交表,空列较多时,最好仍与有交互作用时一样按规定进行表头设计。如例 1.3 纳米粉体制备就是按照这种思路进行正交设计实验的,把 A、B、C 安排在 1、2、4 列,试验结束后通过 3、5、6 列即能分析出 A 与 B、A 与 C、B 与 C 之间是否存在交互作用。

三、实验分析

有交互作用的实验数据同样可以采用直观分析,例 1.5 复合材料配方的试验获得的结果及数据分析列于表 1.17。根据表中极差值的大小,不难看出因素 A 及交互作用 $B \times C$ 是主要的,其余皆为次要因素。在这种情况下,由于 $B \times C$ 有较大影响,最佳的生产条件就不能简单地按 $A_2 B_0 C_0$ 来选择。确定最优生产条件除 A 应选取 A_2 以外,对 B 及 C 还要根据其组合结果来考察。关于 B、C 的组合效果,可以根据表 1.17 第 2、4 列指标 y,作出如表 1.18 所示的二元排列,因 $B_1 C_2$ 组合对应的值最大,故这里最优条件应定为 $A_2 B_1 C_2$。

表 1.17　复合材料配方正交试验及数据分析

列号 试验号	A 1	B 2	$A \times B$ 3	C 4	$A \times C$ 5	$B \times C$ 6	7	y
1	1	1	1	1	1	1	1	1.5
2	1	1	1	2	2	2	2	2.0
3	1	2	2	1	1	2	2	2.0
4	1	2	2	2	2	1	1	1.5
5	2	1	2	1	2	1	2	2.0
6	2	1	2	2	1	2	1	3.0
7	2	2	1	1	2	2	1	2.5
8	2	2	1	2	1	1	2	2.0
Ⅰ	7.0	8.5	8.0	8.0	8.5	7.0		$\sum_i y_i = 16.5$
Ⅱ	9.5	8.0	8.5	8.0	8.0	9.5		$n = 8$
$\bar{\mathrm{I}} = \mathrm{I}/4$	1.8	2.1	2.0	2.0	2.1	1.8		$\bar{y} = 2.1$
$\bar{\mathrm{II}} = \mathrm{II}/4$	2.4	2.0	2.1	2.1	2.0	2.4		主 → 次:$A, B \times C$,
R	0.6	0.1	0.1	0.1	0.1	0.6		$B, A \times B, C, A \times C$

表 1.18　因素 B 和 C 交互作用的二元排列表

	C_1	C_2
B_1	$\dfrac{1.5 + 2.0}{2} = 1.8$	$\dfrac{2.0 + 3.0}{2} = 2.5$
B_2	$\dfrac{1.5 + 2.5}{2} = 2.2$	$\dfrac{1.5 + 2.0}{2} = 1.8$

由上述介绍可以总结出,对有交互作用的正交实验表头设计时要避免混杂,使交互作用的因素不在某一列上相重;实验的结果计算分析和通常正交表一样进行,交互作用所在列的极差反映交互作用对实验指标的影响;交互作用大时,分析因素水平搭配应采用二元排列表确定最优条件。

1.6 正交实验的方差分析

正交实验的极差分析直观简单,但由于没有将试验误差和因素水平变化的影响区分开,所以这种方法可以判断因素的"重要性",但不能定量地判断因素的"显著性"。因此不能确切地分析试验结果的精度,即可靠性程度,这就使计算工程平均值时,带有一定的主观性。如果对正交试验的数据采用方差分析法,因素的主次通过显著性 F 检验加以判断,就能弥补极差分析的不足。

一、方差分析的过程

方差分析就是将因素平均偏差平方和与剩余平均偏差平方和进行比较,以判断各因素影响的显著程度。因此正交试验方差分析首先仍要计算"列"因素各水平对应数据之和即 Ⅰ、Ⅱ、Ⅲ 等,然后利用这些结果,求出因素与误差的变动及其自由度,最后进行显著性检验,列出方差分析表。

如果用 $L_n(m^k)$ 正交表安排试验,则因素的水平数是 m,正交表的列数为 k,每号试验不重复时总试验次数为 n,设试验的结果为 $y_i(i = 1,2,3,\cdots,9)$,方差分析的基本步骤如下。

1. 计算偏差平方和

(1) 总偏差平方和。每次试验结果的 y 与总平均值 $\bar{y}$ 之差的平方和为总偏差平方和。总偏差是由各因素变化和试验误差所引起,其数值大小反映了各试验结果的总差异,即

$$SS_\text{总} = \sum_{i=1}^{n}(y_i - \bar{y})^2 = \sum_{i=1}^{n} y_i^2 - \frac{1}{n}\left(\sum_{i=1}^{n} y_i\right)^2 \tag{1.14}$$

(2) 各因素偏差平方和。任一个因素 J 各水平的平均值 $\bar{y_i}$ 与实验总平均值 $\bar{y}$ 之差的平方和,称为因素 J 的偏差平方和,即

$$SS_J = \frac{n}{m}\sum_{i=1}^{m}(\bar{y_i} - \bar{y})^2 = \frac{m}{n}\sum_{i=1}^{n} \bar{y_i}^2 - \frac{1}{n}\left(\sum_{i=1}^{n} y_i\right)^2 \tag{1.15}$$

由于交互作用在正交实验设计时作为因素看待,所以其偏差平方和就等于所在列的偏差平方和。

(3) 计算剩余偏差平方和。此项中是对实验结果影响甚微因素的偏差平方和及误差平方和(SS_e)的加合。误差偏差平方和为所有空列对应偏差平方之和,因此为了方差分析方便,在进行正交表头设计时一般要求留有空列,作为误差列。

剩余偏差平方和可用下式计算

$$SS_\text{剩} = SS_\text{总} - SS_\text{因} = SS_\text{总} - \sum SS_J \tag{1.16}$$

2. 计算自由度

由偏差平方和的计算公式可以看出,一般情况下试验的数据越多,计算的偏差平方和就越大,因此仅用偏差平方和来反映试验值间差异大小还是不够,还需要考虑试验数据的多少对偏差平方和的影响,这就需要考虑自由度,偏差平方和相对应的自由度分别如下:

正交表的自由度(总平方和的自由度):$f_\text{总} = $ 试验总次数 $- 1 = n - 1$

因素自由度(列偏差平方和的自由度):$f_j = $ 因素水平数 $- 1 = m - 1$

A、B 两因素之间相互作用的自由度:$f_{A \times B} = f_A \times f_B$

剩余平方和自由度(误差的自由度)：$f_{剩} = f_{总} - \sum f_J$

3. 计算平均偏差平方和(均方差)

因素平均偏差平方和(因素效应的均方差)：$MS_J = \dfrac{SS_J}{f_J}$

剩余平均偏差平方和(剩余或误差均方差)：$MS_{剩} = \dfrac{SS_{剩}}{f_{剩}}$

4. 显著性检验

某个因素的效应的均方差反映了该因素对试验结果影响的大小，将各个因素的均方差与剩余均方差进行比较，可说明该因素水平变动对实验结果影响的主次程度，从而判断因素的影响显著与否，其计算公式为

$$F_J = \dfrac{MS_J}{MS_{剩}}$$

由 F_J、$f_{剩}$ 和显著性水平 α，查表 1.19 F 检验临界值表可得 F_α 值，将计算值 F_J 与临界值 F_α 比较，通过表 1.20 判断因素的显著性水平。

表 1.19 F 检验临界值表

α	$f_{剩}$	$f_{因}$								
		1	2	3	4	5	6	8	12	24
0.10	1	39.86	49.5	53.59	55.83	57.24	58.2	59.44	60.7	62
	2	8.53	9	9.16	9.24	9.29	9.33	9.37	9.41	9.45
	3	5.54	5.54	5.39	5.34	5.31	5.28	5.25	5.22	5.18
	4	4.54	4.32	4.19	4.11	4.05	4.01	3.95	3.9	3.83
	5	4.06	3.78	3.62	3.52	3.45	7.4	3.34	3.27	3.19
	6	3.76	3.46	3.29	3.18	3.11	3.05	3.98	2.9	2.82
0.05	1	161.4	199.5	215.7	224.6	230.2	234	238.9	243.9	249
	2	18.51	19	19.16	19.25	19.3	19.33	19.37	19.41	19.45
	3	10.13	9.55	9.55	9.12	9.01	8.94	8.84	8.74	8.64
	4	7.71	6.94	6.59	6.36	6.28	6.16	6.04	5.91	5.77
	5	6.61	5.79	5.41	5.15	5.05	4.95	4.82	4.68	4.53
	6	5.99	5.14	4.76	4.53	4.39	4.28	4.15	4	3.84
0.01	1	4 062	4 999	5 403	5 625	5 764	5 859	5 982	6 106	6234
	2	98.5	99	99.17	99.25	99.3	99.33	99.37	99.42	99.46
	3	34.12	30.82	29.46	28.77	28.24	27.91	27.49	27.05	26.6
	4	21.2	18	16.67	15.98	15.52	15.21	14.8	14.37	13.93
	5	16.26	13.27	12.06	11.39	10.97	10.67	10.29	9.87	9.47
	6	13.74	10.92	9.78	9.15	8.75	8.47	8.1	7.72	7.31

表 1.20 显著性的判别标准

显著性水平 α	检验判据	显著性
0.01	$F_j > F_\alpha$	高度显著(**)
0.05	$F_j > F_\alpha$	显著(*)
0.10	$F_j < F_\alpha$	不显著

二、方差分析举例

例 1.6 某钢材硬度热处理试验的因素为：(1) 淬火温度(℃)：$A_1 = 790, A_2 = 830, A_3 = 860$；(2) 回火温度(℃)：$B_1 = 300, B_2 = 450, B_3 = 600$；(3) 回火时间(min)：$C_1 = 10, C_2 = 20, C_3 = 50$。选用 $L_9(3^4)$ 表进行正交试验，其数据参见表 1.21。

(1) 计算总偏差平方和及自由度

为简化计算工作量且不影响对结果的分析，各号试验结果以 185 为基数取其变化数值进行计算，计算及结果列于表 1.21。

表 1.21 钢材硬度热处理正交实验及数据分析计算

试验号 \ 列号	A 1	 2	B 3	C 4	实验结果 y	 $y - 185$
1	1	1	1	1	190	5
2	1	2	2	2	200	15
3	1	3	3	3	175	-10
4	2	1	2	3	165	-20
5	2	2	3	1	183	-2
6	2	3	1	2	212	27
7	3	1	3	2	196	11
8	3	2	1	3	178	-7
9	3	3	2	1	187	2
Ⅰ	10	-4	25	5		
Ⅱ	5	6	-3	53		
Ⅲ	6	19	-1	-37		
$\overline{Ⅰ}^2 = Ⅰ^2/3$	33.3	5.3	208.3	8.3		
$\overline{Ⅱ}^2 = Ⅱ^2/3$	8.3	12.0	3.0	936.3		
$\overline{Ⅲ}^2 = Ⅲ^2/3$	12.0	120.3	0.3	456.3		
$\overline{Ⅰ}^2 + \overline{Ⅱ}^2 + \overline{Ⅲ}^2$	53.6	137.7	211.6	1 400.9		
SS	4.6	88.7	162.6	1351.9		

$\sum_i y'_i = 21$

$n = 9; \bar{y}' = 2.3$

$\dfrac{(\sum_i y'_i)^2}{n} = 49$

主→次：C, B, A

$$SS_{总} = \sum_{i=1}^{n} y_i^2 - \frac{1}{n}\left(\sum_{i=1}^{n} y_i\right)^2 = (5^2 + 15^2 + \cdots + 2^2) - 49 = 1\,608 \quad (f_{总} = 9 - 1 = 8)$$

$$SS_A = \frac{m}{n}\sum_{i=1}^{n} \bar{y}_i^2 - \frac{1}{n}\left(\sum_{i=1}^{n} y_i\right)^2 = \frac{9}{3}(10^2 + 5^2 + 6^2) - 49 = 4.6 \quad (f_A = 3 - 1 = 2)$$

同理 $\quad SS_B = 162.6 \quad (f_{总} = 2)$
$\quad\quad\quad SS_C = 1\,351.9 \quad (f_C = 2)$

(2) 计算剩余偏差平方和及自由度

$$SS_{剩} = SS_{总} - \sum SS_J = 1\,608 - 4.6 - 162.6 - 1\,351.9 = 88.9$$

$$(f_{剩} = f_{总} - f_A - f_B - f_C = 2)$$

需要指出：① 此处剩余偏差近似为表上第二列空列的偏差平方和，即

$$SS_e = \frac{3}{9}[(-4)^2 + 6^2 + 19^2 - 49] = 88.7$$

因此对于方差分析来讲，正交表上有必要留出 1～2 列空白列作为误差列，以便进行下一步的检验；

② 以上分析计算可在正交表底部增加几行，直接在正交表上进行。

(3) 计算平均偏差平方和(均方差)

$$MS_A = \frac{SS_A}{f_A} = \frac{4.6}{2} = 2.3 \qquad MS_B = \frac{SS_B}{f_B} = \frac{162.6}{2} = 81.3$$

$$MS_C = \frac{SS_C}{f_C} = \frac{1\,351.9}{2} = 676 \qquad MS_{剩} = \frac{SS_{剩}}{f_{剩}} = \frac{88.9}{2} = 44.4$$

根据方差计算结果可以看到，因素 A 的均方差 MS_A 比剩余偏差的方差 MS_e 小，其水平变化对试验指标的影响比较小，可作为干扰因素(空白因素)来考虑。因此在进行显著性检验以前，应该把因素 A 的偏差平方和 SS_A 与误差的偏差平方和 SS_e 合在一起作为剩余偏差平方和，用它估计因素影响的大小，即

$$SS_{剩} = SS_A + SS_e = 4.6 + 88.9 = 93.5$$

而剩余平方和自由度修正为

$$f_{剩} = f_{总} - f_B - f_C = 4$$

合并后的剩余平均偏差平方和为

$$MS_{剩} = \frac{93.5}{4} = 23.4$$

用合并后的剩余平均偏差平方和去检验因素 B 和 C 的显著性，则

$$F_B = \frac{MS_B}{MS_{剩}} = \frac{81.3}{23.4} = 3.47$$

$$F_C = \frac{MS_C}{MS_{剩}} = \frac{676}{23.4} = 28.89$$

(4) 为了将方差分析的主要过程表现得更清晰，将有关计算的结果列成方差分析表，见表 1.22。

表 1.22 方差分析表

来源	SS	f	MS	F	显著性
B	162.6	2	81.3	3.47	
C	1 351.9	2	676.0	28.89	**
A	4.6	2	2.3		
e	88.9	2	44.4		
剩余偏差(A 和 e)	93.5	4	23.4		
总和	1 608	8			

查表 1.19 得：$F_{0.01}(2,4) = 18.00$，$F_C > F_{0.01}(2,4)$，所以因素 C 非常显著

$$F_{0.05}(2,4) = 6.94$$
$$F_{0.10}(2,4) = 4.22, F_B > F_{0.10}(2,4),\text{所以因素 } B \text{ 不显著}$$

(5) 结论:因素 C 很显著,因素 A、B 都不显著。

1.7 实验报告的撰写

撰写实验报告是进行实践能力和研究能力培养的重要环节。通常做实验都是有目的的,因此在实验操作时要仔细观察实验现象,操作完成之后要分析讨论出现的问题,整理归纳实验数据,并以适当的方法将实验结果表达出来,最后把各种实验现象和结果上升到理性认识,从而得出结论。一个完整的实验报告应包括实验名称、实验目的、实验原理、实验器材、实验过程与步骤、实验记录与处理、实验结果与分析、实验结论、思考题等。

一、实验名称

实验名称应当反映出实验的基本意图,要求确切、简洁、精炼,一般要反映研究的范围、对象、内容及方法等。在进行人才培养方案中规定的实验时,实验名称应当以教学大纲中的名称为准,不能用教材中各节的标题代替实验名称。

二、实验目的

实验目的是针对实验意图的进一步说明,即阐述该实验在教学中要达到的主要实践目标及能力培养的内容,有时还要指出实验的预期目标或预期的结果。实验过程中会得到多方面的信息,不可能全部写入实验报告,因此要紧密结合实验目的和实验基本要求进行实验的观察、记录、分析以及完成实验报告。

三、实验原理

实验原理是支撑实验的理论或实践的依据,有时也是实验设计的指导思想。实验原理包括材料对条件变化的反映以及对反映的接受与评判的原理。当然,这两部分原理在实验教材中已经介绍,报告中不要抄书照搬,要用自己的语言简要地进行说明,视具体情况可以结合简图进行说明,不必千篇一律。

四、实验器材

实验器材包括实验所需的仪器、设备、工具、材料、试剂等,这些是进行实验的基本条件,也是实验中应该记录的内容。实验报告中要明确实验器材具体的型号、规格、尺寸,实验中使用的器材与教材所述不一致时,应当以实际应用为准。

五、实验过程与步骤

实验过程表明实验各阶段完成的任务,要达到的目标,分工与合作等。实验步骤包括实验过程中要做哪些准备工作、操作程序安排等。材料类的实验实施一般包括试样制备、仪器准备、测试操作三大部分。实验报告中各部分内容在表达上要有理论高度和科学性,做法上要写得具体,步骤和程序必须清楚确切,语言要精炼,操作要简易方便,便于别人重复验证,视具体情况可结合简图、表格、反应式等进行叙述。

六、实验记录与处理

实验记录包括实验现象的记录和原始数据的记录,除了一些对现象的描述外,实验结果主要以数据来表示。实验数据是指在试验中通过测量得到的及经过各种运算和处理后得到的数据。未经任何数据处理以前的实验数据称为原始数据。实验报告中应附有指导教师签字确认的原始数据。

为了在实验数据中取得科学信息,在记录数据、处理实验数据时应该以正确的方式表示。实验报告中应当将原始数据按有效数据处理方法进行取舍,再按一定格式整理出来。进行数据的计算时,应先分析测量数据有无粗大误差、系统误差和仪器误差,并进行相应的处理。

七、实验结果与分析

实验结果的表述内容包括详实数据、典型现象、实验结果与实验假设的关系说明等;表达方式多数以图表和经过统计处理的数据组成形式展现。实验结果所列内容来自实验所得的统计数据,对此不能加以任意修改、增减,是纯粹原始材料经过加工处理,并作为客观事实呈现,不能谈自己的见解,更不许用夸张、拟人等修辞手法。

实验分析体现实验结果的科学性和研究深度,表现研究者水平和表达能力,因此十分重要。实验分析可以与实验结果结合写,也可以单独写,具体内容可概括为:① 分析的内容。包括对图表的说明或对个别典型事例的观察记录,对实验过程中产生的各种现象的分析或操作过程、研究方法、调控措施、控制和观察的解释;② 表达要求。分析中要做多方面的比较,要有量和质的分析,力求质和量、事实和数据相互印证;③ 分析目的。了解本实验得到了什么,有哪些成功和不足之处,对它作何解释。

八、实验结论

实验结论是根据实验结果做出的最后判断,要简述实验结果,注明实验条件,点明实验结论,说明实验结果证明了什么或否定了什么,或有什么新的发现。结论的表达格式及层次有以下几种:① 在某一实验背景下发生某种实验效果;② 在实验范围内,证明了自变量和因变量的因果关系;③ 对实验工作进行简要评价,指出实验中存在的主要问题和今后努力方向。

实验结论一般以条文形式进行表达,措辞要严谨,逻辑要严密,文字要简明具体,不能模棱两可含糊其词。结论必须恰当,不可夸大或缩小,要反映本实验的收获。验证型实验必须写出实验结果与理论推断结果是否符合;研究型实验要明确指出所研究变量之间的关系。

思考题

1. 测定钢铁中 Ni 的质量分数,得到下列结果:10.48、10.37、10.47、10.43、10.40。计算单次分析结果的平均偏差、相对平均偏差、标准偏差和相对标准偏差。

2. 同样一个样品测出8个数据:10.29、10.33、10.38、10.40、10.43、10.46、10.52、10.82、

试问 10.82 这个测定值是否要剔除？

3. 用格拉布斯准则检验下列 15 个数据中有无异常值：-1.40、-0.44、-0.30、-0.24、-0.22、-0.13、-0.05、0.06、0.10、0.18、0.20、0.39、0.48、0.63、1.01。

4. 用原子吸收光谱法测定某样品中铁的质量分数，测定值见表 1.23，问表中所有的测定值均应保留下来吗？

表 1.23　原子光谱测定某样品中铁的质量分数

测定次数	测定值	测定次数	测定值
1	0.42	9	0.40
2	0.43	10	0.43
3	0.40	11	0.42
4	0.43	12	0.41
5	0.42	13	0.39
6	0.43	14	0.39
7	0.39	15	0.40
8	0.30		

5. 测量 5 个样品的拉断力分别为 7 890 N、8 130 N、8 130 N、8 180 N、8 200 N 和 8 020 N，要求置信概率为 0.90，试求该批材料拉断力的试验结果。

第2章 材料科学基础实验

2.1 二元合金相图测绘

一、实验目的

学会用热分析法测绘二元合金相图的基本方法；同时了解铂电阻的测温技术和微电脑控制器的使用方法。

二、基本原理

热分析法是最常用的相图测绘方法，其测绘过程简述如下：首先配制一系列成分组成不同的合金系，分别加热使其熔化为液相，然后缓慢地均匀冷却。连续记录冷却过程中温度随时间的变化关系，并以体系温度为纵坐标，时间为横坐标，作出冷却曲线。当熔融体系在均匀冷却过程中无相变时，其温度将连续均匀下降（即冷却曲线斜率基本不变），得到一条平滑的冷却曲线；若在冷却过程中发生了相变，则因放出相变热，使热损失有所抵偿，冷却曲线就会出现转折或水平线段，转折点所对应的温度即为该组成合金的相变温度。因此每一条冷却曲线可代表一种系统的冷却情况。如果以温度为纵坐标，以组成为横坐标，将各不同组成合金的冷却曲线上所得到的转折点温度和水平线段温度的数据点绘在图上，再将各点连接起来即能绘制出相图。

图 2.1 为三个组成不同合金的冷却曲线。曲线（Ⅰ）表示，将纯 B 液体冷却至 T_B 时，体系温度将保持恒定直到样品完全凝固。曲线上出现一个水平段后再继续下降。在一定压力下，单组分的两相平衡体系自由度为零，T_B 是定值，曲线（Ⅲ）为具有低共熔物的成分。该液体冷却时，情况与纯 B 体系相似。与曲线（Ⅰ）相比，其组分数由 1 变为 2，但析出的固相数也由 1 变为 2，所以 T_E 也是定值。

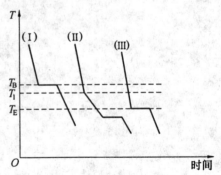

图 2.1 冷却曲线示意图

曲线（Ⅱ）代表了上述两组成分之间的情况。设把一个成分组成为 X_1 的液相冷却至 T_1，即有 B 的固相析出，与前两种情况不同，这时体系还有一个自由度，温度将可继续下降。不过，由于 B 的凝固所释放的热效应将使该曲线的斜率明显变小，在 T_1 处出现一个转折点。

三、主要仪器及试剂

实验炉(800 W),炉体上装有电压调节器;微电脑控制器;宽肩硬质玻璃样品管或不锈钢样品管;铂电阻(PT100);铂电阻套管(不锈钢);皮塞、铅、锡、铋(分析纯);铅在高温下挥发气体有毒,建议采用锡、铋合金。

四、实验步骤

1. 手工记录

(1) 试样配制。在6个不锈钢样品管中,分别称入纯铋 100 g、80 g、60 g、38.1 g、20 g、0 g,再称入纯锡 0 g、20 g、40 g、61.9 g、80 g、100 g。称量精确至0.1 g。

(2) 图2.2为金相炉底座后侧板接线示意图,把微电脑的五心插头插入图2.2五芯插座上,把控制器电源线插入图2.2控制器插座上,接上铂电阻引线(红的单独接一个接线组,另外两根并接在另一个接线组上)。

铂电阻放在常温下,接通炉体电源观察数码管显示温度是否高于室温 2~3 ℃;否则按说明书(维护与修理)调节 W1 即可。

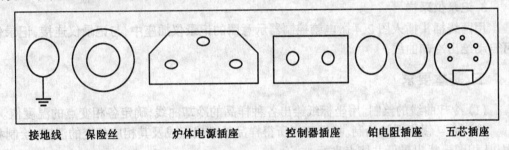

图2.2 金相炉底座后侧板接线示意图
接地线　保险丝　炉体电源插座　控制器插座　铂电阻插座　五芯插座

(3) 铂电阻插入套管后放入试样管中,再把试样管放入炉中,炉体装置示意图如图2.3所示。

(4) 图2.4为微电脑控制器示意图,按动拨码开关设置所需的温度,按下复位键,加热指示灯亮。转动图2.3中黑色调压旋钮使电压 K 表指示最大,即可开始升温,10 min 内到达预定温度,温度控制在以样品完全熔化后再升高 50 ℃ 为宜。待样品完全熔化后,用铂电阻套管轻轻搅动,使管内各处试样均匀一致,将铂电阻套管固定在样品管的中央,并使

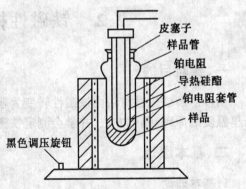

图2.3 步冷曲线测定装置示意图

铂电阻的测温端头插入试样中 2~3 cm。升温时,铋锡合金最高温度为 320 ℃,坩埚最高温度为 377 ℃,如温度超过 400 ℃,立即抽出铂电阻,切断电源检查原因。

(5) 当温度升高到最高时,依靠炉体的自然散热来开始降温,将图2.3调压黑色旋钮向左旋转到底,减少漏电流的影响,连续按动定时键,数码管显示 15 s、30 s、45 s、60 s,通常手工记录时每 60 s 记一次,也可以根据蜂鸣器的警笛声记下数码管的温度值。降温速度控制在每分钟 5~8 ℃,如果降温速度太慢,可在炉口上加弹簧来增加散热面积,如果降温

过快,可转动图 2.3 调压黑色旋钮,选择一个保温电压来使降温减慢。温度降至平台以下,停止记录。降温中不允许开风扇或急剧的空气对流。

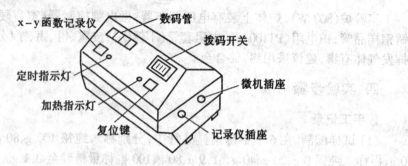

图 2.4 微电脑控制器示意图

2. 计算机采样

把计算机装上相关软件,用两线插头插入图 2.4 微电脑控制器示意图的微机插座中,和微机连接。按照微机的主菜单步骤操作,即可在屏幕上自动绘出冷却曲线,计算机采样 15 s 采集一次,并可存储打印。

3. 记录仪采样

用两线插头插入图 2.4 微电脑控制器示意图的记录仪插座中,与记录仪连接,记录仪可自动绘出冷却曲线。

五、基本要求

(1) 冷却曲线的绘制。用坐标纸绘出各种样品的冷却曲线,确定各相变点的温度值。

(2) 铋 – 锡相图的绘制。根据称样所得样品的准确组成及其相应相变的温度,绘制相图,从相图上找出最低共熔点坐标。

2.2 铁磁性材料居里点测试

一、实验目的

初步了解铁磁性材料由铁磁性转变为顺磁性的微观机理;学习居里温度测试仪测定居里温度的原理、测试方法,并学会测定铁磁样品的居里温度。

二、基本原理

1. 基本理论

在铁磁性物质中,相邻原子间存在着非常强的交换耦合作用,这个相互作用促使相邻原子的磁矩平行排列起来,形成一个自发磁化达到饱和状态的区域,这个区域称为磁畴。在没有外磁场作用时,不同磁畴的取向各不相同,如图 2.5 所示。因此,对整个铁磁物质来说,任何宏观区域的平均磁矩为零,铁磁物质不显示磁性。当有外磁场作用时,不同磁畴的取向趋于外磁场的方向,任何宏观区域的平均磁矩不再为零,且随着外磁场的增大而增大。当外磁场增大到一定值时,所有磁畴沿外磁场方向整齐排列,如图 2.6 所示。任何宏观区域的平均磁矩达到最大值,铁磁物质显示出很强的磁性,此时铁磁物质被磁化了。

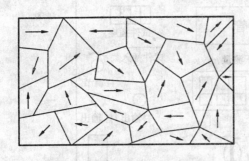
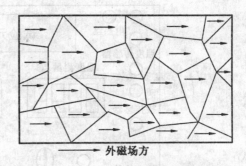

图2.5　无外磁场作用的磁畴图　　　　图2.6　在外磁场作用下的磁畴图

铁磁物质被磁化后具有很强的磁性,这种强磁性与温度有关。随着铁磁物质温度的升高,金属点阵热运动的加剧会影响磁畴磁矩的有序排列。但在未达到一定温度时,热运动不足以破坏磁畴磁矩基本的平行排列,此时任何宏观区域的平均磁矩仍不为零,物质仍具有磁性,只是平均磁矩随温度升高而减小。而当热运动能足以破坏磁畴磁矩的整齐排列时,磁畴被瓦解,平均磁矩降为零,铁磁物质的磁性消失而转变为顺磁物质,与磁畴相联系的一系列铁磁性质全部消失。此时的温度即是居里点温度。

2. 测试装置及测试方法

(1)测试装置。居里点温度测试仪结构如图2.7所示。居里点温度测试仪分测量部分和实验部分,其中实验部分如图2.7所示,包括被测样品和加热电炉丝、集成温度传感器、励磁线圈和感应线圈,以上各部分都装在一个底座上。其测量部分面板图如图2.8所示。

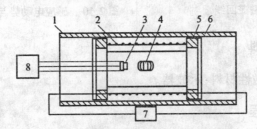

图2.7　居里点温度测试仪结构图
1—耐高温绝缘玻璃管;2—加热电阻丝;3—集成温度传感器AD590;4—试件插入口;
5—固定架;6—印刷板;7—提供加热电流的电源部分;8—测温显示部分

(2)测试方法

①通过观察样品的磁滞回线是否消失来判断。铁磁物质最大的特点是当它被外磁场磁化时,其磁感应强度B和磁场强度H的关系曲线为一闭合曲线,称为磁滞回线,如图2.9所示。当铁磁性消失时,相应的磁滞回线也就消失了。因此测出对应于磁滞回线消失时的温度就测得了居里点温度。

②通过感应电动势随温度变化的曲线来推断。在测量精度要求不高的情况下,可通过得到$\varepsilon(T)$曲线来推断居里温度。即测出感应电动势ε随温度T变化的曲线,并在其斜率最大处作切线,切线与横坐标(温度)的交点即为样品的居里温度,如图2.10所示。

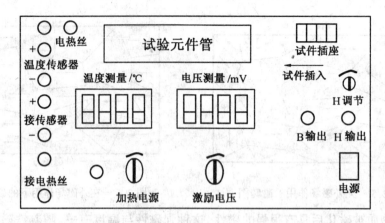

图2.8 居里点温度测试仪面板图

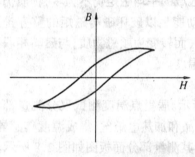

图2.9 样品的磁滞回线

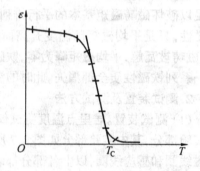

图2.10 感应电动势与温度的关系曲线

三、主要仪器及材料

居里点温度测试仪;磁性材料;示波器。

四、实验方法及过程

(1)通过测定磁滞回线消失时的温度测定居里温度

① 用连线将加热炉与电源箱前面板上的"加热炉"相连接;将铁磁材料样品与电源箱前面板上的"样品"插孔用专用线连接起来,并把样品放入加热炉;将温度传感器、降温风扇的接插件与接在电源箱前面板上的"传感器"接插件对应相接;将电源箱前面板上的"B输出"、"H输出"分别与示波器上的Y输入、X输入用专用线相连接。

② 将"升温－降温"开关打向"降温"。接通电源箱前面板上的电源开关,将电源箱前面板上的"H调节"旋钮调到最大,适当调节示波器,其荧光屏上就显示出了磁滞回线。

③ 关闭加热炉上的两风门(旋钮方向和加热炉的轴线方向垂直),将"测量－设置"开关打向"设置",适当设定炉温。

④ 将"测量－设置"开关打向"测量",将"升温－降温"开关打向"升温",这时炉子开始升温,在此过程中注意观察示波器上的磁滞回线,记下磁滞回线消失时数显表显示的温度值,即测得了居里点温度。将测量结果记录下来。

⑤ 将"升温－降温"开关打向"降温",并打开加热炉上的两风门,使加热炉降温。

(2) 测量感应电动势随温度变化的关系

①根据步骤(1)所测得的居里点温度值来设置炉温,其设定值应比步骤(1)所测得的 T_C 值低 10 ℃ 左右。

②将"测量 – 设置"开关打向"测量","升温 – 降温"开关打向"升温",这时炉子开始升温,同时温度每升高 5 ℃ 记录一次相应温度下的感应电动势值,直到其显示值接近零。温度的控制可用温控电位器或接电热丝的手轮插头来掌握。

③停止电炉加热让其自然冷却,并记录感应电动势值直到炉温接近室温。

(3) 取出被测样品,将另一个测试样品安装到试件插座位置,按实验步骤进行 $\varepsilon(T)$ 曲线的测量。

(4) 依次进行作完 5 个样品的测量。

(5) 根据记录的数据用坐标纸画出 $\varepsilon(T)$ 曲线,并在其斜率最大处作切线,切线与横坐标(温度)的交点即为样品的居里温度。

五、思考题

通过测定感应电动势随温度变化的曲线推断居里点温度时,为什么要由曲线上斜率最大处的切线与温度轴的交点来确定 T_C,而不是由曲线与温度轴的交点来确定 T_C?

2.3 铁碳合金平衡组织的观察

一、实验目的

观察和识别铁碳合金(碳素钢和白口铸铁)在平衡状态下的显微组织特征;并了解成分对铁碳合金显微组织的影响,加深理解成分与组织之间的关系。

二、基本原理

铁碳合金相图上的各种合金根据其碳质量分数的不同,可以分为工业纯铁、碳钢和白口铸铁三类。

(1) 工业纯铁。工业纯铁是 $w_C <$ 0.021 8% 的铁碳合金,其显微组织为单相铁素体。当碳质量分数较高时,将有三次渗碳体析出,并沿铁素体晶界分布。如图 2.11 所示,白色等轴晶为铁素体,黑色网络为晶界。晶界原子排列不规则,自由能高,易浸蚀,成凹槽,故呈黑色。

(2) 碳钢。碳钢是 $w_C = 0.021\ 8\% \sim 2.11\%$ 时的铁碳合金,按其碳质量分数的不同又分为亚共析钢、共析钢和过共析钢。亚共

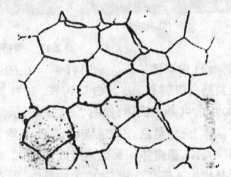

图 2.11 工业纯铁组织(400×)

析钢的平衡组织均由铁素体加珠光体组成,并且随着碳质量分数的增加,P 的质量分数也增加,铁素体的量逐渐降低。由图 2.12(a)可见,20 钢平衡组织为 F + P,白色晶粒为 F,黑

色块状为片状 P。由图 2.12(b) 可见,45 钢的平衡组织中珠光体的量增加,铁素体的量减少。

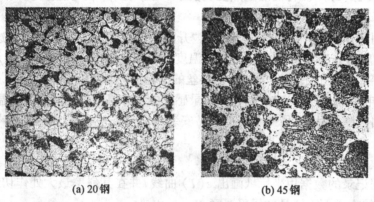

(a) 20 钢　　　　　　　　(b) 45 钢

图 2.12　亚共析钢平衡组织

共析钢的平衡组织为片状珠光体,如图 2.13(a) 所示。珠光体是铁素体和渗碳体相间排列的机械混合物。F 为白色,渗碳体为黑色,两者呈层片状相间排列,形如指纹。过共析钢的平衡组织为片状 P + Fe_3C_{II},黑白相间的层片基体为 P。晶界上的白色网络为 Fe_3C_{II},如图 2.13(b) 所示。T12 为过共析钢,共析反应前,Fe_3C_{II} 首先沿着 A 晶界呈网络状析出,随着温度的下降到共析温度发生共析反应,剩余 A 全部转变为片状 P。当用碱性苦味酸钠溶液腐蚀时,Fe_3C 染成黑色,F 仍保留白色。故黑色网络为 Fe_3C_{II},其余为层片状 P,如图 2.13(c) 所示。

 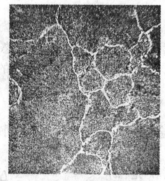 

(a) 共析钢　　　　　　(b) 过共析钢　　　　　　(c) T12 钢(碱性苦味酸腐蚀)

图 2.13　共析钢和过共析钢平衡组织

(3) 白口铸铁。w_C = 2.11% ~ 6.69% 时,按其碳质量分数及组织形态的不同又分为亚共晶白口铸铁、共晶白口铸铁、过共晶白口铸铁三种。共晶白口铸铁的显微组织为 100% 的共晶莱氏体,如图 2.14(a) 所示,珠光体组织细小,成圆粒状及长条状分布在渗碳体基体上,呈黑色。Fe_3C_{II} 与共晶 Fe_3C 均为白色,连在一起,无法分辨。亚共晶白口铁组织由珠光体、渗碳体和莱氏体组成,如图 2.14(b) 所示。斑点状基体为共晶 Ld′,黑色枝晶为 P,是出生 A 转变产物,故成大块黑色。Fe_3C_{II} 与 Ld′ 中的 Fe_3C 连成一片,均为白色,不能分辨,并且它随着生铁中碳质量分数的增加 P 的量减少,Ld′ 的量增多。过共晶白口铸铁的金相组织由白亮条状一次渗碳体和白亮渗碳体基体上分布黑点状珠光体的莱氏体组成,如图 2.14(c) 所示。由于 Fe_3C_I 首先结晶出来,在结晶过程中不断长大,故呈白色粗大的板条状,而 Ld′ 仍为黑白相间的斑点状。

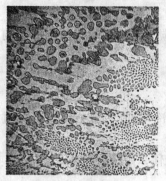  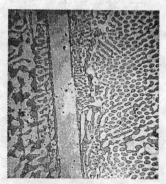

(a)共晶白口铸铁　　　　　　(b)亚共晶白口铸铁　　　　　　(c)过共晶白口铸铁

图 2.14　白口铸铁金相组织

三、主要仪器及材料

金相显微镜；铁碳合金金相试样，金相试样材料及组织组成见表 2.1。

表 2.1　铁碳合金平衡状态试样

材　料	浸蚀剂	显微组织
工业纯铁	4% 硝酸酒精	铁素体
20 钢	4% 硝酸酒精	铁素体 + 珠光体
45 钢	4% 硝酸酒精	铁素体 + 珠光体
T8 钢	4% 硝酸酒精	珠光体
T12	4% 硝酸酒精	珠光体 + 二次渗碳体
亚共晶白口铁	4% 硝酸酒精	珠光体 + 二次渗碳体 + 莱氏体
共晶白口铁	4% 硝酸酒精	莱氏体
过共晶白口铁	4% 硝酸酒精	一次渗碳体 + 莱氏体

四、实验过程

(1)首先由指导教师结合图例讲解 Fe - C 合金平衡态的基本组织组成,组织的形态特征以及显微镜的基本操作过程。

(2)领取一套金相试样,对着相应的标准组织图认真观察,先对其组织形貌有一个初步的认识和了解。

(3)将待观察试样放在显微镜的载物台上,然后选择低倍镜观察,在较大的视野范围内寻找典型的、清晰的组织区域；然后再用中、高倍镜对所选区域进行仔细观察,观察其组织状态。

(4)认识各成分铁碳合金组织特征后,画出每个试样中典型区域的组织示意图,并标出材料、组织名称、放大倍数。

五、基本要求

根据所观察的铁碳合金平衡组织,分析碳质量分数对铁碳合金的组织和性能的影响规律。

六、思考题

(1) 以 $w_C = 3.5\%$ 的铁碳合金为例,画出缓慢冷却时的冷却曲线,分析组织变化过程,分别计算室温下各相和组织的相对质量分数。

(2) 在铁碳合金显微组织中渗碳体有哪几种形态?分别在什么条件下存在?

2.4 金属塑性变形与再结晶

一、实验目的

了解冷塑性变形对金属组织和性能的影响;测定所选材料的变形度与再结晶后的晶粒度的关系曲线;分析加工温度和变形程度对所选原材料组织和性能的影响;加深对加工硬化现象和回复再结晶的认识。

二、基本原理

1. 塑性变形对组织结构的影响

金属在外力作用下产生塑性变形时,不仅外形发生变化,其内部的晶粒形状也相应地被拉长或压扁或破碎。当变形量很大时,晶粒将被拉长为纤维状,晶界变得模糊不清。塑性变形前后组织形貌的变化如图 2.15 所示。塑性变形也会使晶粒内部的亚结构发生变化,使晶粒破碎为亚晶粒。

(a)变形前　　　　　　(b)变形后　　　　　　(c)变形 80%

图 2.15　塑性变形前后组织形貌的变化(400×)

2. 冷变形金属加热时的组织性能变化

(1) 回复阶段。回复是指经冷塑性变形的金属在较低温度加热时,通过原子作短距离的扩散使其某些亚结构和性能发生变化的过程。由于回复时加热温度较低,原子活力较小,显微组织无变化,晶粒仍保持纤维状或扁平状。冷变形金属在回复阶段力学性能少量向形变前的状态恢复,即强度、硬度略有下降,塑性略有上升。

(2)再结晶阶段。冷形变金属加热到某一温度,由于原子扩散能力的增大,原来被拉长或压扁的晶粒重新转变为细小的等轴晶,这种变形组织在加热过程中发生剧烈变化的现象称为再结晶。由于再结晶后组织的复原,金属内部各种缺陷大量减少,内应力完全消除,强度、硬度下降而塑性、韧性提高,加工硬化现象消失。

(3)晶粒长大。晶粒合并长大是金属加热时出现的普遍现象。冷变形金属在再结晶完成后,一般都得到细小均匀的等轴晶粒,但继续提高加热温度或延长保温时间,再结晶晶粒会长大。例如黄铜经不同再结晶后的组织状态如图2.16所示,从图中可以看出,随着保温时间的延长或加热温度的升高,会使再结晶晶粒长大。

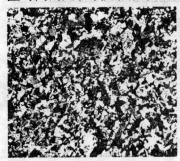  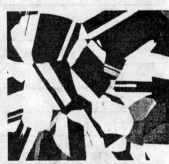

(a) 580 ℃保温 8 s 后的组织　　(b) 580 ℃保温 15 min 后的组织　　(c) 700 ℃保温 10 min 后的组织

图 2.16　变形黄铜的再结晶组织图(400 ×)

三、主要仪器及材料

仪器:万能力学试验机;箱式电阻炉;洛氏硬度计(用 HRB 标尺);金相显微镜;抛光机;卡尺等。

材料:选用易于变形和观察组织的退火态工业纯铁(或低碳钢)、工业纯铝、工业纯铜等具有单相组织的材料;制备金相试样用的金相砂纸、抛光剂、腐蚀剂等。

四、实验方法及过程

1.测定不同变形量后材料的硬度

针对实验中提供的某一具体材料,进行 4～5 种不同程度的冷变形,钢在 0%～70% 变形量之间选取,铝、铜在 0%～20% 变形量之间选取。变形量的计算式为

$$\varepsilon = \frac{h_0 - h_1}{h_0} \times 100\%$$

式中,h_0 为变形前厚度;h_1 为变形后厚度;ε 为变形量,%。

测量原始状态试样和不同变形量后的硬度(HRB),每个试样至少测三点,取平均值,然后将实验结果记入表 2.2 中。

2.测定冷变形金属加热后的硬度

将具有同一变形量(70%)的纯铁(或低碳钢)试样分别在 100～850 ℃ 区间内取 3 个温度进行加热,分别保温 30～40 min 后出炉空冷,然后测量其硬度,将测试结果记录于表 2.3 中。

表 2.2　变形量与硬度记录表

序号	试样厚度 /mm	变形量 /%	硬度 /HRB	备注
1				
2				
3				
4				
5				

表 2.3　退火加热温度与硬度记录表

序号	加热温度 /℃	保温时间 /min	硬度 /HRB	备注
1				
2				
3				

3. 变形量对再结晶晶粒大小的影响

将 4～5 种不同变形量的金属试样在一固定温度(铝 580 ℃,铜 650 ℃,纯铁 700 ℃)进行 30～40 min 的再结晶退火,然后将试样磨制、抛光、浸蚀,在金相显微镜下观察组织,测量晶粒大小。晶粒大小可采用相同放大倍数下视野中的晶粒个数或单位长度上的晶粒个数来衡量,结果记录于表 2.4 中。钢试样的腐蚀剂采用质量分数为 4% 的硝酸酒精溶液;铝试样采用质量分数为 0.5% 的氢氟酸水溶液进行腐蚀;铜试样采用三氯化铁(10 g) + 盐酸(30 mL) + 水(100 mL)的混合溶液进行腐蚀。

表 2.4　变形量对再结晶晶粒尺寸影响记录表

变形量 /%					
晶粒数目 /N					
晶粒尺寸 /μm					

4. 塑性变形及再结晶后金属显微组织

将不同变形量的试样磨制、抛光腐蚀之后制成金相试样,观察不同变形量对金属显微组织的影响,画出组织示意图,并说明组织特征。选取相同变形量合金试样,进行不同温度但相同保温时间的退火处理,并制成金相样品,用金相显微镜观察不同温度退火后的金相组织,画出组织示意图,说明组织特征,并与冷变形金属组织作对比。

五、基本要求

(1)根据记录的变形量与硬度的数据,以变形度为横坐标,硬度为纵坐标,作出变形度与硬度关系曲线,说明塑性变形对金属性能的影响。

(2)根据记录的数据绘制预先变形为 70% 的工业纯铁(或低碳钢)的硬度与加热温度的关系曲线,说明在不同温度再结晶退火后其性能的变化,并从绘制的曲线上找出该材料的再结晶温度区间。

(3)绘制晶粒大小与预变形度的关系曲线,说明金属在同一退火温度及同一保温条件下,不同预变形量对再结晶组织与性能的影响,试从该曲线上找出该金属的临界变形度。

六、思考题

(1)金属材料在冷塑性变形后为什么强度和硬度会升高?
(2)金属具有的再结晶现象在实际生产中有何意义?

2.5 铸铁的显微组织观察与分析

一、实验目的

观察各种常用铸铁的显微组织形貌,并分析这些铸铁的组织和性能的关系。

二、基本原理

根据铸铁在结晶过程中石墨化程度不同,可分为白口铸铁、灰口铸铁、麻口铸铁。白口铸铁碳几乎全部以碳化物形式(Fe_3C)存在;灰口铸铁中的碳部分或全部呈自由碳－石墨的形式存在。因此,灰口铸铁的组织可以看成是由钢基体和石墨所组成;麻口铸铁的组织介于灰口铸铁与白口铸铁之间。白口铸铁和麻口铸铁由于渗碳体的存在而有较大的脆性。各种铸铁的显微组织特征简述如下:

(1)灰铸铁。灰铸铁是指石墨呈粗片状析出的灰口铸铁,其基体组织有铁素体、珠光体和铁素体加珠光体三种,灰铸铁可进行热处理,但热处理只改变基体组织,对石墨的形状和分布状态不能改变。铁素体加珠光体组织灰口铸铁的铸态组织如图2.17(a)所示。珠光体呈层片状或黑色,铁素体分布于片状石墨两侧呈白色,片状石墨为灰黑色。灰铸铁退火态组织如图2.17(b)所示,其组织为铁素体灰口铁。基体铁素体为白色,并显示黑色网络晶界,铁素体基体上分布着灰黑色的片状石墨。灰铸铁正火态组织如图2.17(c)所示,其组织为珠光体灰口铁。灰黑的长片为石墨,黑白相间的层片状为珠光体基体。有的试样基体中存在白色小块的铁素体及磷共晶。

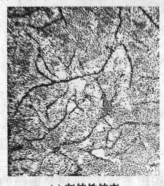
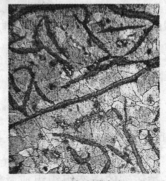

(a)灰铸铁铸态　　　　(b)灰铸铁退火态　　　　(c)灰铸铁正火态

图2.17 灰铸铁的显微组织(400×)

(2) 球墨铸铁。在铁水中加入球化剂,浇注后石墨呈球状析出得到的。由于球状石墨圆整程度高,对基体的割裂作用和产生的应力集中更小,基体强度利用率可达 70% ~ 90%,接近于碳钢,塑性和韧性比灰铸铁和可锻铸铁都高,所以可以通过热处理来强化,其显微组织如图 2.18 所示。

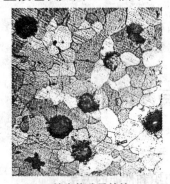
(a)铁素体球墨铸铁

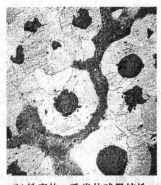
(b)铁素体+珠光体球墨铸铁

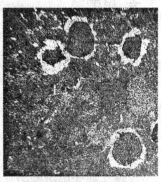
(c)珠光体球墨铸铁

图 2.18 球墨铸铁的显微组织(400×)

(3) 可锻铸铁。组织与第二阶段石墨化退火的程度和方式有关。当第一阶段石墨化充分进行后(组织为奥氏体加团絮状石墨),在共析温度附近长时间保温,使第二阶段石墨化也充分进行,则得到铁素体加团絮状石墨组织。由于表层脱碳而使心部的石墨多于表层,断口心部呈灰黑色,表层呈白色,故称为黑心可锻铸铁,如图 2.19(a)所示。若通过共析转变区时冷却较快,第二阶段石墨化未能进行,使奥氏体转变为珠光体,得到珠光体加团絮状石墨的组织,称为珠光体可锻铸铁,如图 2.19(b)所示。

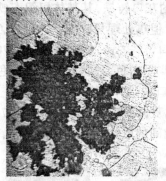
(a)铁素体可锻铸铁

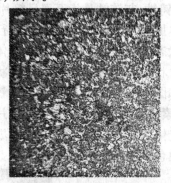
(b)珠光体可锻铸铁

图 2.19 可锻铸铁的显微组织(400×)

三、主要仪器及材料

金相显微镜及各类铸铁材料的金相试样。

四、实验方法及过程

(1) 首先由指导教师讲解各类铸铁的铸态组织组成及组织形态特征,讲解显微镜的基本操作方法。

(2) 领取一套金相试样,对照表 2.5 明确其处理状态,根据处理状态结合原理内容和老师的讲解初步掌握其组织组成。

(3) 将待观察试样放在显微镜的载物台上,选择低倍镜观察,并调节粗、细调焦旋钮,在较大的视野范围内寻找典型的、清晰的组织区域;然后再用中、高倍镜对所选区域进行仔细观察,观察其组织状态。

(4) 认识钢和铸铁的组织特征后,画出每个试样中典型区域的组织示意图,并标上材料、组织名称、放大倍数。分析铸铁和钢的组织差别。

表 2.5 常用金属材料试样的处理状态

顺序号	试样号	材料	处理状态	浸蚀剂
1	1	GC15	840℃ 油淬 150℃ 回火	4% 硝酸酒精溶液
2	2	45 钢	860℃ 油淬 200℃ 回火	4% 硝酸酒精溶液
3	HT3	灰铸铁	铸造状态	4% 硝酸酒精溶液
4	KT6	可锻铸铁	铸态或退火态	4% 硝酸酒精溶液
5	QT9	球墨铸铁	铸造状态	4% 硝酸酒精溶液

五、基本要求

分析讨论各类铸铁组织的特点,并同钢的组织作对比,指出铸铁的性能和用途。

六、思考题

(1) 合金钢与碳钢在组织上有什么不同,性能上有什么差别,使用上有什么优越性?
(2) 要使球墨铸铁分别得到回火索氏体及下贝氏体等基体组织,应进行何种热处理?

2.6 有色金属的显微组织分析

一、实验目的

观察各种常用有色金属的显微组织形貌,并分析该有色金属的组织与性能的关系。

二、基本原理

1. 铝合金

铝合金分为铸造铝合金和变形铝合金。铝硅合金是广泛应用的一种铸造铝合金,俗称硅铝明。其中 ZL102 是 $w_{Si} = 12\%$ 的铝硅二元合金,其成分接近共晶成分,铸造性能好,铸造后得到的组织是粗大的针状硅晶体和 α 固溶体组成的共晶组织 + 少量的浅灰色多边形的初晶硅晶粒,如图 2.20(a) 所示。硅本身极脆,又呈针状分布,因此极大地降低了合金的塑性和韧性。为了改善合金质量,生产上经常采用钠盐变质剂进行变质处理来改善硅相的形态。变质处理后得到的组织是细小均匀的共晶组织加上初晶 α 固溶体组织,即亚共晶组织。其中白色枝晶状组织为初生 α 固溶体,其余为灰黑色细粒状硅与白色 α 固溶体组成的共晶组织,如图 2.20(b) 所示。

常用的变形铝合金有硬铝合金、超硬铝合金、锻铝合金和防锈铝合金,其中硬铝合金、超硬铝合金、锻铝合金是可以热处理强化的铝合金,其热处理的方法为固溶处理加时效。本实验以硬铝合金为例进行组织观察。

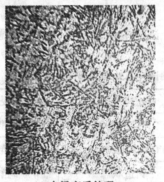
(a) 未经变质处理

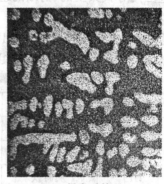
(b) 经变质处理

图 2.20　ZL102 合金铸态组织(400×)

硬铝合金主要是 Al – Cu – Mg 系合金,并含有少量的锰。这类合金可进行时效强化,也可以进行变形强化。硬铝合金 $2Al_2$(LY12) 的铸态组织为白色 α(Al) 基体与深黑色的 α(Al) + θ 相($CuAl_2$) + s 相(Al_2CuMg) 三元共晶及 α(Al) + θ 相($CuAl_2$) 二元共晶。三元、二元共晶均呈网络分布,难于分辨,如图 2.21(a) 所示。硬铝合金 $2Al_2$(LY12) 的时效组织为白色 α(Al) 基体上分布黑色 θ 相($CuAl_2$) 及 s 相(Al_2CuMg) 强化相质点。因沿板材纵向取样,故强化相质点纵向分布,如图 2.21(b) 所示。

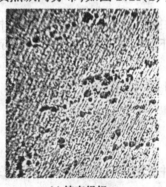
(a) 铸态组织

(b) 时效态组织

图 2.21　硬铝合金 $2Al_2$(LY12) 组织(400×)

2. 铜合金

最常用的铜合金为黄铜(Cu – Zn 合金)及青铜(Cu – Sn 合金)。w_{Zn} = 39% 的黄铜,其显微组织为单相 α 固溶体,故称单相黄铜,其塑性好,可制造深冲变形零件。常用单相黄铜是 w_{Zn} = 30% 左右的 H70,此合金变形并退火后组织为锌溶于铜中的 α 固溶体等轴晶粒,有的晶粒含有孪晶。单相黄铜 H70 合金变形退火态组织如图 2.22(a) 所示。

w_{Zn} = 39% ~ 45% 的黄铜,其组织为 α + β′(β′ 是 CuZn 为基的有序固溶体),故称双相黄铜。在低温时性能硬而脆,但在高温时有较好的塑性,适于热加工,可用于承受大载荷的零件,常用的双相黄铜为 H62、H60、H62 合金,在轧制退火后的显微组织经 3% $FeCl_3$ + 10% HCl 水溶液浸蚀后,白色部分为 α 固溶体晶体,黑色条块状是以电子化合物 CuZn 为基

的 β 固溶体。浸蚀浅 α 相晶界未显示。双相黄铜 H62 退火态组织如图 2.22(b) 所示。

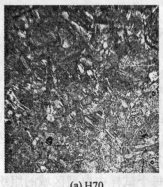
(a) H70

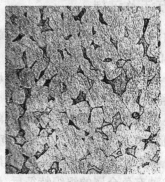
(b) H62

图 2.22　黄铜的组织图(100×)

3.轴承合金

制造滑动轴承的轴瓦及其内衬的耐磨合金称为轴承合金。目前工业上常用的有锡基、铅基、铜基和铝基轴承合金等,其中锡基和铅基轴承合金又称巴氏合金,是应用最广的轴承合金。

(1) 锡基轴承合金。以锡为主并加入少量锑、铜等元素组成的合金,熔点较低,是软基体硬质点组织类型的轴承合金。典型牌号为 ZSnSb12Cu6,其铸态显微组织如图 2.23(a) 所示,为 $\alpha + \beta' + \eta$ 组织。基体为锑在锡中的 α 固溶体,易浸蚀呈黑色,白色方块为 β' 相,是以化合物 SnSb 为基的有序固溶体,难浸蚀。颗粒较小,较难浸蚀呈白色星状或放射针状的为 η 相,即 Cu_6Sn_5 也难浸蚀。

(2) 铅基轴承合金。以铅为主加入少量锑、锡、铜等元素的合金,也是软基体硬质点型轴承合金。典型牌号为 ZPbSb16Sn16Cu2,其铸态显微组织如图 2.23(b) 所示。为 $\beta + (\alpha(Pb) + \beta) + Cu_2Sb$ 组织,白色为 β 相(SnSb)硬质点,部分针状为铜锑化合物(Cu_2Sb),其余为 $(\alpha(Pb) + \beta)$ 共晶软基体。

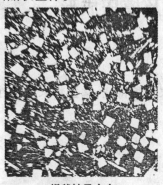
(a) 锡基轴承合金

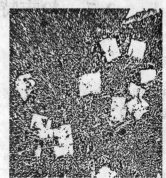
(b) 铅基轴承合金

图 2.23　轴承合金的铸态组织(100×)

三、主要仪器及材料

金相显微镜;各类材料的金相试样。

四、实验方法及过程

(1) 首先由指导教师讲解各种有色金属在不同处理状态下的组织组成及组织形态特征,讲解显微镜的基本操作方法。

(2) 领取一套金相试样,对照表 2.6 明确其处理状态,并根据其处理状态结合原理内容和老师的讲解初步掌握其组织组成。

(3) 打开显微镜的开关,将待观察试样放在显微镜的载物台上,然后选择低倍镜观察,并调节粗、细调焦旋钮,在较大的视野范围内寻找典型的、清晰的组织区域;然后再用中、高倍镜对所选区域进行仔细观察,观察其组织状态。

(4) 认识各种有色金属的组织特征后,画出每个试样中典型区域的组织示意图,并标出材料、组织名称、放大倍数。分析不同处理后组织的差别。

表 2.6　常用金属材料试样的处理状态

顺序号	试样号	材料	处理状态	浸蚀剂
1	1	硅铝明	铸态(未变质处理)	0.5% 氢氟酸溶液
2	2	硅铝明	铸态(变质处理)	0.5% 氢氟酸溶液
3	3	黄铜(两种)	退火或变形退火	3% $FeCl_3$ + 10% HCl 溶液
4	4	锡基轴承合金	铸态	4% 硝酸酒精溶液
5	5	铅基轴承合金	铸态	4% 硝酸酒精溶液

五、基本要求

分析讨论各类有色金属材料的组织与性能的关系。

2.7　粉末特性及模压成形

一、实验目的

了解粉末的物理性能和工艺性能,观察粉末形貌特征;掌握粉末流动性的测量方法;了解粉末模压成形过程。

二、基本原理

1. 粉末的性能

尺寸小于 1 mm 的离散颗粒的集合体通常称为粉末,其计量单位一般是微米或纳米。粉末的性能包括物理性能和工艺性能。其物理性能主要有粉末的粒度及粒度分布、粉末颗粒的形状、粉末的表面积。粉末的工艺性能包括流动性、填充特性、压缩性及成形性等。

2. 粉末流动性的测定

休止角是粉末堆积层的自由斜面在静止的平衡状态下,与水平面所形成的最大角。休止角的测定方法有固定漏斗法、固定圆锥法、排除法、倾斜箱法、转动圆筒法等,常用的方法是固定圆锥法(亦称残留圆锥法),如图 2.24 所示。固定圆锥法将粉体注入到某一有限直径的圆盘中心上,直到粉体堆积层斜边的物料沿圆盘边缘自动流出为止,停止注入,测定休止角。

流出速度是将一定量的粉体装入漏斗中,然后测定其全部流出所需的时间来计算。如果粉体的流动性很差而不能流出时,加入 100 μm 的玻璃球助流,测定自由流动所需玻璃球的最少加入量(质量分数),加入量越多流动性越差。测定装置如图 2.25 所示。

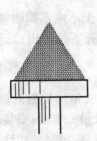

图 2.24　固定漏斗法测定休止角

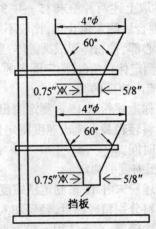

图 2.25　流出速度的测定装置

压缩度表示振动流动时粉体的流动性,可评价振动加料、振动筛、振动填充与振动流动等。压缩度的表示方法为

$$C = \frac{\rho_f - \rho_0}{\rho_f} \times 100\%$$

式中,ρ_f 为振动最紧密度;ρ_0 为最松密度。

实践证明,压缩度在 20% 以下时流动性较好,当压缩度为 40% ~ 50% 时粉体很难从容器中流出。

3. 粉末成形

粉末成形是将粉末转变成具有所需形状的凝聚体的过程。常用的成形方法有模压、轧制、挤压、等静压、松装烧结成形、粉浆浇注和爆炸成形等。本实验主要介绍模压法,模压即粉末在压模内压制。室温压制时一般需要约 1 t/cm² 以上的压力,压制压力过大时,影响加压工具,并且有时坯体发生层状裂纹、伤痕和缺陷等,压制压力的最大限度为 12 ~ 15 t/cm²。超过极限强度后粉末颗粒发生粉碎性破坏。目前常用的压制方法有双向压制、浮动模压制、单向压制等。粉末在成形前首先要进行预处理,其预处理包括粉末退火、分级、混合、制粒、加润滑剂等。

三、主要仪器及材料

标准漏斗;轻敲测定仪;体式显微镜;若干种助流剂;液压机;烧结炉;球磨机;成形磨具;电子天平;金相显微镜;试验用粉末(如铁粉、镍粉、钛粉等);石墨粉;硬脂酸锌。

四、实验步骤

(1) 利用体式显微镜观察粉末的形貌特征,并画出粉末的形貌图。

(2) 休止角测定。

① 称取两种不同粉末颗粒(如铁粉、Ni60粉等)20 g,测定休止角,比较不同形状与大小对休止角的影响;

② 称取上述两种粉末15 g共3份,分别向其中加入1%的滑石粉、微粉硅胶、硬脂酸镁,均匀混合后测定休止角,比较不同润滑剂的助流作用;将预测物料轻轻地、均匀地落入圆盘的中心部,使粉体形成圆锥体,当物料从粉体斜边沿圆盘边缘中自由落下时停止加料,用量角器测定休止角(或测定圆盘的半径和粉体的高度,计算休止角,$\tan \theta = $ 高/半径)。

(3) 流出速度的测定。

分别称上述粉末15 g,测定流出速度,比较不同形状与大小或不同物料的流出速度。将欲测物料轻轻装入流出速度测定仪(或三角漏斗)中,打开下部流出口,测定全部物料流出所需时间。

(4) 压缩度的测定。

取上述粉末各15 g,测定压缩度,比较不同形状与大小或不同物料的振动流动性。将欲测定物料分别精确称量,轻轻加入量筒中,测量体积,记录最松密度;安装于轻敲测定仪中进行多次轻敲,直至体积不变为止,测量体积,记录最紧密度。根据公式计算压缩度。

(5) 根据Fe-C相图预测不同成分试样的组织与性能,列出相应参数测试表格。

(6) 配料,称取原材料,混合均匀,为改善压制性能可加入质量分数为0.5%~0.8%的硬脂酸锌。

(7) 压制(由实验指导教师操作),压力为20~25 MPa,保压一定时间,测量毛坯密度。

(8) 烧结,随炉升温,烧结温度1 000~1 100 ℃,保温时间0.5~1.5 h,950 ℃空冷。

(9) 观察制备试样的金相组织,并画出试样的显微组织示意图并标明组织组成。

五、基本要求

(1) 用显微镜观察粉体粒子的大小与形状,分析其对流动性的影响。

(2) 在压制过程中加压不能过大防止把粉末颗粒压碎。

2.8 溶胶-凝胶法制备纳米粉体

一、实验目的

了解溶胶-凝胶技术,并掌握溶胶-凝胶法制备纳米粉体的工艺。

二、基本原理

1. 纳米材料简介

纳米材料是由极细的晶粒组成、特征尺寸在纳米数量级(1~100 nm)的固体材料。由于这种材料的粒径介于块体与原子、分子之间,其特性明显不同于物质和微观粒子,具有量子尺寸效应、小尺寸效应、表面效应和宏观量子隧道效应,表现出许多优异的力学、热学、光学、磁学和电学等性质和新的规律。纳米粉体材料也具有表面效应、小尺寸效应以及量子效应等许多特殊性能。

2. 纳米粉体制备方法

纳米粉体制备方法主要分为三大类：物理方法、化学方法以及物理和化学综合法。化学法包括固相反应法、共沉淀法、水热法、溶胶-凝胶法等。本实验采用溶胶-凝胶(sol-gel)法制备纳米粉。

3. 溶胶-凝胶法制备纳米粉

(1) 原理。溶胶-凝胶法是指用含高化学性组分的化合物作前驱体，在液相下将这些原料均匀混合，并进行水解、缩合化学反应在溶液中形成稳定的透明溶胶体系，溶胶经陈化胶粒间缓慢聚合，形成三维空间网络结构凝胶，凝胶网络间充满了失去流动性的溶剂，形成凝胶。凝胶经过干燥、烧结固化制备出分子乃至纳米结构的材料。

(2) 制备步骤。

① 制备溶液：无机盐或金属醇盐溶于溶剂(水或有机溶剂)中形成均匀的溶液；

② 制备溶胶：通过水解或电离反应生成的物质聚集并组成溶胶；

③ 制备湿凝胶：溶胶放置于敞口或密闭容器中，通过陈化作用得到湿凝胶；

④ 干燥及热处理：将凝胶干燥以除去残余水分、有机基团和有机溶剂，得到干凝胶；最后通过热处理得到纳米粉末。溶胶-凝胶法制备纳米粉体的工艺过程如图 2.26 所示。

图 2.26　溶胶-凝胶法制备纳米粉体工艺过程

(3) 特点。溶胶-凝胶法具有操作简单、不需要极端条件和复杂设备、适应性强等特点。在制备过程中由于各组分在溶液中能实现分子级混合，可制备出组分复杂但分布均匀的各种纳米粉，还可制备纤维、薄膜和复合材料。

三、主要仪器及材料

恒温磁力搅拌器；烧杯；温度计；电子天平；干燥箱；容量瓶；酸式滴定管；容量瓶；研钵；氧化铝坩埚；钛酸四丁酯、无水醋酸钡、蒸馏水、冰醋酸、正丁醇等。

四、实验方法及过程

(1) 先将钛酸四丁酯溶于正丁醇中，然后将干燥后的无水醋酸钡溶于蒸馏水中，再将醋酸钡溶液加入到钛酸四丁酯的正丁醇溶液中，混合均匀后用冰醋酸调其 pH 值为 3.5。

(2) 将装有上述溶液的烧杯口扎紧，室温下静置 24 h 得到透明凝胶。

(3) 将凝胶捣碎放入烘箱中干燥，得到干凝胶，将干凝胶除去有机溶剂后得白色淡黄色固体，研细即得 $BaTiO_3$ 纳米粉。

五、基本要求

(1) 明确溶胶-凝胶法制备钛酸钡的基本原理，对实验现象进行讨论，分析钛酸钡粉末晶相及粒度。

(2) 简述溶胶-凝胶法制备钛酸钡的基本原理。

第3章 金属材料测试分析方法实验

3.1 金相试样制备及显微镜使用

一、实验目的

了解金相显微镜的结构及原理,熟悉金相显微镜的使用与维护方法;掌握金相试样的磨制过程、磨制方法和浸蚀的基本原理及操作。

二、基本原理

金相显微分析是研究工程材料内部组织形貌的主要方法之一,金相显微镜是进行金相显微分析的常用工具。通过金相显微镜观察、研究材料的组织形貌、晶粒大小、非金属夹杂物、氧化物和硫化物等在组织中的数量及分布情况,分析研究材料的组织及其化学成分(组成)之间的关系,确定各类材料经不同加工工艺处理后的显微组织,以判别材料的质量。下面仅对常用光学金相显微镜的结构及金相试样的制备作以介绍。

1. 金相显微镜

(1) 成像原理。显微镜的基本原理如图3.1、3.2所示,光学系统由物镜和目镜组成。对着被观察物体的透镜为物镜,对着人眼的透镜为目镜。被观察物体 AB 放在物镜前焦点 F_1 略远一点的地方。物镜使物体 AB 形成放大的倒立实像 A_1B_1,目镜再把 A_1B_1 放大成倒立的虚像 $A_1'B_1'$,它正在人眼明视距离处,即距人眼 250 mm 处,人眼通过目镜看到的就是这个虚像 $A_1'B_1'$。

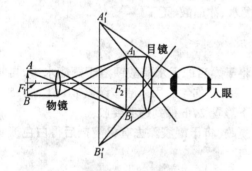
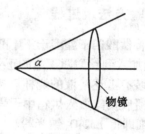

图 3.1 显微镜成像的光学简图　　　　图 3.2 物镜的孔径角

(2) 显微镜的构造。金相显微镜的种类和类型很多,但最常见的形式有台式、立式和卧式三大类。金相显微镜通常由光学系统、照明系统以及机械系统三大部分组成,有的显微镜还附带有照相摄影装置。现以国产 XJB - 1 型金相显微镜为例进行说明。

XJB-1型金相显微镜的结构如图3.3所示,由灯泡发出的一束光线,经聚光镜组及反光镜被汇聚在孔径光阑上,然后经过聚光镜,再度将光线聚集在物镜的后焦面上,最后经过物镜,使试样表面得到充分均匀的照明。从试样反射回来的光线复经物镜、辅助透镜、半反射镜以及棱镜,造成一个物体的倒立放大实像。该像再经场透镜和目透镜组成的目镜放大,得到所观察试样表面的放大图像。XJB-1型金相显微镜各部件的功能及使用简单介绍如下。

① 照明系统。在底座内装有作为光源的低压(6~8 V,15 W)灯泡,由变压器降压供电,靠调节次级电压(6~8 V)来改变灯光的亮度。聚光镜、反光镜及孔径光阑14等均装在圆形底座上,视场光阑13及另一聚光镜安在支架上,它们组成显微镜的照明系统,使试样表面获得充分、均匀的照明。

② 调焦装置。在传动箱5的两侧有粗动和微动调焦手轮6和7,转动粗调焦手轮可使支承载物台的弯臂做上下左右移动,微调焦手轮转动时仅使弯臂上下缓慢移动。

③ 载物台。载物台1用于放置金相试样,它与下面托盘之间的导架连接,移动结构采用粘性油膜连接,在手的推动下,可使载物台做水平移动,以改变试样的观察部位。

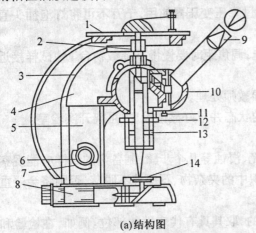
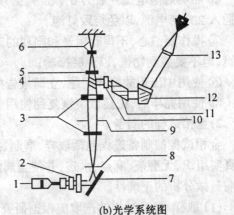

(a)结构图

(b)光学系统图

1—载物台;2—物镜;3—弯臂;4—物镜转换器;
5—传动箱;6、7—粗微调焦手轮;8—照明系统;
9—观察筒;10—棱镜组;11—微调螺钉;12—辅助透镜;13—视场光阑;14—孔径光阑

1—灯泡;2、3—聚光镜组;4—半反射镜;
5、10—辅助透镜;6—物镜组;7—反光镜;
8—孔径光阑;9—视场光阑;11、12—棱镜;
13—目镜

图3.3 XJB-1型金相显微镜

④ 孔径光阑和视场光阑。孔径光阑14装在照明反射镜座上面,刻有0~5份刻线上,它表示孔径大小的毫米数,视场光阑13装在物镜支架下面,可以旋转滚花套圈来调节视场光阑大小。在套圈上方有两个滚花螺钉,用来调节视场光阑中心,通过调节孔径和视场光阑的大小,可以提高后映像的质量。

⑤ 物镜转换器和物镜。物镜转换器4呈球面形,上面有三个螺钉;物镜2装在螺孔中;旋转转换器可使物镜镜头进入光路,并与不同的目镜匹配成各种放大倍数。

⑥ 目镜管和目镜。目镜管9呈45°倾斜式安装在附有棱镜的半球形座上。

(3)显微镜操作和注意事项。金相显微镜是最贵重的精密光学仪器,在使用中必须十分爱护,自觉遵守显微镜的操作规程。

① 选择适当载物台,将试样放在载物台上。
② 按观察需要,选择物镜和目镜,转动粗调焦手轮,升高载物台,并将物镜和目镜分别装在物镜转换器及目镜管上。
③ 将灯泡的导线插头插入 5 V 或 6 V 变压器上(照相时用 8 V),并把变压器与电源相接,使灯泡发亮。
④ 转动粗调焦手轮6,使载物台下降,待看到组织后,再转动微调焦手轮7直至图像清晰为止。
⑤ 缩小视场光阑,使其中心与目镜视场中心大致重合,然后打开视场光阑,使其像恰好消失于目镜视场之外。
⑥ 根据所观察试样的要求,调整孔径光阑的大小。

操作金相显微镜时还要注意以下几点:
① 不能用手触摸目镜、物镜镜头。
② 不能用手触摸金相试样的观察面,要保持干净,观察不同部位组织时,可以平推载物台,不要挪动试样,以免划伤表面。
③ 照明灯泡电压一般为 6 V、8 V,必须通过降压变压器使用,千万不可将灯泡插头直接插入 220 V 电源,以免烧毁灯泡。
④ 操作要细心,不得有粗暴和剧烈的动作,调焦距时要慢慢下降载物台1使试样接近物镜,但不要碰到物镜,以免磨损物镜。
⑤ 使用中出现故障和问题,立即报告指导教师处理。
⑥ 使用完毕后,把显微镜恢复到使用前的状态并罩好显微镜,方可离开实验室。

2.金相试样的制备

金相试样的制备过程包括取样、磨制、抛光、浸蚀等几个步骤,制备好的试样应能观察到真实组织,无磨痕、麻点、水迹,并使金属组织中的夹杂物、石墨等不脱落,否则将会严重影响显微分析的正确性。

(1)取样。显微试样的选取应根据研究目的,取其具有代表性的部位。例如,在检验和分析失效分析零件的损坏原因时,除了在损坏部位取样外,还需要在距损坏较远的部位截取试样,以便比较;在研究金属铸件组织时,由于存在偏析现象,必须从表层到中心同时取样进行观察;对轧制和锻造材料,则应同时截取横向(垂直轧制方向)及纵向(平行于轧制方向)的金相试样,以便于分析比较表层缺陷及非金属夹杂物的分布情况;对于一般热处理后的零件,由于金相组织比较均匀,试样的截取可在任一截面进行。

试样的截取方法视材料的性质不同而异,软的金属材料可用手锯或锯床切割,硬而脆的材料(白口铸铁)则可用锤击打下,对极硬的材料(如淬火钢),则可采用砂轮片切割或电脉冲加工。但不论用哪种方法取样,都应避免试样受热或变形而引起金属组织变化。为防止受热,必要时应随时用水冷却试样。试样尺寸一般不要过大,应便于握持和易磨制,通常采用直径为 12~15 mm 的圆柱体或边长为 12~15 mm 的方形试样。对形状特殊或尺寸细小不易握持的试样,或为了使试样不发生倒角,可采用图3.4所示的镶嵌法或机械装夹法。

镶嵌法是将试样镶嵌在镶嵌材料中,目前使用的镶嵌材料有热固性塑料(如胶木粉)及热塑性材料(聚乙烯、聚合树脂)等。此外还可将试样放在金属圈内,然后注入低熔点物质,如硫磺、低熔点合金等。

(2) 磨制。试样的磨制一般分为粗磨和细磨两道工序。粗磨的目的是为获得一个平整的表面。试样截取后,将试样的磨面用砂轮或锉刀制成平面,同时尖角倒圆。在砂轮上磨制时,应握紧试样,压力不宜过大,并随时用水冷却,以防受热引起金属组织变化。经粗磨后试样表面虽较平整,但仍存在有较深的磨痕。

细磨的目的是为消除这些磨痕,以得到平整而光滑的磨面,并为进一步的抛光做好准备,如图3.5所示。将粗磨好的试样用水冲洗并擦干后,随即依次用由粗到细的各号金相砂纸将磨面磨光。常用的砂纸号数有01、02、03、04四种,前者砂粒较粗,后者较细。磨制时砂纸应平铺于厚玻璃板上,左手按住砂纸,右手握住试样,使磨面朝下并与砂纸接触,在轻微压力作用下向前推行磨制,用力要均匀,务求平稳,否则会使磨痕过深,而且造成磨面的变形。试样退回时不能与砂纸接触,以保证磨面平整不产生弧度。这样"单程单向"的反复进行,直至磨面上旧的磨痕被去掉,新的磨痕均匀一致时为止。在调换下一号更细砂纸时,应将试样上磨屑和砂粒清除干净,并转动90°,继续磨制。

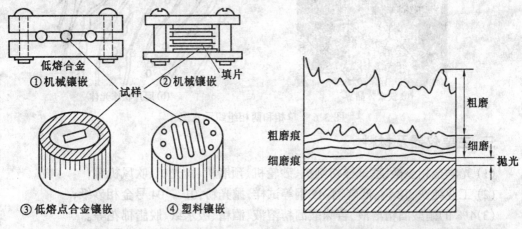

图3.4 金相试样的镶嵌方法　　图3.5 试样磨面上磨痕变化情况示意图

(3) 抛光。抛光的目的是去除细磨时磨面上遗留下来的细微磨痕和变形层,以获得光滑的镜面。常用的抛光方法有机械抛光、电解抛光、化学抛光三种,其中以机械抛光应用最广,本实验以介绍机械抛光为主。

机械抛光是在专用的抛光机上进行,抛光机主要由电动机和抛光圆盘(直径200 ~ 300 mm)组成,抛光盘转速为200 ~ 600 r/min。抛光盘上辅以细帆布、呢绒、丝绸等。抛光时在抛光盘上不断滴注抛光液。抛光液通常采用 Al_2O_3、MgO 或 Cr_2O_3 等细粉末(粒度约为0.3 ~ 1 μm)在水中的悬浮液。机械抛光就是靠极细的抛光粉对磨面的机械作用来消除磨痕而使其成为光滑的镜面。抛光后的试样应该用清水冲洗干净,然后用酒精冲去残留水滴,再用吹风机吹干。

(4) 浸蚀。抛光后的试样磨面是一光滑镜面,直接放在显微镜下观察无法辨别出各种组成物及其形态特征,必须经过适当的浸蚀,才能使显微组织正确地显示出来。目前,最常用的浸蚀方法是化学浸蚀法。

化学浸蚀是将抛光好的试样磨面在化学浸蚀剂(常用酸、碱、盐的酒精或水溶液)中浸蚀或擦拭一定时间。由于金属材料中各相的化学成分和结构不同,故具有不同的电极电势,在浸剂中就构成了许多微电池,电极电势低的相为阳极而被溶解,电极电势高的相为阴极而保持不变。故在浸蚀后就形成了凹凸不平的表面,在显微镜下,由于光线在各处的反射情况不同,能观察到金属的组织特征。

对于纯金属及单相合金浸蚀时,由于晶界原子排列较乱,缺陷及杂质较多,具有较高的能量,在浸蚀时晶界易被侵蚀而呈凹沟。在显微镜下观察时,光线在晶界处被漫反射而不能进入物镜,因此显示出一条条黑色的晶界,如图 3.6(a) 所示。对于两相合金,由于电极电势不同,负电势的一相被腐蚀形成凹沟,当光线照射到凹凸不平的试样表面时,能看到不同的组成相,如图 3.6(b) 所示。

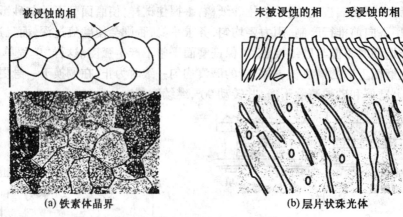

图 3.6 单相和两相组织示意图

三、主要仪器及材料

(1) 光学金相显微镜、试样切割机、砂轮机、预磨机、抛光机、吹风机等;
(2) 工业纯铁、T8 钢、低碳钢、45 钢等试样,抛光粉,01～04 号金相砂纸;
(3) 4% 的硝酸酒精溶液、苦味酸酒精溶液、酒精、吸水纸、脱脂棉花等。

四、实验过程

(1) 在听完指导教师讲解金相显微镜的原理、构造、使用方法和金相试样的制备过程后,领取实验材料和金相砂纸,按照基本要求磨制金相试样,并用腐蚀剂进行腐蚀。
(2) 在金相显微镜下观察所制备试样的显微组织特征,画出所制试样的金相显微组织的示意图,注明腐蚀剂和放大倍数。

五、基本要求

实验报告应扼要描述光学金相显微镜的使用规程;说明试样制备的过程及其注意事项;在画出的组织图上注明试样材料、组织类别、浸蚀剂与放大倍数等。

六、思考题

(1) 说明金相显微镜使用时应注意的问题?
(2) 制备金相试样时,应如何使试样制备得又快又好?

3.2 金相定量分析

一、实验目的

掌握在显微镜下进行定量分析的基本方法,了解定量分析技术在材料研究中的应用。

二、基本原理

1. 定量分析的基本方法

利用金相显微镜对金相组织进行定量分析,为了保证测量的精确度,必须预先确定测量方法,最常用的测量方法有比较法、计点法、截线法、截面法及联合测量法等。

(1) 比较法。比较法是把被测相与标准图进行比较,和标准图中哪一级接近就定为哪一级,如晶粒度、夹杂物、碳化物及偏析等都可以用比较法定出其级别。这种方法简单易行,但误差大。

(2) 计点法。计点法首先要制备一套有不同网格间距的网格,一般常选用 3 mm × 3 mm,4 mm × 4 mm,5 mm × 5 mm 的网格进行测量。在试样或照片上选一定的区域,求落在某个相的测试点数 P 和测量总点数 P_T 之比,即点分数 $P_P = P/P_T$。根据被测相的体积百分比乘以其密度即可得到被测相的质量百分比。

(3) 截线法。截线法用有一定长度的刻度尺来测量单位长度测试线上的点数 P_L,单位长度测试线上的物体个数 N_L 及单位测试线上第二相所占的线长 L_L,如图 3.7 所示。也可以选用不同半径的圆组、平行线或一定角度间隔的径向线,如图 3.8 所示。把网格放在要测试的显微组织上,测定测试线与被测相的交点数,求出单位测试线上被测相的点数。图 3.8(a) 中有 15° 角间隔的径向网格是用来测定有一定方向性组织的,用其确定测量线与方向轴的夹角。图 3.8(b) 为不同半径的圆组模板图。

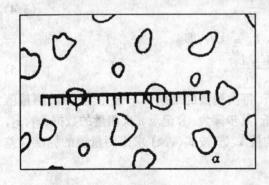
图 3.7 各种截线法应用说明

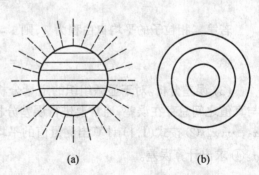
图 3.8 截线法所用的模板

(4) 截面法。截面法是用带刻度的网格来测量单位面积上的交点数 P_A,或单位测量面积上的物体个数 N_A,也可以用来测量单位测试面积上被测相所占的面积百分比 A_A。

(5) 联合测量法。联合测量法是将计点法和截线法联合起来进行测量,通常用来测定 P_L 和 P_P,由定量分析的基本方程得到表面积和体积比值。公式如下

$$\frac{S_V}{V_V} = \frac{2P_L}{P_P} \tag{3.1}$$

式中,S_V 为单位测试体积中被测相的曲面积;V_V 为单位测试体积中某个相的体积。

2.定量分析在材料研究中的应用

(1) 晶粒尺寸的测定。材料晶粒的大小称为晶粒度,它与材料的性能有密切关系,因此测量材料的晶粒度十分重要。材料的晶粒度一般是以单位测试面积上晶粒的个数来表示的。目前,世界上统一使用的是美国 ASTM 推出的计算晶粒度的公式

$$N_A = 2^{G-1} \tag{3.2}$$

$$G = \lg N_A / \lg 2 + 1 \tag{3.3}$$

式中,G 为晶粒度级别;N_A 为放大 100 倍下 6.45 cm² 的面积上晶粒的个数。

(2) 第二相颗粒的几何尺寸测定。对于两相合金,基本上第二相的数量、尺寸、几何形状都对合金性能有很大影响,因此需要测第二相所占的百分比以及第二相粒子的平均自由程等。测试原理如图 3.9 所示。

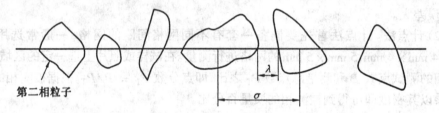

图 3.9　第二相粒子的测量示意图

① 第二相所占的百分比的测定。首先要测出单位测试线上第二相所占的线长 L_L 和单位测试线上第二相粒子的个数 N_L。因此 $V_V = L_L$,所以就得到了第二相粒子所占的体积百分比,乘以密度得到质量百分比。

② 第二相粒子的平均自由程的测定。设两个粒子中心之间的距离为 σ,则

$$\sigma = \frac{1}{N_L} \tag{3.4}$$

若第二相粒子的平均自由程为 λ,则 $1 - L_L = \lambda N_L$,即

$$\lambda = \frac{1 - L_L}{N_L} \tag{3.5}$$

(3) 误差分析。对于显微组织的定量分析,每次测量的结果都不会完全一致,测量值与真值之间总存在误差,通常要进行误差分析,其步骤为:① 记录 n 次测量的数据:$x_1, x_2, x_3, \cdots, x_n$。② 按式(1.1)计算出测量值的平均值 $\bar{x}$。③ 按式(1.4)求出测量值的标准误差 σ。④ 求出计算误差。

$$\delta = \frac{\sigma}{\sqrt{n}} \tag{3.6}$$

从式(3.6)可知测量误差与测量次数有关,即测量次数越多,误差越小,测量数值的精确度越高。由于测量的数值都不是精确值,必须给出所测数据的精确度。根据测量要求的精确度可以确定所需测量次数。

三、主要仪器及材料

金相显微镜;标准晶粒级别图;工业纯铁金相试样;普通钢金相试样;不完全淬火的45钢金相试样;计算器。

四、实验过程

(1) 在听完实验教师讲解金相定量分析的具体方法,测试过程后,领取一套试样进行实验。

(2) 用比较法测定工业纯铁的晶粒度;用平均截距法测定工业纯铁和钢材的晶粒度。

(3) 测出不完全淬火的45钢中第二相粒子之间的平均间距 σ、平均自由程 λ、体积百分比 V_V,并计算出质量百分比。

(4) 对计算结果进行误差分析。

五、思考题

(1) 定量分析常用的测量方法是什么?

(2) 什么是材料的晶粒度?测量方法如何?

(3) 第二相颗粒的几何尺寸是如何表示的?如何测量?

3.3 MX2600FE型扫描电子显微镜构造及图像分析

一、实验目的

了解扫描电子显微镜基本结构和工作原理,利用二次电子像和背散射电子像观察样品表面形貌,利用二次电子像观察拉伸断口形貌,掌握二次电子和原子序数衬度的成像原理。

二、基本原理

1. 扫描电子显微镜结构

扫描电子显微镜由电子光学系统,信号收集处理、图像显示和记录系统,真空系统三部分组成,如图3.10所示。电子光学系统包括电子枪、电磁透镜、扫描线圈和样品室。电子枪、电磁透镜、扫描线圈部分共同作用产生一束亮度高的细聚焦电子束,样品室内除放置样品外,还可安置信号探测器。信号收集处理、图像显示和记录系统的主要作用是探测电子束在样品上激发出来的信号,并进行收集、最终转化为调制信号,以图像形式显示在荧光屏上。真空系统的作用主要是保证镜筒内的真空度要求,真空度不足会出现样品被污染、灯丝寿命下降、极间放电的问题。

2. 成像原理

扫描电子显微镜利用细聚焦电子束在样品表面逐点扫描,与样品相互作用产生各种物理信号,具体包括二次电子、背散射电子、吸收电子、透射电子、特征X射线和俄歇电子,这些信号经检测器接收、放大并转换成调制信号,最后在荧光屏上显示反映样品表面各种特征的图像。扫描电镜最常使用的是二次电子信号和背散射电子信号,前者用于显示表面形貌衬度,后者用于显示原子序数衬度。

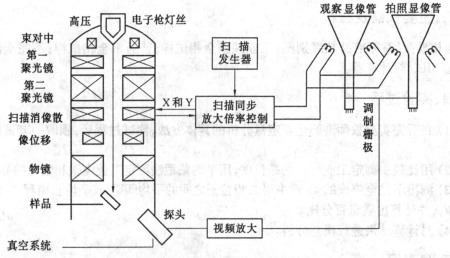

图 3.10　扫描电子显微镜结构示意图

（1）表面形貌成像原理。二次电子信号来自样品表面层 5～10 nm，被入射电子束激发出的二次电子数量对样品微区表面形貌非常敏感，随着样品表面相对于入射束的倾角增大，二次电子的产额增多，在荧光屏上这些部位的亮度较大。因此，二次电子像适合于被腐蚀后的试样表面形貌观察，以及断口形貌观察。

图 3.11 是比较常见的金属断口形貌二次电子像。较典型的解理断口形貌如图 3.11(a)所示，在解理断口上存在有许多台阶。在解理裂纹扩展过程中，台阶相互汇合形成河流花

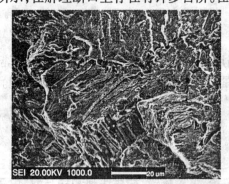
(a) 解理断口

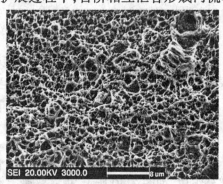
(b) 韧窝断口

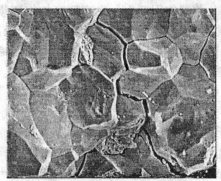
(c) 沿晶断口

图 3.11　典型断口的二次电子像

样,这是解理断裂的重要特征。图 3.11(b) 显示的是韧窝断口的形貌,在断口上分布着许多微坑,在一些微坑的底部可以观察到夹杂物或第二相粒子。图 3.11(c) 是沿晶断口形貌,断口呈冰糖块或呈石块状,沿晶断裂属于脆性断裂,断口无塑性变形迹象。具有不同形貌特征的断口,若按裂纹扩展途径分类,其中解理、准解理和韧窝型属于穿晶断裂,沿晶断口的裂纹扩展是沿晶粒表面进行的。

表面形貌衬度还可用于显示表面外延生长层(如氧化膜、镀膜、磷化膜等)的结晶形态,这类样品一般不需进行任何处理,可直接观察。

(2) 原子序数衬度成像原理。原子序数衬度是利用对样品表层微区原子序数或化学成分变化敏感的物理信号,如背散射电子、吸收电子等作为调制信号而形成的一种能反映微区化学成分差别的图像衬度。实验证明,在实验条件相同的情况下,用背散射电子信号进行扫描电镜成像时,在原子序数小于 40 的范围内,背散射电子产额对原子序数非常敏感。在样品表层平均原子序数较大的区域,产生的背散射信号数量多,背散射电子像中相应的区域显示较亮的衬度;而样品表层平均原子序数较小的区域则显示较暗的衬度。由此可见,背散射电子像中不同区域衬度的差别,实际上反映了样品相应不同区域平均原子序数的差异,据此可定性分析样品微区的化学成分分布。吸收电子像显示的原子序数衬度与背散射电子像相反,平均原子序数较大的区域图像衬度较暗,平均原子序数较小的区域显示较亮的图像衬度。原子序数衬度适合于研究钢与合金的共晶组织,以及各种界面附近的元素扩散。

图 3.12 为铸造 ZL205A 合金利用原子序数成像的背散射电子像,衬度较暗的区域是 α(Al) 固溶体,白色衬度的则是由 Al 和 Cu 共同组成的中间相,由于中间相富含 Cu,Cu 的原子序数比 Al 大,背散射电子产额多,因此富 Cu 相呈现较亮的白色衬度。

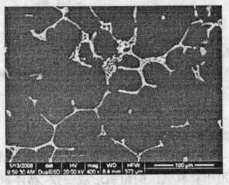

图 3.12　ZL205A 合金背散射电子像

三、主要仪器及材料

Camscan MX2600FE 扫描电子显微镜;铝合金样品;碳钢样品;拉伸断口样品。

四、实验过程

(1) 样品制备

① 将切割好的试样在砂纸上进行磨制,并抛光和腐蚀,做二次电子形貌观察用;如果进行背散射电子形貌观察,则抛光后无需进行腐蚀处理。

②样品表面附着有灰尘和油污,可用有机溶剂(乙醇或丙酮)在超声波清洗器中清洗。

③样品表面若锈蚀或严重氧化,采用化学清洗或电解的方法处理,清洗时可能会失去一些表面形貌特征的细节,操作过程中应该注意。

④对于不导电的样品,观察前需在表面喷镀一层导电金属或碳,镀膜厚度控制在 5~10 nm 为宜。

(2) 将样品放进样品室,进行抽真空。

(3) 加速电压调至 20 kV,观察铝合金和碳钢样品的二次电子形貌,分析其显微形貌特点。

(4) 观察铝合金和碳钢样品的背散射电子形貌,分析其显微形貌特点。

(5) 观察拉伸断口的二次电子形貌,分析其材质的断裂性质。

五、基本要求

实验报告附上拍摄的扫描照片,对其进行分析,并举例说明扫描电子显微镜表面形貌衬度和原子序数衬度的应用。

六、思考题

(1) 简述扫描电子显微镜的基本构造和基本原理。

(2) 简述形貌衬度原理和原子序数衬度原理。

3.4 透射电子显微镜结构及选区电子衍射分析

一、实验目的

熟悉透射电子显微镜结构及工作原理;了解选区电子衍射和明暗场操作步骤。

二、基本原理

1. 透射电子显微镜结构及成像原理

透射电子显微镜是一种具有高分辨率、高放大倍数的电子光学仪器,被广泛应用于材料科学等研究领域,主要用于材料微区的组织形貌观察、晶体缺陷分析和晶体结构测定。透射电子显微镜以波长极短的电子束作为光源,电子束经由聚光镜系统的电磁透镜将其聚焦成一束近似平行的光线穿透样品,再经成像系统的电磁透镜成像和放大,然后电子束投射到主镜筒最下方的荧光屏上形成所观察的图像。

透射电子显微镜一般由电子光学系统、真空系统、电源及控制系统三大部分组成,此外还包括一些附加的仪器和部件、软件等。

(1) 电子光学系统。电子光学系统通常又称为镜筒,是电镜的最基本组成部分,是用于提供照明、成像、显像和记录的装置。整个镜筒自上而下顺序排列着电子枪、双聚光镜、样品室、物镜、中间镜、投影镜、观察室、荧光屏及照相室等,如图3.13所示。通常又把电子光学系统分为照明、成像和观察记录部分。

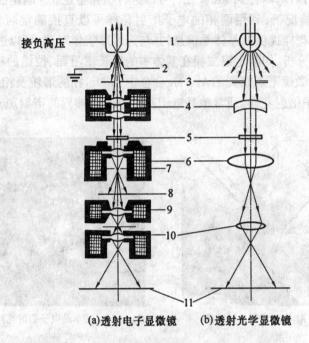

(a)透射电子显微镜　(b)透射光学显微镜

图 3.13　透射电子显微镜构造原理和光路
1— 照明源；2— 阳极；3— 光阑；4— 聚光镜；5— 样品；6— 物镜；7— 物镜光阑；
8— 选区光阑；9— 中间镜；10— 投影镜；11— 荧光屏或照相底片

(2) 真空系统。为保证电镜正常工作，要求电子光学系统应处于真空状态下。电镜的真空度一般保持在 10^{-5} Torr(1 Torr = 133.322 Pa)，这需要机械泵和油扩散泵两级串联才能得到保证。

(3) 供电系统。供电系统提供两部分电源：一是用于电子枪加速电子的小电流高压电源；二是用于各透镜激磁的大电流低压电源。目前先进的透射电子显微镜多采用自动控制系统，其中包括真空系统操作的自动控制，从低真空到高真空的自动转换、真空与高压启闭的连锁控制，以及用计算机控制参数选择和镜筒合轴对中等。

2. 选区衍射原理

简单地说，选电子衍射借助设置在物镜像平面的选区光栏，可以对产生衍射的样品区域进行选择，并对选区范围的大小加以限制，从而实现形貌观察和电子衍射的微观对应。选区光栏用于挡住光栏孔以外的电子束，只允许光栏孔以内视场所对应的样品微区的成像电子束通过，使得在荧光屏上观察到的电子衍射花样仅来自于选区范围内晶体的贡献。实际上，选区形貌观察和电子衍射花样不能完全对应，也就是说选区衍射存在一定误差，选区域以外样品晶体对衍射花样也有贡献。选区范围不宜太小，否则将带来太大的误差。对于 100 kV 的透射电子显微镜，最小的选区衍射范围约 0.5 μm；加速电压为 1 000 kV 时，最小的选区范围可达 0.1 μm。

通过选区电子衍射拍摄的单晶电子衍射花样可以直观地反映晶体二维倒易平面上阵点的排列，而且选区衍射和形貌观察在微区上具有对应性，因此选区电子衍射一般有以下几个方面的应用：① 根据电子衍射花样斑点分布的几何特征，可以确定衍射物质的晶体结构;再利用电子衍射基本公式 $Rd = L\lambda$,可以进行物相鉴定。② 确定晶体相对于入射束的取向。③ 在某些情况下,利用两相的电子衍射花样可以直接确定两相的取向关系。④ 利用选区电子衍射花样提供的晶体学信息,并与选区形貌像对照,可以进行第二相和晶体缺陷的有关晶体学分析,如测定第二相在基体中的生长惯习面、位错的柏氏矢量等。图3.14 为在透射电子显微镜下观察到的 Al – Mg 合金中 Al_3Mg_2 相的形貌及相应的衍射斑点。图3.15 为 Al 多晶电子衍射花样。通常单晶电子花样为规则排列的衍射斑点,而多晶电子衍射花样为环状。

(a) Al_3Mg_2 相衍射衬度像

(b) Al_3Mg_2 相单晶电子衍射花样

图 3.14 透射电子显微镜的衬度及单晶衍射花样

图 3.15 Al 多晶电子衍射花样

3.明暗场与暗场像形成原理

晶体薄膜样品明暗场像的衬度(即不同区域的亮暗差别),是由于样品相应的不同部位结构或取向的差别导致衍射强度的差异而形成的,因此称为衍射衬度,以衍射衬度机制为主形成的图像称为衍衬像。如果只允许透射束通过物镜光栏而把衍射束挡掉得到图像衬度的方法,称为明场像;如果只允许某衍射束通过物镜光栏而挡住透射束成像,则称为暗场像。就衍射衬度而言,样品中不同部位结构或取向的差别,实际上表现在满足或偏离布拉格条件程度上。满足布拉格条件的区域,衍射束强度较高,而透射束强度相对较弱,用透射束成明场像该区域呈暗衬度;反之,偏离布拉格条件的区域,衍射束强度较弱,透射束强度相对较高,该区域在明场像中显示亮衬度。而暗场像中的衬度则与选择哪束衍射束成像有关。如果在一个晶粒内,在双光束衍射条件下,明场像与暗场像的衬度恰好相反。

三、主要仪器及材料

透射电子显微镜；薄晶样品；刻度尺。

四、实验过程

(1) 制备薄膜试样。

① 从大块试样上用电火花方法切割 0.3~0.5 mm 厚的薄片。

② 采用机械法或化学法对薄片样品进行预减薄。

③ 对样品进行终减薄。对于金属或合金等导电样品，采用双喷电解抛光；对于矿物、陶瓷、多相合金等材料可采用离子减薄方法。

(2) 明场像和暗场像观察。

① 在明场像下寻找感兴趣的视场；② 插入选区光栏围住所选择的视场；③ 按"衍射"按钮转入衍射操作方式，取出物镜光栏，此时荧光屏上将显示选区域内晶体产生的衍射花样。为获得较强的衍射束，可适当地倾转样品调整其取向；④ 倾斜入射电子束方向，使用于成像的衍射束与电镜光轴平行，此时该衍射斑点应位于荧光屏中心；⑤ 插入物镜光栏套住荧光屏中心的衍射斑点，转入成像操作方式，取出选区光栏。此时，荧光屏上显示的图像即为该衍射束形成的暗场像。

(3) 进行选区衍射操作，拍摄电子衍射花样，记录相机常数，操作步骤如下：

① 在成像的操作方式下，使物镜精确聚焦，获得清晰的形貌像；② 插入并选用尺寸合适的选区光栏围住被选择的视场；③ 减小中间镜电流，使其物平面与物镜背焦面重合，转入衍射操作方式。对于近代的电镜，此步操作可按"衍射"按钮自动完成；④ 移出物镜光栏，在荧光屏上显示电子衍射花样可供观察；⑤ 需要拍照记录时，可适当减小第二聚光镜电流，获得更趋近平行的电子束，使衍射斑点尺寸变小。

(4) 分析基体与第二相的结构。

五、基本要求

对拍摄的衍射衬度图像进行分析，对单晶和多晶电子衍射花样进行标定。

六、思考题

(1) TEM 成像的衬度原理有哪些？

(2) 什么是质厚衬度、衍射衬度、相位衬度？

3.5 金属晶体 X 射线衍射及图谱分析

一、实验目的

掌握 X 射线衍射的基本原理及实验参数选择；掌握衍射图谱的分析方法。

二、基本原理

1.X射线衍射仪结构及工作原理

X射线衍射仪主要由X射线发生器(X射线管)、测角仪、X射线探测器、计算机控制处理系统等组成,其结构示意图如图3.16所示。X射线管施加高压后产生X射线,经发散狭缝射到样品时,当X射线入射方向与晶体中的某些晶面符合布拉格衍射条件时产生衍射线,此时由计数管接收衍射线。当计数管在测角仪圆所在的平面内扫射时,如果X射线管固定,计数管与样品以 $\theta - 2\theta$ 联动;如果样品固定,计数管与X射线管以 $\theta - \theta$ 联动。计数管在沿测角仪圆周扫描过程中,逐点记录每 2θ 角对应的进入接收狭缝的X射线强度 I,经处理后绘制成X射线衍射图($2\theta - I$ 曲线)。

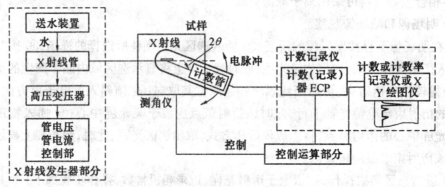

图3.16 X射线衍射仪结构示意图

(1)X射线管。X射线管主要分密闭式和可拆卸式两种。广泛使用的是密闭式,由阴极灯丝、阳极、聚焦罩等组成,功率大部分为 1~2 kW。图3.17是目前常用的热电子密封式X射线管的示意图。可拆卸式X射线管又称旋转阳极靶,其功率比密闭式大许多倍,一般为 12~60 kW。常用的X射线靶材有W、Ag、Mo、Ni、Co、Fe、Cr、Cu等。X射线管线焦点为 1×10 mm^2,出射角为 3°~6°。

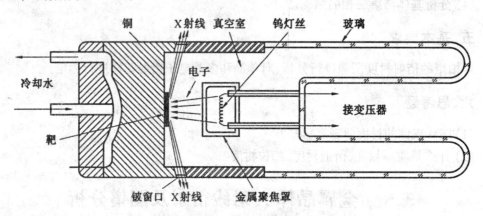

图3.17 热电子密封式X射线管的示意图

选择阳极靶的基本要求是:尽可能避免靶材产生的特征X射线激发样品的荧光辐射,以降低衍射花样的背底,使图样清晰。

(2) 测角仪。测角仪是粉末 X 射线衍射仪的核心部件,主要由索拉光阑、发散狭缝、接收狭缝、防散射狭缝、样品座及闪烁探测器等组成。

① 衍射仪一般利用线焦点作为 X 射线源 S。如果采用焦斑尺寸为 $1 \times 10\ mm^2$ 的常规 X 射线管,出射角 6° 时,实际有效焦宽为 0.1 mm,成为 $0.1 \times 10\ mm^2$ 的线状 X 射线源。② 从 S 发射的 X 射线,其水平方向的发散角被第一个狭缝限制之后,照射试样。这个狭缝称为发散狭缝(DS),生产厂供给 1/6°、1/2°、1°、2°、4° 的发散狭缝和测角仪调整用 0.05 mm 宽的狭缝。③ 从试样上衍射的 X 射线束,在 F 处聚焦,放在这个位置的第二个狭缝,称为接收狭缝(RS),生产厂供给 0.15 mm、0.3 mm、0.6 mm 宽的接收狭缝。④ 第三个狭缝是防止空气散射等非试样散射 X 射线进入计数管,称为防散射狭缝(SS)。SS 和 DS 配对,生产厂供给与发散狭缝的发射角相同的防散射狭缝。⑤ S_1、S_2 称为索拉狭缝,是由一组等间距相互平行的薄金属片组成,它限制入射 X 射线和衍射线的垂直方向发散。索拉狭缝装在称为索拉狭缝盒的框架里。这个框架兼作其他狭缝插座用,即插入 D_S、R_S 和 S_S。

(3) X 射线探测记录装置。衍射仪中常用的探测器是闪烁计数器(SC),它是利用 X 射线能在某些固体物质(磷光体)中产生的波长在可见光范围内的荧光,这种荧光再转换为能够测量的电流。由于输出的电流和计数器吸收的 X 光子能量成正比,因此可以用来测量衍射线的强度。

闪烁计数管的发光体一般是用微量铊活化的碘化钠(NaI)单晶体,这种晶体经 X 射线激发后发出蓝紫色的光。将这种微弱的光用光电倍增管来放大,发光体的蓝紫色光激发光电倍增管的光电面(光阴极)而发出光电子(一次电子),光电倍增管电极由 10 个左右的联极构成,由于一次电子在联极表面上激发二次电子,经联极放大后电子数目按几何级数剧增(约 10^6 倍),最后输出几个毫伏的脉冲。

(4) 计算机控制、处理装置。D/max – RB 衍射仪主要操作都由计算机控制自动完成,扫描操作完成后,衍射原始数据自动存入计算机硬盘中供数据分析处理。数据分析处理包括平滑点的选择、背底扣除、自动寻峰、d 值计算,衍射峰强度计算等。

2. X 射线衍射实验方法

X 射线衍射仪对衍射强度的计数测量有两种方式,即连续扫描和阶梯扫描。

连续扫描是指测角仪的连续转动方式,测角仪从起始的 2θ 到终止的 2θ 进行匀速扫描。其参数主要有两个,一个是数据点间隔,另一个是扫描速度。扫描速度是指单位时间内测角仪转过的角度,通常取 2°/min、4°/min、8°/min 或 16°/min 等。数据点间隔是指每隔多少度取一个数据点。

一般来说,两个参数需要组合。若数据点间隔取 0.02°,则步长可取 (4° ~ 8°)/min。不当的组合会引起衍射峰强度的降低、衍射峰型不对称、或峰位向扫描方向一侧移动。连续扫描一般用于做较大 2θ 范围内的全谱扫描(0° ~ 180°),适合于物相定性分析。

阶梯扫描是指将扫描范围按一定的步进宽度(0.01° 或 0.02°)分成若干步,在每一步停留若干秒(步进时间),并且将这若干秒内记录到的总光强度作为该数据点处的强度。例如,从 20° 扫描到 80°,步进宽度为 0.02°,步进时间为 1 s。那么,扫描完成所需的时间为 $\{[(80 - 20)/0.02] * 1\}/60 = 50\ min$。从结果来看,实验所需时间与两个参数都有关。不合适的参数组合,会让一个实验做上一天。由于步进扫描可以增加每个数据点的强度(不是某一时间的真实强度而是一段时间内的累积强度),因而可以降低记数时的统计误差,提高信噪比。步进扫描一般用于较窄 2θ 范围内的精细扫描,可用于定量分析、线形分析以及精确测定点阵常数、Retiveld 全谱拟合等。

3. X 射线衍射物相定性分析方法

(1) 物相分析基本原理。晶体的 X 射线衍射图像实质上是晶体微观结构的一种精细复杂的变换,每种晶体的结构与其 X 射线衍射图之间都有着一一对应的关系,其特征 X 射线衍射图谱不会因为它种物质混聚在一起而产生变化,这就是 X 射线衍射物相分析方法的依据。制备各种标准单相物质的衍射花样并使之规范化,将待分析物质的衍射花样与之对照,从而确定物质的组成相,就成为物相定性分析的基本方法。鉴定出各个相后,根据各相花样的强度正比于该组分存在的量(需要做吸收校正者除外),就可对各种组分进行定量分析。目前常用衍射仪法得到衍射图谱,用"粉末衍射标准联合会(JCPDS)"负责编辑出版的"粉末衍射卡片(PDF 卡片)"进行物相分析。

物相检索也就是"物相定性分析"。它的基本原理是基于以下三条原则:① 任何一种物相都有其特征衍射谱;② 任何两种物相的衍射谱不可能完全相同;③ 多相样品的衍射峰是各物相的机械叠加。因此,通过实验测量或理论计算,建立一个"已知物相的卡片库",将所测样品的图谱与 PDF 卡片库中的"标准卡片"一一对照,就能检索出样品中的全部物相。

(2) 物相分析步骤。① 根据衍射仪获得的衍射数据,绘成衍射图谱。② 从 $2\theta < 90°$ 中选取强度最大的三根衍射线,其 d 值按强度递减顺序排列,其余衍射线条按强度递减顺序列于三强线后。③ 从 Hanawalt 索引中找到对应的 d_1 组。④ 按次强线的面间距 d_2 找到接近的几行。在同一组中,各行按 d_2 递减顺序排列。⑤ 检查这几行数据其 d_1 值是否与实验值很接近,得到肯定之后再依次检查对第三强线、第四直至第八强线,并从中找出最可能的物相及其卡片号。⑥ 将实验所得 d 及 I/I_1 与卡片上的数据详细对照,对应的好,则完成物相分析。如果样品的第三个 d 值在索引各行中均找不到对应,说明该衍射花样的最强线与次强线并不属于同一物相,必须从待测花样中选取下一根线作为次强线,重复检索步骤。

找出第一物相后,可将其线条剔出,并将残留线条的强度归一化,再按步骤 ② ~ ⑥ 检索其他物相。

注意:不同物相线条可能互相重叠。考虑到误差,允许所得的 d 及 I/I_1 与卡片有出入,一般来说,d 可精确得出,误差为 0.2%,不能超过 1%,它是鉴定物相最主要的根据。

三、主要仪器及材料

X 射线衍射仪;计算机(带有 Origin 软件和 PDF 卡);铝合金样品;碳钢样品;SiC 粉末样品。

四、实验过程

(1) 制备样品。将铝合金和钢切成 15 mm × 15 mm × 15 mm 的样品,在较细的砂纸上磨平。

(2) 样品测试

① 开机前准备和检查。将制备好的 XRD 试样插入衍射仪样品台,盖上顶盖,关闭防护

罩,开启水龙头,使冷却水流通;X光管窗口应关闭,管电流、电压表指示应在最小值;接通总电源,接通稳压电源。

② 开机操作。开启衍射仪总电源,启动循环水泵;待数分钟后,接通X光管电流。缓慢升高管电压、管电流至需要值,打开计算机X射线衍射仪应用软件,设置实验参数。扫描方式设置为连续扫描,选择铜靶,扫描速度设为0.4°/min,扫描角度范围为5°~90°。然后开始测试样品。

③ 停机操作。测试完毕,缓慢降低管电流、管电压至最小值,关闭X光管电源;取出试样;15 min后关闭循环水泵,关闭电源;关闭衍射仪总电源,稳压电源及线路总电源。

(3) 数据处理。将样品测试数据存入磁盘供随时调出处理。原始数据经过曲线平滑,$K_{\alpha 2}$扣除处理,最后打印出待分析试样衍射曲线和d值,2θ,强度等数据供分析物相用。

(4) 按实验原理中介绍的物相分析步骤,对X射线衍射数据进行物相定性分析。

五、基本要求

对测得的铝合金和钢样品的XRD数据进行物相定性分析。

六、思考题

(1) 对于一定波长的X射线,是否晶面间距d为任何值的晶面都可产生衍射?

(2) X射线对人体有什么危害?应如何防护?

3.6 碳钢化学成分测定

一、实验目的

掌握碳钢中常规元素C、Si、Mn、P、S的化学分析方法,了解钢中其他元素的分析方法。

二、基本原理

化学成分是决定金属材料性能和质量的主要因素,因此标准中对绝大多数金属材料规定了必须保证的化学成分,有的甚至作为主要的质量、品种指标。化学成分可以通过化学的、物理的多种方法来分析鉴定,目前应用最广的是化学分析法和光谱分析法。

1.化学分析法

根据化学反应来确定金属的组成成分,这种方法统称为化学分析法。化学分析法分为定性分析和定量分析两种。通过定性分析,可以鉴定出材料含有哪些元素,但不能确定它们的含量;定量分析,是用来准确测定各种元素的含量。实际生产中主要采用定量分析。定量分析的方法为质量分析法和容量分析法。

(1) 质量分析法。采用适当的分离手段,使金属中被测定元素与其他成分分离,然后用称重法来测元素含量。

(2) 容量分析法。用标准溶液(已知浓度的溶液)与金属中被测元素完全反应,然后根据所消耗标准溶液的体积计算出被测定元素的含量。

2. 光谱分析法

各种元素在高温、高能量的激发下都能产生自己特有的光谱,根据元素被激发后所产生的特征光谱来确定金属的化学成分及大致含量的方法,称光谱分析法。通常借助于电弧、电火花、激光等外界能源激发试样,使被测元素发出特征光谱,经分光后与化学元素光谱表对照,做出分析。

三、主要仪器及材料

QL-CS1型碳硫高速分析仪;QL-BS3型三元元素高速分析仪;砂轮机;45钢、T8、20钢等试样;化学试剂。

四、实验方法及过程

利用QL-CS1型碳硫高速分析仪分析各种钢中的碳、硫质量分数,并记录。具体操作如下。

1. 溶液配制

过氧化氢(30%);硫酸(1+85);氢氧化钠(1 N)4%;混合指示剂:称甲基红、溴甲酚绿各0.4 g分别溶于250 mL乙醇中溶解后合并贮存;氢氧化钾;百里香酚酞(0.5%乙醇溶液);乙醇;乙醇胺;丙三醇。

2. 溶液选取

(1) 硫吸收液:用1 L煮沸冷却之蒸馏水,加20 mL过氧化氢,20 mL混合指示剂,2滴硫酸(1+85),以煮沸冷却之蒸馏水稀释至2 L,摇匀,此溶液应呈红色。

(2) 硫标定溶液(约0.002 N):以4 mL氢氧化钠(4%)用煮沸冷却之蒸馏水稀释至2 L摇匀备用。

(3) 碳吸收,标定溶液:将氢氧化钾溶液(50%)按注所列之量,加500 mL乙醇,30 mL乙醇胺,10 mL百里香酚酞溶液,20 mL丙三醇(夏天可不加)以乙醇稀释至1 L,摇匀贮存(工业酒精也可)(注:测钢5 mL/L 测铁10 mL/L)。

3. 操作程序

(1) 接上电源并打开电源开关,日光灯亮。

(2) 将配套电弧炉接通电源,连接氧气。

(3) 将电弧炉上燃气出口与碳硫仪上硫杯进气口用橡皮管连接(橡皮管越短越好)。

(4) 打开氧气阀开关,并调整氧气输出压力为0.04 MPa。

(5) 将添加剂及分析天平称好的试样放入坩埚内,用坩埚夹夹住坩埚上部;移至于坩埚座内,并合上坩埚座。

(6) 先打开电弧炉"前氧"开关,再打开"后控"开关,并将电弧炉上流量计流量调整为80~120 L/h。

(7) 按"引弧"按钮,时间约0.4 s,使坩埚内试样引弧燃烧。

(8) 先滴定碳吸收液,始终保持碳吸收杯中溶液为淡蓝色,等碳吸收杯中溶液颜色不变时,再滴定硫标定液,使硫吸收杯中溶液颜色(与SO_2气体反应后成红色)变成这亮绿色即可(注意不可过量)。

(9) 关闭"前氧""后控"开关。

(10) 如果继续测定,应接通氧气把硫吸收杯中溶液放掉一半,并将吸收液加至原体积,再滴定硫标定液,将颜色变成亮绿色。如不做,须将硫吸收杯中溶液全部放掉。打开碳放液开关,放掉碳吸收杯中多余的溶液至滴定前原体积。

(11) 按加液开关,将碳、硫滴定管中的溶液加满,等待做下一个样。

(12) 在做试样前,新仪器需做几个废样,以便驱赶管道内及各元件中的杂质、气体。

(13) 在做试样前,应称取一份与试样成份接近的标样进行测试,记录消耗的碳、硫毫升数 — 碳(标)、硫(标),再记录被测试样的消耗毫升数 — 碳(试)、硫(试),则被测试样成分的相对质量分数计算如下:

$$碳:试样的含量 = \frac{标准含量}{碳(标)} \times 碳(试) \tag{3.7}$$

$$硫:试样的含量 = \frac{标准含量}{硫(标)} \times 硫(试) \tag{3.8}$$

利用 QL – BS3 型三元元素高速分析仪分析各种钢的硅、锰和磷的质量分数,并记录。具体操作步骤如下。

1. 硅的测定(亚铁还原硅钼蓝光度法)

(1) 试剂。稀硝酸(1 + 5);高锰酸钾溶液(2%);碱性钼酸铵溶液:将铝酸铵溶液(9%)和碳酸钾溶液(18%)等体积合并,储存于塑料瓶中备用;草酸(2.5%);硫酸亚铁铵溶液(1.5%),称亚铁盐 15 g,先将稀硫酸(1 + 1)1 mL 混匀亚铁盐,然后用水稀至 1 L 备用。

(2) 操作步骤。取试样 30 mg,加至 250 mL 高型烧杯中,杯内加有预热的稀硝酸(1 + 5)10 mL,样品溶清逸去氮化气体,加高锰酸钾(2%)2 滴,继续加热煮沸,立即加入碱性铝酸铵溶液 10 mL,摇动 10 s 后,加入草酸(2.5%)40 mL,硫酸亚铁铵溶液(1.5%)40 mL,摇匀,以水作参比,扣除空白,波长 680 nm,1 cm 比色皿,直读含量。

2. 锰的测定(高锰酸银盐光度法)

(1) 试剂。定锰混合液:硝酸 240 mL、磷酸 60 mL、硝酸银 1.5 g 溶后稀至 1 L;过硫酸铵溶液(15%) 或固体。

(2) 操作步骤。称试样 50 mg 置于 250 mL 高型烧杯中,溶于预热定锰混合液 10 mL,待试样溶解完毕,加入过硫酸铵溶液(15%)10 mL,继续加热煮沸 10 s,约 10 s 后,加水 40 mL,进行测试。

(3) 注意事项。过硫酸铵加入后,需控制煮沸 10 s;记取舍含量时,要等少量小气泡逸去后。

3. 磷的测定(氟化钠 – 氯化亚锡磷钼蓝光度法)

(1) 试剂。稀硝酸(1 + 2.5);高锰酸钾溶液(2%);钼酸铵 – 酒石酸钾溶液:取等体积的铝酸铵(10%)与酒石酸钾钠(10%)混匀;氟化钠 – 氯化亚锡溶液:氟化钠 24 g 溶于 800 mL 水中,加氯化亚锡 2 g(先以稀盐酸(1 + 1)1 mL,加热溶解)稀至 1 L,当天使用。经常使用时,可配制大量氟化钠溶液,使用时取出部分溶液加入规定量的氯化亚锡。

(2) 操作步骤。称样 50 mg,置于 250 mL 高型烧杯中,加入预热稀硝酸(1 + 2.5)10 mL,加热至试样溶解,逸去氮化物气体,滴加高锰酸钾(2%)2 ~ 3 滴,继续加热至沸 10 s 不褪色,加入钼酸铵 – 酒石酸钾钠 10 mL,摇匀,再加氟化钠—氯化亚锡溶液 40 mL,以水作参比测量其含量。

(3) 注意事项。氧化时应使溶液致沸并保持 5 ~ 10 s;分析操作手续相对保持一致。以保证分析结果重现性和准确性;质量分数大于 0.05% 时,读数时间较短不可耽误。

五、基本要求

(1) 明确实验目的、实验过程、掌握各种测量方法的过程。
(2) 记录出所测钢的成分组成。

3.7 形状记忆合金形变回复率的测定

一、实验目的

了解形状记忆合金的相变原理和特征温度,掌握形状记忆合金的回复率的计算和测定方法。

二、基本原理

一般金属材料受到外力作用后,首先发生弹性变形,达到屈服点,就产生塑性变形,压力消除后留下永久变形。但有些材料在发生了塑性变形后,经过合适的热过程,能够回复到变形前的形状,这种现象叫做形状记忆效应(SME)。具有形状记忆效应的金属一般是由两种以上金属元素组成的合金,称为形状记忆合金(SMA)。形状记忆合金可以分为单程记忆效应合金、双程记忆效应合金和全程记忆效应合金三种。

1. 形状记忆效应的相变原理

马氏体相变是结构改变型相变,即材料经相变时由一种晶体结构改变为另一种晶体结构,是无扩散的切变型相变。晶体材料的形状记忆效应与马氏体相变有关。形状记忆合金中的马氏体相变驱动力很小,不足以破坏马氏体片与基体的共格界面,也就是说相变产生的形变没有超过弹性极限。因此,当温度降低或应力增加时,马氏体片连续形成和长大,反之逐渐缩小和消失。当温度升高或应力减小时,则按相反的方向进行,马氏体片逐渐缩小和消失。这种随温度升降而消长的马氏体称为热弹性马氏体,这种相变即为热弹性马氏体相变。热弹性马氏体相变是解释晶体形状记忆效应的经典理论之一,它在由温度变化而产生形状记忆效应的合金中起着基本的作用。

通常把形状记忆合金的高温相称之为母相(简称为 P),低温相称之为马氏体相(简称 M)。母相和子相可以随温度变化而相互转变,从高温母相转变为低温马氏体相的相变叫马氏体相变,而从马氏体到母相的相变叫逆相变。马氏体相变中用 M_s 表示母相向马氏体相转变的开始温度,用 M_f 表示母相向马氏体相转变的结束温度。而逆相变中,用 A_s 表示马氏体相向母相转变的开始温度,用 A_f 表示马氏体相向母相转变的结束温度。由于相变过程中材料的物理性能(如电阻、热焓等)发生突变,因而可以通过测定这些性质随温度变化曲线来获得马氏体相变与逆相变的特征温度。

形状记忆合金的马氏体相变温度可以通过电阻率 – 温度法测试,也可以利用差示扫描量热法(DSC)来测量。图 3.18 是用 DSC 测得的曲线。从中可以看出,形状记忆合金相变发生在一定温度范围内,且一般情况下正、逆相变之间伴随有滞后现象。一般称 A_s – M_s 的绝对值为相变热滞,相变的滞后程度因合金系不同而不同。

2.形状记忆回复率的测量

形状记忆效应一般用形状记忆回复率(η)衡量。设试样在母相状态时的原始长度为 L_0,马氏体态经变形(若为拉伸)后其长度为 L_1,经高温逆相变后长度为 L_2,则合金的单程形状回复率 η_0 可用下式表示

$$\eta_0 = \frac{L_2 - L_1}{L_1 - L_0} \times 100\% \quad (3.9)$$

另外,合金的形状记忆效应也可以利用

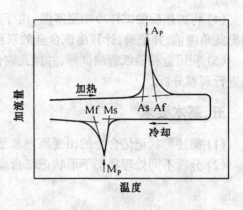

图 3.18　形状记忆合金的 DSC 曲线

弯曲法来测试,见图 3.19。弯曲实验时,首先将安装在模具上的试样在一定温度的介质中将试样从 0° 位置弯到一定角度,然后卸除载荷。由于试样具有弹性恢复,当载荷去除后实际弯曲角变为 θ_d,即 θ_d 为卸载后的弯曲角。将完成前面两个步骤的试样加热到 Af 温度以上,由于发生马氏体逆转变,试样弯曲角变到 θ_h,随后冷却试样至室温,试样弯曲角变为 θ_L。此时合金的单程形状回复率($\eta_{单}$)和双程形状回复率($\eta_{双}$)的计算公式为

$$\eta_{单}(\%) = \frac{\theta_d - \theta_h}{\theta_d} \times 100\% \quad (3.10)$$

$$\eta_{双}(\%) = \frac{\theta_L - \theta_h}{\theta_d} \times 100\% \quad (3.11)$$

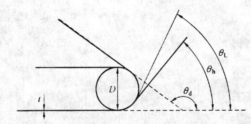

图 3.19　弯曲法测试合金形状记忆回复率原理图

三、主要仪器及材料

回复率测试装置;金相显微镜;形状记忆合金试样若干个(有铸态和固溶处理态的试样);金相砂纸、抛光机、腐蚀剂等。

四、实验过程

(1) 由指导教师进行形状记忆效应的演示操作,并讲解形变回复率的测定方法。

(2) 领取试样,先将试样安装在回复率测试装置的模具上,然后将试样从 0° 位置弯到一定角度 θ,再卸除载荷,由于弹性恢复,卸除载荷后的实际弯曲角度为 θ_d,测出这一弯曲角度,记录于自制的表格中。

(3) 再将弯曲试样用火焰加热 Af 温度以上,由于马氏体逆转变的发生,试样弯曲角变为 θ_h,测出这一角度,然后计算出合金的单程形变回复率 $\eta_{单}$ 的值。

(4) 将加热后的试样冷却至室温,由于发生了马氏体转变,试样的弯曲角度变为 θ_L,测出此角度值,并记录,计算出该合金的双程形变回复率 $\eta_{双}$ 的值。

(5) 利用金相砂纸磨制试样,并抛光腐蚀制成金相试样,在金相显微镜下对其组织状态进行观察分析。

五、基本要求

(1) 简述形状记忆合金的相变原理和形变回复率的测定方法。
(2) 分析不同处理状态下形状记忆合金组织形貌的差别。

第4章 材料力学性能实验

4.1 金属拉伸试验及断口分析

一、实验目的

测定低碳钢的屈服强度 σ_s、抗拉强度 σ_b、伸长率 δ 和断面收缩率 ψ，加深对拉伸变形过程和试样宏观断口形貌的认识。

二、基本原理

拉伸试验是应用最广泛的力学性能试验，可以获得材料的强度、塑性、韧性等性能指标。GB/T228—2002 对金属材料室温拉伸试验的方法、试样尺寸和实验结果处理等做了规定。图 4.1 所示是常用的光滑圆柱试样，其原始直径 d_0 一般为 10 mm，工作长度（标长）$L_0 = 10$（或 5）d_0。拉伸试验通常在室温和轴向加载条件下进行，其特点是试验机加载轴线与试样轴线重合，载荷缓慢施加，应变与应力同步，试样应变速率 $< 10^{-1}/s$。

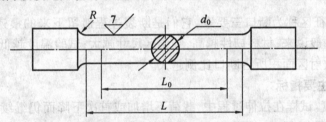

图 4.1 常用的圆柱拉伸试样

1. 拉伸变形过程

在拉伸试验得到的应力 - 应变曲线上，记载着材料力学行为的基本特征。如图 4.2 所示，退火低碳钢拉伸变形过程由弹性变形 OE、屈服变形 AC、均匀塑性变形 CB 和不均匀集中塑性变形 BK（缩颈）四个阶段组成。退火、正火、调质状态的各种碳素结构钢和一般低合金结构钢，都有类似的拉伸变形曲线，只是力和变形量的大小不同。

拉伸过程中，应力增加到一定数值时突

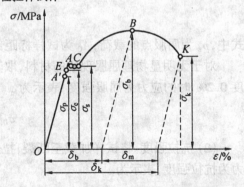

图 4.2 退火低碳钢的应力 - 应变曲线

然下降，随后在应力不变或上下波动情况下试样继续伸长，这便是屈服现象。屈服现象在退火、正火、调质状态的低碳钢和低合金钢中最为常见。当载荷突然降落时，在磨光的试样表面应力集中处，首先出现与试样轴线约呈 45° 角皱纹形的带状变形区域（Luders 带），随着形变的进行,Luders带逐步扩展,屈服伸长结束时,luders带就遍及到了整个试样表面,而后进入均匀塑性变形阶段,见图4.3。

2. 拉伸断口宏观形貌

光滑圆柱拉伸试样受应力作用达到拉伸曲线最高点以后,便在内部不断产生微孔并聚合成微裂纹,导致材料连续性的不断丧失,当裂纹累积到一定程度后会快速扩展,最终导致断裂。塑性较好的多晶体金属,如低碳钢、调质钢、铝合金等,断裂前会出现明显的颈缩,断裂后形成图4.4所示的断口。这种杯锥状断口分为三个特征区:中心比较平坦的深色区称为纤维区,向外具有放射状特征的是放射区,边缘与拉伸轴线约成45°方向的区域是剪切唇。

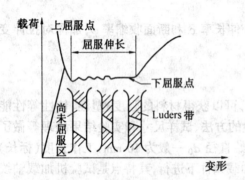
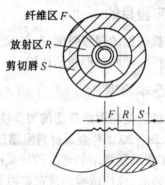

图4.3 上、下屈服点和屈服伸长　　　　图4.4 杯锥状断口

上述三个特征区称为断口三要素,它们是断裂过程遗留下来的痕迹,记载着断裂过程的重要信息。一般说来,材料韧性越高,纤维区尺寸越大;试验温度越低,加载速度越高,试样尺寸越大,放射区面积所占断口比例越大。

3. 拉伸性能主要指标

(1) 屈服强度。试样在拉伸过程中,载荷不增加或首次下降而仍继续伸长时对应的最小应力称为屈服强度,用 σ_s 表示

$$\sigma_s = \frac{p_s}{A_0} \tag{4.1}$$

式中,p_s 为屈服点的载荷;A_0 为试样标距部分原始截面积。

对于无明显物理屈服现象的材料,取其在拉伸过程中标距部分残余伸长达原标距长度0.2%时的应力为屈服强度,表示为

$$\sigma_{0.2} = \frac{p_{0.2}}{A_0} \tag{4.2}$$

(2) 抗拉强度。将试样加载至断裂,拉伸曲线上试样拉断前的最大载荷 p_b 所对应的应力为抗拉强度,表示为

$$\sigma_b = \frac{p_b}{A_0} \tag{4.3}$$

(3) 伸长率。伸长率为试样拉断后标距长度的增量与原始长度的百分比,记为

$$\delta = \frac{L_k - L_0}{L_0} \times 100\% \tag{4.4}$$

式中，L_k 为试样拉断后标距间的长度，mm。由于伸长率与试样的长径比有关，因此当 $L_0/d_0 = 5$ 时，伸长率记为 δ_5。

(4) 断面收缩率。断面收缩率为试样拉断后缩颈处横截面的缩减量与原横截面积的百分比，记为

$$\psi = \frac{A_0 - A_k}{A_0} \times 100\% \tag{4.5}$$

式中，A_k 试样拉断后缩颈处的最小横截面积，mm²。

三、主要仪器及材料

CMT5305 型微机控制电子万能试验机；引伸计、游标卡尺、手锤、冲头等；20 钢或 45 钢圆柱拉伸试样。

四、实验方法及过程

(1) 用游标卡尺测量试样标距两端及中间横截面处的直径，在每一横截面内沿互相垂直的两个直径方向测一次，取其平均值最小处直径作为 d_0；标出试样的标距长度 L_0，并将标距范围内均分 10 等分。

(2) 按正确顺序启动试验机，检查设备正常后将试样装夹在试验机上，注意试样不要偏斜及防止夹持部位过短；在试验机程序控制界面上输入试样直径 d_0、标距长度 L_0、结束标志等信息，设置控制方式及变形速率等。

(3) 将显示的变形和应力清零，点击开始按钮，进行拉伸试验，注意观察试样形状和拉伸曲线的变化，当曲线上出现锯齿状平台时，材料即发生屈服；当试验力上升到某一力值后开始缓慢回落，试样即开始缩颈，而后试样急剧伸长，直至很快断裂。

(4) 卸下试样，冷却后将两半试样对合起来，测量断裂后标距段的长度 L_k 及断口（缩颈）处的直径 d_k，计算断口处横截面积 A_k，计算伸长率 δ 和断后收缩率 ψ。测定 d_k 时，注意在缩颈最小处两个互相垂直方向上测量直径，然后取其算术平均值。

(5) 观察两半试样断口的宏观形貌，体会杯锥状断口的特点；分析断口不同部位的颜色、粗糙程度等，区分纤维区、放射区、剪切唇三个特征区域，估算各区所占的比例。

五、基本要求

(1) 试验过程中要注意详细观察和记录各种现象、参数和数据，画出断口的形貌示意图，分析断口组成，判断断裂类型。

(2) 实验报告中要附有表 4.1 拉伸实验原始数据；要结合拉伸曲线进行变形过程分析，实验结果中有具体的 σ_s、σ_b、δ、ψ 性能指标和断口形貌示意图。

表 4.1 金属拉伸实验原始数据表

材料	试样尺寸 /mm						实验力 /kN	
	d_0	d_k	A_0	A_k	L_0	L_k	p_s	p_b

六、思考题

(1) 叙述屈服现象并阐述其形成原因。
(2) 简述拉伸试样杯锥状断口形成过程。

4.2 金属薄板拉伸

一、实验目的

进行金属薄板的单向拉伸试验,测定应变硬化指数和塑性应变比,提高对金属板材成型性能的了解和评价的能力。

二、基本原理

金属薄板在板金加工过程中,材料除必须具备使用性能外,还要有良好的成型性能。研究表明,金属薄板的应变指数 n 和塑性应变比 r 是评价板材成型性能的重要参数。GB/T5028 和 GB/T5027 分别规定了金属薄板和薄带拉伸应力应变硬化指数(n)和塑性应变比(r)的试验方法。

1. 应变硬化指数 n

应变硬化指数(n)是金属薄板在塑性变形过程中形变强化能力的一种量度,反映材料均匀变形的能力。硬化指数值大,材料变形易从变形区向未变形区、从大应变区向小应变区传递,宏观上表现材料应变分布均匀性好。

多数金属材料在均匀塑性变形阶段,真实应力和真实应变符合 Hollomon 关系,即

$$S = Ke^n \tag{4.6}$$

式中,S 为真实应力,MPa;e 为真实应变;K 为硬化系数,其中真实应力、应变与工程应力、应变的关系是

$$\begin{cases} e = \ln(1+\varepsilon) \\ S = \sigma_0(1+\varepsilon) \end{cases} \tag{4.7}$$

Hollomon 公式是获得应变硬化指数的最基本公式,如在单向拉伸试验过程中,任取两个试验点并计算出真实应力(S_1,S_2)和对应的应变(e_1,e_2)两组条件,带入公式即可求得 n 值。此外,将式(4.6) 两边取对数,得

$$\lg S = \lg B + n \lg e \tag{4.8}$$

根据上式,在均匀塑性变形阶段对应力、应变进行多点测量,然后做出 $\lg S - \lg e$ 曲线,直线的斜率即为 n 值。当然,如果测量点大于 5 点,用最小二乘法进行回归处理计算 n 值,更能确切地反映材料的应力-应变关系,这种方法为国标所采用。

2. 塑性应变比

塑性应变比(r)亦称厚向异性指数,是指单向拉伸试验时试样的宽度方向应变(e_b)和厚度方向应变(e_a)之比,即

$$r = \frac{e_b}{e_a} \tag{4.9}$$

塑性应变比 r 值大时,表明材料在宽度方向比厚度方向容易产生变形,材料不易变薄或变厚,在拉伸变形中毛坯不易起皱失稳,有利于提高变形程度和成品率。由于测量长度的变化比测量厚度的变化容易和精确,所以根据塑性变形前后体积不变原理可推导出塑性应变比公式,即

$$r = \frac{\ln \dfrac{b_0}{b}}{\ln \dfrac{Lb}{L_0 b_0}} \tag{4.10}$$

式中,L_0、b_0 和 L、b 分别表示试样变形前后试样的长度和宽度。

由于在不同方向上有不同的 r 值,需要在薄板表面内与主轧制方向分别成 $0°$、$45°$ 和 $90°$ 取试样进行测试,计算加权平均塑性应变比 $\bar{r}$ 的公式为

$$\bar{r} = \frac{1}{4}(r_0 + 2r_{45} + r_{90}) \tag{4.11}$$

板料平面内的塑性各向异性指数(凸耳参数)计算公式为

$$\Delta r = \frac{1}{2}(r_0 + r_{90}) - r_{45} \tag{4.12}$$

三、主要仪器及材料

微机控制电子万能试验机;千分尺、游标卡尺;Q235 钢薄板拉伸试样。

四、实验方法及过程

在金属薄板平面上,与轧制方向成 $0°$、$45°$ 和 $90°$ 三个方向各取 2 个试样,试样规格在图 4.5 中选择。切取样坯时,防止因加工硬化或热影响而改变材料的性能。

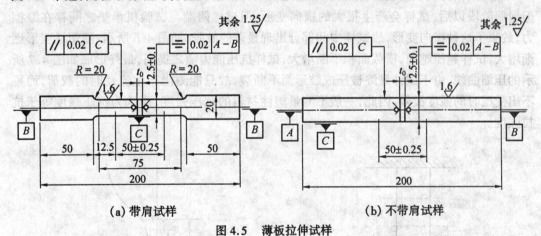

图 4.5 薄板拉伸试样

五、基本要求

(1) 实验前阅读实验教程和课程有关内容,实验过程中认真测量、观察并做好实验记录,实验原始数据填写到表 4.2 中。

表 4.2　金属薄板拉伸试验原始数据

实验号	试样尺寸 /mm					实验力 /kN			备注
	b_0	b	L_0	L	t_0	p_s	p_b	$p_{20或15}$	

(2) 在实验报告中整理数据,绘制 $\lg S - \lg e$ 曲线,采用最小二乘法计算应变硬化指数 n;计算平均塑性应变比 $\bar{r}$ 和凸耳参数 Δr。

4.3　金属室温压缩变形

一、实验目的

学习金属室温压缩变形的实验方法,了解塑性材料和脆性材料压缩变形曲线的差别,掌握压缩力学性能指标的测定方法,增强对加工硬化的直观认识。

二、基本原理

压缩实验同拉伸实验一样,也是测定材料在常温、静载、单向受力下的力学性能最常用、最基本的实验之一。工程中常用的塑性材料,其受压与受拉时表现出来的力学性能大致相同。但是广泛使用的脆性材料,其抗压强度很高,抗拉强度却很低,为便于合理选择工程材料,以及满足金属成型工艺的需要,测定材料受压时的力学性能十分重要。

1. 塑性材料的压缩

以低碳钢为代表的塑性材料,在压缩过程中的弹性模量、屈服点与拉伸时基本相同。但屈服阶段以后,试样会产生很大的横向变形,但试样两端与试验机承垫之间存在摩擦力,约束了这种横向变形,故试样中间部分出现显著的鼓胀,如图 4.6 所示。随塑性变形逐渐增大,试样越压越扁,横截面积不断增大,试样抗压能力随之提高,最终形成如图 4.7 所示的压缩曲线。由于试件最终被压成鼓形而不断裂,故只能测出产生流动时的载荷,而得不出受压时的强度极限。因此,一般不测量塑性材料的抗压强度,而认为抗压强度等于抗拉强度。

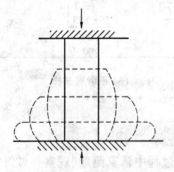

图 4.6　低碳钢压缩时的鼓胀效应

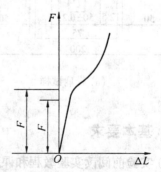

图 4.7　低碳钢压缩变形曲线

在金属冷变形过程中,由于塑性变形使晶粒形状改变,位错密度增加,内应力增加,金属进一步发生塑性变形困难,塑性指标下降,强度指标增加,这就是加工硬化现象。加工硬化限制了变形程度,甚至导致变形失效,也能使材料强度增加,有力于均匀塑性成形。可以通过测量不同变形量后材料的硬度来反映材料塑性变形后的性能。此外,为了检验金属在室温下承受顶锻变形的性能并显示金属表面缺陷,可以在压力机上对试样进行锻压比(X)为1/2的压缩试验,如果试样侧面无肉眼可见的裂纹、折叠,即评定为合格。室温顶锻试验要求试样截面(直径或边长)尺寸在3~30 mm,试样高度对于黑色金属取截面尺寸的2倍,对有色金属取截面尺寸的1/2。如果顶锻过程中侧面有裂纹,可用计算出其塑性压缩率(ε_p),即

$$\varepsilon_p = \frac{h_0 - h_1}{h_0} \times 100\% \tag{4.13}$$

式中,h_0 为试样原始高度;h_1 为试样压缩侧面目测观察出裂纹时的高度。根据塑性压缩率 ε_p,材料分类为:$\varepsilon_p \geq 60\%$ 高塑性材料;$\varepsilon_p = 40\% \sim 60\%$ 中塑性材料;$\varepsilon_p = 20\% \sim 40\%$ 低塑性材料。

2. 脆性材料的压缩

对铸铁、水泥、砖、石头等主要承受压力的脆性材料才进行压缩实验,由于塑性变形很小,尽管有端面摩擦,鼓胀效应却不明显,而是达到一定值后,试样在与轴线大约 45°~55° 的方向在剪应力作用下发生破裂,如图4.8所示。

按照 GB/T7314—2005 金属材料室温压缩试验方法,金属材料的压缩试样多采用圆柱形或正方形试样。一般直径或边长 d_0 为

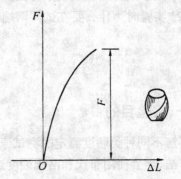

图4.8 铸铁压缩变形曲线

10~20 mm,高度 L 为 $(2.5 \sim 3.5)d_0$ 的试样适用于测定 σ_{pc}、σ_{tc}、σ_{sc}、σ_{bc};$L = (5 \sim 8)d_0$ 的试样适用于测定 $\sigma_{pc0.01}$、E_e;$L = (1 \sim 2)d_0$ 的试样仅适用于测定 σ_{bc}。为了尽量使试样受轴向压力,加工试样时必须有合理的工艺过程,以保证两端面平行且与轴线垂直。

三、主要仪器及材料

微机控制电子万能力学试验机;低碳钢试样;HT150试样;润滑剂 MoS 膏;游标卡尺等。

四、实验方法及过程

(1)测量试样尺寸,测量试样两端及中间等三处截面的直径,取三处中最小一处的平均直径 d_0 作为计算原截面积 A_0 之用。

(2)启动试验机的动力电源及计算机的电源,调出试验机的操作软件,按提示逐步进行操作和输入参数。安装试样,将试样两端面涂上润滑剂,然后准确地放在试验机活动台支承垫的中心上,然后进行试验。

(3)对于低碳钢试件,分别进行10%,20%,30%,40%,50%变形量的压缩试验,并测量压缩后试样的布氏硬度;观察50%压缩量的试样表面是否产生缺陷,并计算塑性压缩率。

(4) 对于铸铁试件,采取比较缓慢加载速度,直到试件破裂为止,获得完整的压缩曲线并对断口进行观察与分析;试验过程中防止试样断裂时有碎屑飞出伤人。

(5) 试验结束后,收集整理好测试试样,对比观察低碳钢和铸铁的压缩曲线;拷贝试验数据,关闭试验机电源和计算机。

五、基本要求

(1) 试验前阅读实验教程及教材中的有关内容,掌握金属材料压缩实验所测量的力学性能指标;了解实验内容、实验过程和注意事项,自行设计原始数据记录表格。

(2) 在应力 – 应变曲线上标注获得的力学性能指标及数值;画出铸铁试样的断口形貌示意图,分析其破坏原因;绘制变形量对低碳钢硬度的影响曲线,计算锻压比为 1/2 时的塑性压缩率(ε_p)。

六、思考题

(1) 低碳钢压缩屈服现象与拉伸时有何不同?
(2) 实验时为什么要在试件两端面涂润滑剂?

4.4 金属硬度实验

一、实验目的

了解不同种类硬度测定的测试原理和应用范围,掌握布氏、洛氏硬度计的设备特点和操作方法,学会使用布氏和洛氏硬度试验机。

二、基本原理

1. 布氏硬度试验

布氏硬度是在直径为 D(mm) 的淬火钢球(或硬质合金球)上施加规定的负荷 p(N) 压入试样表面,保持一定时间后卸载荷,以压痕表面积 S 除以所承受的平均压力之商表示布氏硬度的大小。GB/T231 中规定了金属布氏硬度的实验方法,其测试原理如图 4.9 所示,当实验力单位为 N 时,硬度值计算公式为

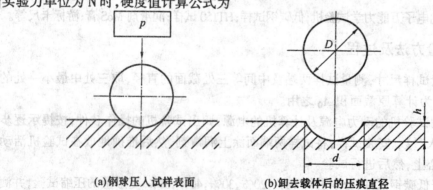

(a)钢球压入试样表面　　(b)卸去载体后的压痕直径

图 4.9　布氏硬度试验原理

$$HB = \frac{p}{S} = \frac{0.204p}{\pi D(D - \sqrt{D^2 - d^2})} \quad (4.14)$$

图 4.10 为 HB – 3000 布氏硬度试验机的构造简图,主要由机体、工作台、手轮、砝码、杠杆、减速器等组成。试验过程中,根据材料的种类和硬度值从表4.3 中选择钢球直径、载荷和加载时间。压痕直径 d 用读数显微镜测量,然后通过计算或查表获得硬度。

按照标准规定,布氏硬度值应写在硬度符号前面,硬度符号后面依次明确压头种类、压头直径、试验力和载荷保持时间,例如 150 HBS10/1000/30。但是,如果采用 10 mm 钢球、30 000 N 试验力和 10 s 保持时间的测试规范时,硬度值后面可以只写符号 HB。

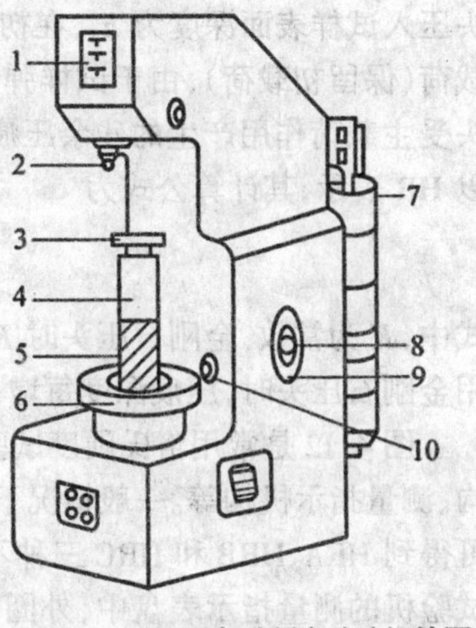

布氏硬度测试时为防止压痕周围因塑性变形产生形变硬化而影响试验结果,一般规定压痕中心距试样边缘的距离应不小于压痕直径的 2.5 倍,相邻两压痕中心的距离应不小于压痕直径的 4 倍;试验硬度小于 35 HB 时,上述距离分别为压痕平均直径的 3 倍和 6 倍;试样厚度不小于压痕深度的 10 倍,特殊情况时厚度可不小于压痕深度的 8 倍。

图 4.10 HB – 3000 型布氏硬度试验机简图
1— 指示灯;2— 压头;3— 试件台;4— 丝杠;5— 立柱;6— 手轮;7— 砝码;8— 压紧螺钉;9— 时间定位器;10— 试验力按钮

表 4.3 布氏硬度试验规范

材料	硬度范围/HBS	试样厚度	p/D^2	钢球直径 D/mm	载荷 p/kN	载荷保持时间/s
黑色金属	140 ~ 450	3 ~ 6	30	10	29.4	10
		2 ~ 4		5	7.35	
		< 2		2.5	1.84	
	< 140	> 6	10	10	9.80	
		3 ~ 6		5	2.45	
		< 3		2.5	6.13	
铜合金及镁合金	36 ~ 130	> 6	10	10	9.80	30
		3 ~ 6		5	2.45	
		< 3		2.5	6.13	
铝合金及轴承合金	8 ~ 35	> 6	2.5	10	2.45	60
		3 ~ 6		5	6.13	
		< 3		2.5	1.53	

布氏硬度试验的压痕较大,试验结果比较准确,但不能测量高于 450 HBS(钢球压头)和高于 650 HBW(硬质合金压头)的材料,否则压头会发生变形及损坏。因此,布氏硬度广泛用于各种退火状态下的钢材、铸铁、有色金属的试验,也用于经调质处理零件的硬度实验。

2. 洛氏硬度试验

洛氏硬度试验是根据压痕深度来反映材料硬度大小的一种试验方法,试验原理如图 4.11 所示。洛氏硬度测试过程中,首先施加初载荷(p_0)和主载荷(p_1),在初载荷作用下压头压入试样表面深度为 h_1，在初载和主载共同作用下压头压入深度为 h_2；然后再卸去主载荷(保留初载荷)，由于试样弹性变形的恢复，此时压头压入深度为 h_3。因此，测试中压头受主载荷作用产生的残余压痕深度为 $h = h_3 - h_1$，此值被用来衡量金属的软硬程度，以 HR 表示，其计算公式为

$$HR = \frac{K - h}{0.002} \tag{4.15}$$

式中，K 为常数，金刚石压头时 $K = 0.2$ mm；用钢球压头时 $K = 0.26$ mm。可以看出，当采用金刚石压头时，压痕深度每增 0.002 mm，HR 降低 1 个单位。

图 4.12 是常用洛氏硬度试验机结构简图，主要包括机体、工作台及升降机构、加载机构、测量指示机构等。一般情况下，洛氏硬度试验机采用不同压头和载荷组合进行试验时，可得到 HRA、HRB 和 HRC 三种不同的洛氏硬度标度，其具体规范及应用范围见表 4.4。在试验机的测量指示表盘中，外圈刻度表示 A 或 C 标度的示值，内圈刻度表示 B 标度的示值。由于 HR 数值与压痕深度 h 之间呈线性关系，可以在测量表盘中直接读出数值，不用进行具体的计算。

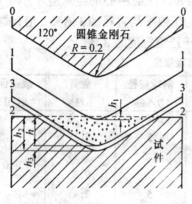

图 4.11　洛氏硬度试验原理

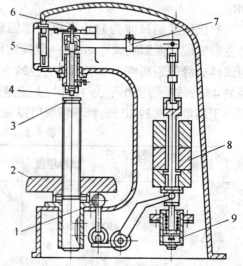

图 4.12　HR-150 洛氏试验机简图

1—加荷手柄；2—升降手轮；3—试样台；4—压头；5—指示器；6—调整丝；7—调整块；8—砝码；9—油压缓冲器

表 4.4　洛氏硬度的试验规范

标度	压头类型	初载荷 /N	主载荷 /N	硬度值计算公式	硬度有效范围	应用实例
HRA	120° 金刚石圆锥体	98	490	$100 - e$	65~85	高硬度的薄件、表面处理的钢件、硬质合金等
HRC			1 372		20~67	硬度大于 100HB 的淬火及回火钢，钛合金等
HRB	$\phi 1.588$ mm 的淬火钢球		882	$130 - e$	25~100	铜合金、铝合金、退火钢材、可锻铸铁等

洛氏硬度试验操作迅速简便，可在零件表面或较薄的金属上进行试验。采用不同的压头和载荷，可以测出极软到极硬材料的硬度。由于压痕小，对组织粗大和不均匀材料测得的数据不够准确。进行洛氏硬度测量时，试样要避免加工过程中受热软化或形变硬化，试验面和支承面必须平整、洁净，应能稳定地放在工作台上，并保证所加的载荷与实验面垂直。压痕中心距试样边缘的距离及两相邻压痕中心的距离不应小于 3 mm，测定每一试样的硬度一般不少于三点，取其平均值。

三、主要仪器及材料

HB - 3000 布氏硬度试验机；HR - 150A 洛氏硬度试验机；读数显微镜；砂轮机；标准硬度块；刚玉砂纸；20 钢试样；45 钢淬火试样。

四、实验方法及过程

(1) 试样处理。去除试样表面的氧化皮及其他污物，保证试样表面平整光洁，试样测量面和支撑面保持平行。

(2) 布氏硬度测定。

① 估计退火低碳钢试样硬度，根据表 4.3 选择压头规格、负荷大小和加载时间，按照试验参数调整和设置试验机。

② 将试样平稳放置在工作台上，转动升降台手轮，使压头压向试样表面，直至手轮下面的螺母不做相对运动为止；按动启动按钮，硬度计自动完成一个工作循环。

③ 转动手轮取下试样，用读数显微镜读出两个互相垂直方向的压痕测量(d_1, d_2)值，压痕直径的大小应在 $0.24D < d < 0.6D$ 范围内，否则应重新选择压头和试验力。

④ 试验完毕后，切断电源，将砝码与砝码架取下来，盖上防尘罩。注意开关机不能过于频繁，关机后过 3 ~ 5 s 才能再次开机。

(3) 洛氏硬度测定。

① 根据洛氏硬度标尺选择压头与载荷，本实验按 C 标度选择压头和载荷，初载荷 98 N，主载荷 1 372 N，金刚石圆锥压头；用标准硬度块校验试验机是否准确。

② 将试样平稳放置到工作台上，顺时针转动手轮使工作台缓慢升起并顶起压头，当表盘小指针移至红点、大指针垂直向上(偏差不超过 5 个格)时停止转动。

③ 旋转指示器外壳，使 C、B 之间长刻线与大指针对正；扳动加荷手柄，施加主试验力，指示器大指针停住 10 s 左右后，再将手柄扳至原位，卸去主试验力。

④ 从指示器相应的标尺读出硬度数值，逆时针转动手轮使工作台下降，移动试样位置重新测量，取 3 次以上测量的平均值作为该试样的硬度。

五、基本要求

(1) 试验前阅读有关的原理部分，实验过程中做好加载过程等的记录；严格遵守试验设备操作规范，注意不能对试样的支撑面测定硬度。

(2) 测量给定试样的布氏硬度、洛氏硬度，并将原始数据填写在表 4.5 中，在实验报告中计算布氏硬度的具体数值，并查表验对。

(3) 总结进行金属硬度测定时对试样及测定位置的要求。

表4.5 金属硬度测试规范及数值

硬度类型	试样材料	加载规范	测量参数	测量数据				平均值
				1	2	3	4	
布氏			d_1/mm					
			d_2/mm					
洛氏			HRC					

4.5 显微维氏硬度

一、实验目的

了解维氏硬度的试验原理、测试特点和应用领域,熟悉显微硬度试验机的基本结构和使用注意事项,学会数字显示显微维氏硬度计的使用。

二、基本原理

1. 维氏硬度

维氏硬度是用一个相对面夹角为136°的金刚石正四棱锥体压头,在一定载荷 p 作用下压入试样表面,经规定的加载时间后卸除载荷,以单位面积压痕上受到力的大小反应材料硬度的一种试验方法。图4.13是维氏硬度试验原理,当压痕对角线长 d 的单位为 mm,载荷 p 的单位为 N 时,维氏硬度值的计算如式(4.16)。HV 表示维氏硬度,符号前面的数值为硬度值,后面的为试验力值,如果试验载荷保持时间不在 10~15 s 时,后面还要注上时间,例如 600HV30/20。

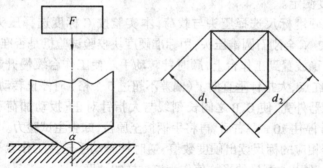

图4.13 维氏硬度试验原理

维氏硬度保留了布氏硬度和洛氏硬度的优点,既可测量由极软到极硬材料的硬度,又能相互比较,测量精度在常用硬度试验方法中最高。维氏硬度实验的载荷可在 49.03~980.7 N(5~100 kgf) 范围内根据材料硬度及厚薄进行选择。常用的载荷是 294.2 N(30 kgf),载荷保持时间对黑色金属为 10~15 s,对有色金属为 30±2 s。

$$HV = 0.1891\frac{p}{d^2} \tag{4.16}$$

2. 显微硬度

显微硬度实验原理与维氏硬度相同,根据压痕单位面积所承受的力作为硬度值。不同之处在于显微硬度采用的载荷很小,一般在 0.098 ~ 1.961 N(10 ~ 200 gf) 之间。由于压痕极小,所以可以测量金属铂、极薄的表层以及金属中各种组成相的硬度,广泛用于扩散层组织、偏析相、硬化层及脆硬材料等方面的研究。

维氏硬度及显微硬度的试验规范可参考 GB/T4340,显微硬度实验时,压痕对角线平均长度 d 以 μm 为单位,硬度值也用 HV 表示,其计算公式为

$$HV = 1\,891 \times 10^3 \times \frac{P}{d^2} \tag{4.17}$$

实验时一般不需要用上述公式计算,只要测量压痕对角线的平均长度 d,就可查表或由硬度计自动算出结果。

由于压痕微小,显微硬度试样必须制成金相样品,在磨制与抛光试样时应注意,不能产生较厚的金属扰乱层和表面形变硬化层。在可能范围内,尽量选用较大的负荷,以减少因磨制试样时所产生的表面硬化层的影响,从而提高测量的精确度。

3. 数字显示显微硬度计

显微硬度试验机由主机及测微目镜和相关附件组成,见图 4.14。测微目镜是用来观察金相或显微组织,确定测试部位,测量对角线长度和数据的采集等;主机则是完成目镜与压头的切换,在确定的测试部位进行施加载荷,完成平台的移动寻找像点等;相关附件主要是为了试件的夹持稳固等。

一般的数字显示显微维氏硬度计采用 LCD 显示,能显示试验方法、试验力、试验力保荷时间、测量次数等。界面操作采用菜单式结构,可在操作面板上选择硬度标尺 HV 或 HK、载荷保持时间,可进行各种硬度值相互转换,测试结果可自动储存、处理、打印。数字显示显微硬度计采用自动加荷控制方式,能够实现自动加荷、保荷和卸荷,通过数码测量压痕,自动计算并显示硬度值。

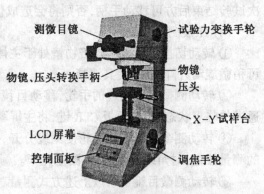

图 4.14 数字显示显微维氏硬度计

三、主要仪器及材料

MHV2000 数字显示显微维氏硬度计;30 钢试样;金相砂纸;抛光机;4% 硝酸酒精等。

四、实验方法及过程

(1) 准备及检查。对待测试样进行磨制抛光,注意不要产生较厚的金属扰乱层和表面形变硬化层;用 4% 硝酸酒精腐蚀试样,然后认真清洁并烘干试样;用脱脂棉或其他绸布擦拭测试平台,用水平仪检测仪器是否水平。

(2) 参数设置。

① 打开电源开关,主屏幕点亮,小心地转动试验力变换手轮,使试验力符合选择要求,负荷的力值应和当时主屏幕上的力值一致。

②移动↑、↓方向键,将反白条移至相应位置,在主屏幕Model主菜单中选择HV或HK,按ENTER键确定。

③按方向键→,在主屏幕的DWELL菜单中选择保持载荷时间,按ENTER键确认,主屏幕状态显示设定时间。

④按方向键→,在主屏幕的Function菜单中选择Single选项,按ENTER键进入工作状态。

(3) 施加载荷。

①将试样放置在试样台中央位置,试样端面与物镜轴线垂直,缓慢摇动调焦手轮,当物镜距试样1~3 mm时,眼睛贴近目镜观察,将焦距调好。如果视场太亮或太暗,可直接按面板上的L+、L-键进行调节。

②转动切换手柄,使压头处于主体正上方,按面板Start键,仪器进入加荷、保荷和卸荷阶段,主屏幕右上方分别显示符号⇩、倒计时时间数值和符号⇧。当主屏幕右上方显示▢时,表示本次试验结束。

③仪器工作时,或按下Start键而忘记切换物镜,千万不能再转动切换手柄,必须待这次试验结束后方可移动手柄,否则将会造成仪器严重损伤。

(4) 压痕测量。

①转动切换手柄,使40倍物镜处于主体正上方,观察压痕成像,如压痕成像不清晰,可稍微旋动升降手轮,使其清晰。

②转动测微目镜左边的手轮,移动目镜刻线使其逐步靠拢,当刻线内侧处于无光隙通过的临界状态时,按面板CLR键,将主屏幕上的d_1的数值清零。

③转动测微目镜右边手轮使刻线分开,使其内侧与压痕外形交点相切,按下目镜上的测量按钮,对角线长度的d_1测量完毕。

④转动测微目镜90°,以上述方式测量对角线长度d_2,按下测量按钮,主屏幕显示本次测量的示值。测量结束后,方可进行下一次硬度试验。

(5) 试验结束。每个试样应测量5个点左右,一般去掉第一个测量数据,取后面几个数据的算数平均值作为最终的显微维氏硬度测试结果。结束整个硬度实验时,按ESC键退出主界面,关闭主机后拔掉电源插头。

五、基本要求

(1) 实验前仔细阅读实验指导书,明确实验目的及实验过程,了解仪器特点。

(2) 将测试规范及数据记录在表4.6中,实验报告对不同组织的硬度进行分析。

表4.6 显微硬度实验参数及数据表

组织	测试规范		测量数据/HV					平均值
	载荷/N	时间/s	1	2	3	4	5	
F								
P								
F+P								

(3) 总结显微硬度测试中的注意事项,显微硬度的特点及应用范围。

4.6 金属韧脆转变温度测定

一、实验目的

了解摆锤式冲击试验机的基本构造和操作方法,进行不同温度下的系列冲击试验,掌握用能量法和断口分析法判断金属韧脆转变温度的方法。

二、基本原理

1.冲击试验原理

冲击实验是一种动态力学试验,是将一定形状及尺寸的试样放置在冲击试验机的固定支座上,然后将具有一定位能的摆锤释放,使试样在冲击弯曲负荷下断裂,见图4.15。试样冲断后,摆锤过零点后继续升高到 h 位置,摆锤在此过程中消耗的能量即为冲击吸收功 A_k,该值可在试验机刻度盘上直接读出。冲击韧性 α_k 用 A_k 除以试样缺口处的横截面积 F 来表示,即

$$\alpha_k = \frac{A_k}{F} \tag{4.18}$$

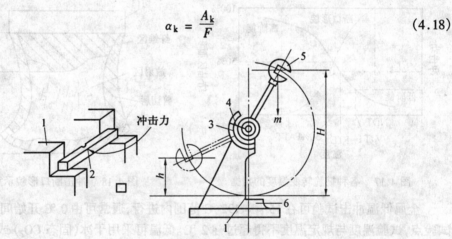

图 4.15 摆锤冲击试验机

1—支座;2—试样;3—刻度盘;4—指针;5—重锤;6—机架

根据 GB229—2007 金属夏比冲击试验方法规定,标准夏比冲击试样包括 V 型缺口试样和 U 型缺口试样,见图 4.16。两种试样外形尺寸均为 10 mm × 10 mm × 55 mm,缺口深度为 2 mm。不同之处是 U 形缺口底部半径为 1 mm,V 形缺口角度为 45°,底部半径为 0.25 mm。当坯料尺寸无法满足外形尺寸要求时,也可加工成 7.5(或 5) mm × 10 mm × 55 mm 小尺寸试样,此时缺口应开在试样的窄面上。缺口底部半径不同。

2.低温冲击实验

金属在常温下的冲击试验较为简便易行,其冲击韧性值能反映出材料宏观缺陷和显微组织的微小变化,因此是检测金属热加工质量的有效方法。此外,工业上常用的结构钢在低温下将转变为脆性状态,冲击韧性对材料的脆性转化很敏感,可以利用低温冲击试验测定钢的冷脆性。

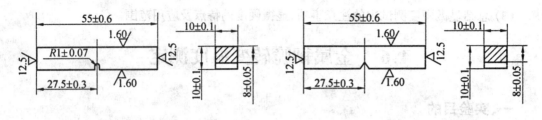

(a)U型缺口试样　　　　　　　　　　　　(b)V型缺口试样

图 4.16　标准夏比冲击试样

为了测定金属材料开始发生冷脆现象的温度,应在不同温度下进行一系列的冲击试验,测出材料冲击韧性和断口形貌随温度变化的关系曲线,然后按一定的方法确定韧－脆转化温度 t_k。图 4.17 给出了按能量法和断口形貌法定义韧脆转变温度的方法,在材料高冲击吸收功(高阶能)和低冲击吸收功(低阶能)之间是韧－脆转变温度区间,该区间内材料冲击韧性随温度发生急剧变化。图 4.18 是冲击断口形貌及组成示意图,在韧－脆转变温度区间,随温度降低,断口形貌将发生较大变化,断口宏观变形减少直至消失,放射区扩大而纤维区和剪切唇甚至消失。

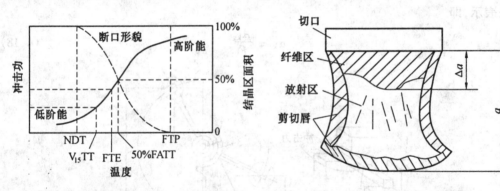

图 4.17　各种韧脆转变温度的判据　　　　图 4.18　冲击断口形貌示意图

金属低温冲击试验可在 15～－192 ℃ 范围内进行,通常可由 0 ℃ 开始间隔 20 ℃ 选区试验点,试验温度与规定温度不得超过 ±2 ℃。低温可采用干冰(固态 CO_2)或液氮和低凝固点液体(如煤油、酒精等)的混合物作为冷却剂得到。干冰的温度为 －78 ℃,采用酒精加干冰调和,可达到 －70 ℃ 以下;采用酒精加液态氮调和,最低可达 －100 ℃;若用纯液态氮则为 －196 ℃。

干冰和液氮在用量不多时可装于广口保温瓶中,调和冷却介质也可在另外的保温瓶中进行。测量高于 －80 ℃ 的低温时,采用低温酒精温度计;测量低于 －80 ℃ 的低温时,可用铬镍康铜热电偶配以毫伏计进行测量。

三、主要仪器与材料

JB－30 型冲击试验机;广口保温瓶;低温温度计;卡尺;无水酒精;液态氮;标准夏比冲击试样;宽口镊子。

四、实验方法及过程

(1) 将试样两端打上钢号,测量试样在缺口附件测量试样宽度 w 和缺口底部高度 h 尺寸(精确到 0.1 mm),每种温度下的冲击试样不少于 3 个。

(2) 制备低温介质,其温度要比规定温度低 2~4 ℃,以补偿取放试样时温度的回升;本实验温度定为室温、0 ℃、-20 ℃、-40 ℃、-60 ℃ 和 -80 ℃;制备低温介质时先从最低温度开始,试样在设定温度内的保温时间不少于 5 min。

(3) 校正试验机,打开冲击试验机总开关和手控盒上的开关,将试验机指针调至最大刻度,依次点动手控盒上的"取摆"、"退销"、"冲击"按钮,进行一次空摆冲击,刻度盘上指针应指向零点,偏差小于最小刻度的 1/4。

(4) 调整指针到刻度最大位置,用镊子从冷却装置中取出试样迅速放在试验机支座上,注意缺口要居中且背对摆锤,依次点按手控盒上"退销"和"冲击"按钮,进行冲击试验。试验中注意和试验机保持一定距离,切不可站立在试验机摆锤运动的方向。

(5) 在表盘上读取并记录冲击吸收功,取回并按顺序放好冲断的试样,准备进行下一次冲击试验。注意每次冲击试验前不要忘记把刻度盘上的指针调至最大刻度,否则可能会导致读值错误。

(6) 全部冲击试验结束后,按住(不是点按)试验机手控盒上的"放摆"钮,当摆锤落到垂直位置附近时松开按钮,关闭手控盒电源开关和试验机总开关。

(7) 对照试样标号和试验温度,观察试样断口形貌,识别纤维区、放射区和剪切唇,画出断口形貌示意图,估算不同温度纤维区所占的比例。

五、基本要求

(1) 操作时既要迅速,又要沉着,切实防止忙乱中造成事故。使用干冰、液态氮等低温介质时,要防止人体局部冻伤。安放试样和释放摆锤均由一人操作,严禁两人合作。

(2) 设计如表 4.7 的表格并填写实验数据。若试样未被冲断,除记录其 α_k 值外,尚需注明"未打断",必要时还需记录试样的弯折角。

表 4.7 金属韧脆转变温度试验数据记录表

序号	试样编号	冲击温度 /℃	试样尺寸和截面积			冲击吸收功 /J	断口特征
			w/mm	h/mm	F/cm²		
1							
2							
3							

(3) 根据试验数据在坐标纸上绘制冲击韧性-温度曲线,每个温度下试验的值要在图上分别定点,然后根据这些试验点的变化趋势绘出一条曲线,确定冷脆转化温度 t_k。

(4) 识别韧性断口与脆性断口的宏观特征,分析试验中随着温度的降低,断口形貌有何具体变化,并将放射区比例的变化情况绘制曲线,标注具体的韧脆转变温度。

六、思考题

(1) 叙述影响材料冲击韧性的各种因素。
(2) 常温下摆锤冲击试验有何实际意义。

4.7 金属断裂韧度 K_{IC} 的测量

一、实验目的

了解金属断裂韧度 K_{IC} 试验的基本原理,熟悉断裂韧度测试对试样形状尺寸的要求,掌握三点弯曲试样法测试断裂韧度测试的方法及试验结果处理的过程。

二、基本原理

断裂韧度 K_{IC} 是金属材料在平面应变和小范围屈服条件下裂纹失稳扩展时应力场强度因子 K_I 的临界值,它表征金属材料对脆性断裂的抗力,是度量材料韧性的一个定量指标。若构件中含有长度为 $2a$ 的裂纹,所承受的名义应力为 σ,则 K_I 的一般表达方式为

$$K_I = Y\sigma\sqrt{a} \tag{4.19}$$

式中,Y 为与试样及裂纹的几何形状、加力方式有关的因子。

1. 试样要求

如果试样是在平面应变和小范围屈服的条件下进行的,那么,只要测出试样上裂纹失稳扩展时的临界力 F_q 就可根据式(4.19)计算出该金属材料的临界值 K_I,即为断裂韧度 K_{IC}。测量 K_{IC} 所用试样主要有三点弯曲试样和紧凑拉伸试样两种,GB/T4161 中规定的标准测试试样见图 4.19,规定要求试样厚度 B、裂纹长度 a 及韧带宽度($W-a$)尺寸满足下面条件

$$(B, a, W-a) \geq 2.5\left(\frac{K_{IC}}{\sigma_{0.2}}\right)^2 \tag{4.20}$$

由式(4.20)可知,在确定试样尺寸时,应先知道材料的屈服强度和 K_I 的估算值,才能确定出试样的最小厚度 B、宽度 W 和长度 $L > 4.2W$。若材料的 K_{IC} 值无法估算,还可根据材料的 $\sigma_{0.2}/E$ 值来确定试样的最小厚度,见表 4.8。

表 4.8 根据 $\sigma_{0.2}/E$ 值确定试样的最小厚度

$\sigma_{0.2}/E$	B/mm	$\sigma_{0.2}/E$	B/mm
0.005 0 ~ 0.005 7	75	0.007 1 ~ 0.007 5	32
0.005 7 ~ 0.006 2	63	0.007 5 ~ 0.008 0	25
0.006 2 ~ 0.006 5	50	0.008 0 ~ 0.008 5	20
0.006 5 ~ 0.006 8	44	0.008 5 ~ 0.100 0	12.5
0.006 8 ~ 0.007 1	38	≥ 0.100 0	6.5

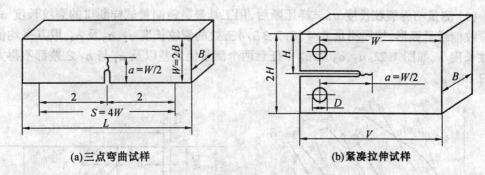

(a) 三点弯曲试样　　　　　　　　　(b) 紧凑拉伸试样

图 4.19　两种典型的断裂韧度试样

2. 测试方法

三点弯曲试样的试验装置如图 4.20 所示,在试验机压头上装有载荷传感器 7,以测量载荷 F 的大小。在试样缺口两侧跨接夹引伸仪 3,以测量裂纹嘴张开位移 V。载荷信号及裂纹嘴张开位移信号经动态应变仪 2 放大后,传到 $X-Y$ 函数记录仪 1 中。在加载过程中,$X-Y$ 函数记录仪可连续描绘出 $F-V$ 曲线。根据 $F-V$ 曲线可间接确定条件裂纹失稳扩展载荷 F_Q。

由于材料性能及试样尺寸不同,$F-V$ 曲线有三种类型,如图 4.21 所示。当材料较脆或试样尺寸足够大时,其 $F-V$ 曲线为 Ⅲ 型;当材料韧性较好或试样尺寸较小时,其 $F-V$ 曲线为 Ⅰ 型;当材料韧性或试样尺寸居中时,其 $F-V$ 曲线为 Ⅱ 型。

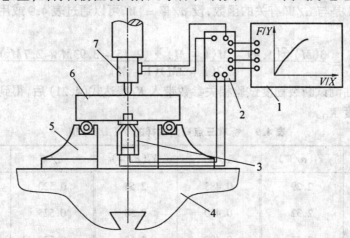

图 4.20　三点弯曲试验装置示意图

1— $X-Y$ 函数记录仪;2— 动态应变仪;3— 夹式引伸仪;4— 试验机活动横梁;
5— 支座;6— 试样;7— 载荷传感器

3. 结果处理

(1) 确定裂纹失稳扩展临界应力 F_Q。裂纹失稳扩展临界应力从 $F-V$ 曲线上确定,先从原点 O 作一相对直线 OA 部分斜率减少 5% 的割线,确定裂纹扩展 2% 时相对的载荷 F_5。F_5 是割线与 $F-V$ 曲线交点的纵坐标值。如果在 F_5 以前没有比 F_5 大的高峰载荷,则 $F_Q = F_5$,如图 4.21 曲线 Ⅰ;如果在 F_5 以前有一个高峰载荷,则取此高峰载荷为 F_Q,如图 4.21 曲线 Ⅱ 和 Ⅲ。

(2) 测量临界裂纹长度 a。试样压断后,用工具显微镜测量试样断口的裂纹长度 a。由于裂纹前缘呈弧形,按照测量 $B/4$、$B/2$、$3B/4$ 三处的裂纹长度 a_2、a_3 及 a_4,取其平均值为裂纹长度 a,如图 4.22。a_2、a_3 及 a_4 中任意两个测量值之差以及 a_1 与 a_5 之差都不得大于 a 的 10%。

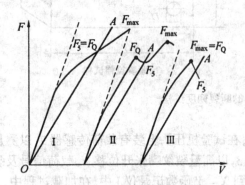
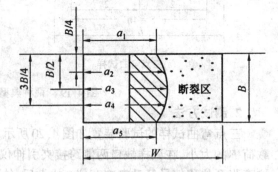

图 4.21　$F-V$ 曲线的三种类型　　　　图 4.22　断口裂纹长度 a 的测量

(3) 计算断裂韧度 K_Q。三点弯曲试样加载时的裂纹尖端应力场强度因子的计算公式为

$$K_I = \frac{FS}{BW^{3/2}} Y_1\left(\frac{a}{W}\right) \tag{4.21}$$

式中,$Y_1(a/W)$ 是与 a/W 有关的函数,设 $a/W = M$,可以通过表 4.9 或用下式计算得出函数 Y_1 的值。

$$Y_1 = \frac{3(M)^{1/2}[1.99 - M(1-M) \times (2.15 - 3.93M + 2.7M^2)]}{2(1+2M)(1-M)^{3/2}} \tag{4.22}$$

将三点弯曲测试断裂韧度试验相关参数带入 K_I 表达式(4.21)后,得到的计算结果称为条件断裂韧度 K_Q。

表 4.9　标准三点弯曲试样的 $Y_1(a/W)$ 值

a/W	$Y_1(a/W)$	a/W	$Y_1(a/W)$	a/W	$Y_1(a/W)$
0.450	2.29	0.485	2.54	0.520	2.84
0.455	2.32	0.490	2.58	0.525	2.89
0.460	2.35	0.495	2.62	0.530	2.94
0.465	2.39	0.500	2.66	0.535	2.99
0.470	2.43	0.505	2.70	0.540	3.04
0.475	2.46	0.510	2.75	0.545	3.09
0.480	2.50	0.515	2.79	0.550	3.14

(4) 检验 K_Q 的有效性。当 K_Q 满足以下两个条件时

$$\begin{cases} B \geq 2.5(K_{IC}/\sigma_s)^2 \\ F_{max}/F_Q \leq 1.1 \end{cases} \tag{4.23}$$

K_Q 即为 K_{IC}；否则试验结果无效，应加大试样尺寸重做实验，新试样尺寸至少应为原试样的 1.5 倍，直到 K_Q 符合上述两个条件为止。

三、主要仪器与材料

万能力学试验机；动态应变仪；夹式引伸仪；X-Y 函数记录仪；测量工具；45 钢试样；球墨铸铁试样。

四、实验方法及过程

(1) 利用线切割在试样上开缺口后，在高频疲劳试验机上预制疲劳裂纹，试样表面的裂纹长度应不小于 $0.25W$，a/W 应控制在 $0.45 \sim 0.55$ 范围内。在缺口附近 3 个位置以上用千分之测量试样宽度 B 和厚度 W，分别取其算术平均值。

(2) 将试样安装到试验机支座上，要是裂纹顶端位于跨距的正中，试样与支承辊的轴线成直角。在试样上粘贴刀口，安装夹式引伸仪，是刀口与引伸仪两端凹槽紧密配合。

(3) 将压力传感器和引伸仪接入动态应变仪，并调整函数记录仪参数。某些微机控制试验机具有全数字闭环控制、多通道采集等功能，可直接接入引伸仪和压力传感器。

(4) 开动试验机，对试样进行缓慢加载，同时记录 $F-V$ 曲线，直至试样所承受的最大力后停止，记录最大力的数值。

(5) 试验结束后观察试样断口，用工具显微镜或其他测量仪器按照实验原理中要求的方式测量临界裂纹长度 a_2、a_3 及 a_4，取其平均值为裂纹长度 a。

(6) 在 $F-V$ 曲线上确定裂纹失稳扩展临界应力 F_Q，计算条件断裂韧度 K_Q，判断 K_Q 是否为材料的断裂韧性，如果不满足判据条件，分析原因。

五、基本要求

(1) 在实验报告中简要说明三点弯曲试样测试 K_{IC} 的原理实验装置和实验过程。
(2) 记录测试实验数据（表 4.10），并附 $F-V$ 曲线图，对实验数据进行分析计算。
(3) 根据计算结果和有效性检验，结合断口宏观观察，讨论试样尺寸是否合适。

六、思考题

(1) 断裂韧度 K_{IC} 与应力场强度因子 K_I 有何区别？
(2) 试样由薄变厚时，三点弯曲试样断口形貌有何变化？

表 4.10 金属断裂韧度 K_{IC} 测量实验记录

试样材料	B/mm			a/mm					F_{max}/N	断口形式
	1	2	3	a_1	a_2	a_3	a_4	a_5		
45 钢										
球墨铸铁										

4.8　金属疲劳试验

一、实验目的

了解疲劳试验机的基本结构和使用操作过程,掌握升降法和成组试验法测量材料疲劳性能的原理和方法,能够进行疲劳数据的计算和拟合处理,绘制材料的疲劳曲线。

二、基本原理

疲劳破坏的过程是材料内部薄弱区域的组织在交变载荷作用下逐渐发生损伤积累的过程,当损伤积累达到一定程度后开裂,当裂纹扩展到一定程度后突然发生断裂。所以疲劳过程是材料局部区域开始损伤积累,最终引起整体破坏的过程。

1. 疲劳曲线和疲劳极限

目前评定金属材料疲劳性能的最基本方法就是通过试验测定其疲劳曲线($S-N$曲线),即建立最大应力σ_{max}(或应力幅σ_a)与其相应的断裂循环周次N之间的关系曲线。典型的$S-N$曲线由有限寿命和长寿命(疲劳极限)两部分组成,如图4.23所示。曲线中明显的水平部分对应的最大应力σ_{max}为材料的疲劳极限σ_r,实际中一般规定N_0为10^7或10^8时对应的σ_{max}为疲劳强度。

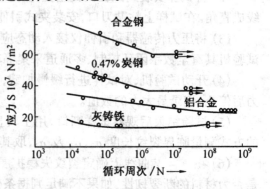

图4.23　几种材料的$S-N$曲线

通常疲劳曲线是由旋转弯曲疲劳试验机测定的,其四点弯曲试验机原理如图4.24所示。在曲线测试中,由于疲劳数据的分散性大,若每个应力水平下只测定一个数据,则获得的曲线精度较差。为了得到较为可靠的试验数据,一般疲劳极限采用升降法获得,而有限寿命部分采用成组试验法测定。

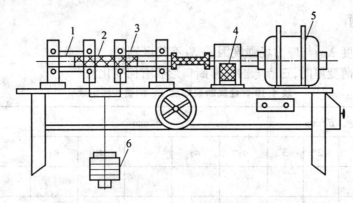

图4.24　旋转弯曲疲劳试验机的示意图
1、3— 有滚珠轴承的支座;2— 试样;4— 计数器;5— 电动机;6— 载荷

2. 疲劳极限的测定

采用升降法测定疲劳极限 σ_{-1} 时，有效试样数一般在 13 根以上，试验一般取 3～5 级应力水平。图 4.25 为升降法示意图。第一根试样应力水平应略高于 σ_{-1}，若无法预计 σ_{-1}，则对一般材料取 $0.45 \sim 0.50 \sigma_b$，高强度钢取 $0.30 \sim 0.40 \sigma_b$。第二根试样的应力水平根据第一根试样试验结果而定，如果第一根试样断裂，则第二根试样施加的应力应降低 3%～5%，反之则升高。对于钢材，每次实验应力变动量可取 $0.015 \sim 0.025 \sigma_b$。照此方法，直至得到 13 个以上有效数据为止。

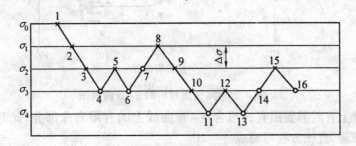

图 4.25 升降法拟合得到的疲劳曲线
△σ— 应力增量　×— 试样断裂　○— 试样未断

处理数据时，首次出现一对相反结果（试样断与未断）以前的数据均应舍去，如图 4.25 中 3,4 点是第一对出现的相反结果，因此 1 和 2 点的数据应舍去，余下的为有效数据。如果有效数据中试样断与未断的状态大体相当，则可按下式计算疲劳极限

$$\sigma_r = \left(\frac{1}{m}\right) \sum_{i=1}^{n} k_i \sigma_i \tag{4.24}$$

式中，m 为有效实验次数；n 为试验应力分级数；σ_i 为第 i 级应力水平；k_i 为第 i 级应力水平下的应力次数。

3. 有限寿命区曲线测定

疲劳曲线的有限寿命（高应力）部分用成组试验法测定，即取 3～5 级较高应力水平，在每级应力水平下，测定 5 根左右试样的数据，然后进行数据处理，计算中值（试样不断的概率为 50%）疲劳寿命。确定应力水平时，对于光滑试样第一级应力水平取 $0.6 \sim 0.7 \sigma_b$，以后各级水平依次减少 $20 \sim 40\ N/mm^2$。如果每一级应力水平下测得的疲劳寿命为 N_1，$N_2, \cdots, N_n$，则该水平下的中值疲劳寿命 N_{50} 可用下式计算

$$lg\ N_{50} = \left(\frac{1}{n}\right) \sum_{i=1}^{n} lg\ N_i \tag{4.25}$$

如果某一级应力水平下各个疲劳寿命中，出现大于规定循环周次（一般为 10^7）的情况，则这一组试样的中值疲劳寿命不能按上式计算，而取这一组疲劳寿命排列的中值。如果数据点个数为偶数，则取中间两个数的平均值。

4. 中值疲劳曲线的绘制

将升降法测得的 σ_{-1} 作为 S–N 曲线的最低应力水平点，以及成组试验得到的各级应力水平下的中值疲劳寿命的数据，在 $\sigma - lg\ N$（或 $\sigma - N$）坐标图中逐点描绘，并用光滑曲线连接，即获得存活率为 50% 的中值 S–N 曲线，如图 4.26 所示。

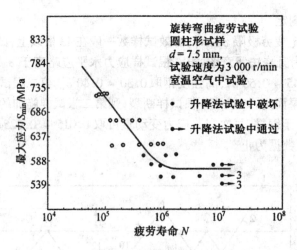

图 4.26 某金属材料的 S-N 曲线图

疲劳设计上有时需要用直线拟合 S-N 曲线上的有限寿命部分,此时实验数据按照最小二乘法原理,直线方程可写成

$$lg\ N = a + b\sigma \tag{4.26}$$

式中,系数 a 和 b 分别为

$$b = \frac{\sum_{i=1}^{n} \sigma_i lg\ N_i - \frac{1}{n}(\sigma_i)(\sum_{i=1}^{n} lg\ N_i)}{\sum_{i=1}^{n} \sigma_i^2 - \frac{1}{n}(\sum_{i=1}^{n} \sigma_i^2)^2} \tag{4.27}$$

$$a = \frac{1}{n}\left(\sum_{i=1}^{n} lg\ N_i - \frac{b}{n}\right)\sum_{i=1}^{n} \sigma_i \tag{4.28}$$

将试验数据带入上式,求出 a、b 就可得到 S-N 曲线上有限寿命区的最佳拟合直线。用直线拟合时,有限寿命区曲线和长寿命区曲线相交处用圆角过度,就获得了整个疲劳曲线。

三、主要仪器及材料

旋转弯曲疲劳试验机;游标卡尺;百分表及表座;45 钢圆柱光滑试样。

四、实验方法及过程

(1) 疲劳试样制备及测量。疲劳试样的种类很多,其形状和尺寸主要取决于实验目的、载荷类型及试验机型号。图 4.27 是 GB/4337—2008 金属旋转弯曲疲劳实验方法中推荐的一种旋转弯曲疲劳试样,夹持部分根据试验机的夹持方式设计,夹持部分截面积是实验部分截面积的 1.5 倍,若是螺纹连接,应大于 3 倍。加工时特别注意试样过渡区加工质量,不要有磨痕等加工缺陷。

(2) 实验准备工作。① 将试样两端打上标号,在试样工作区两个垂直方向检测直径,取平均值,检测时注意不要损伤表面;② 取一根试样,在拉伸试验机上测量 σ_b;③ 按前述方法确定升降法和成组实验法中的各级应力水平 $\sigma_1, \sigma_2, \cdots$,应力增量在允许范围内取大值。四点加力(见图 4.28)时,试验机砝码施加的力 $F_1, F_2, \cdots$ 计算如下

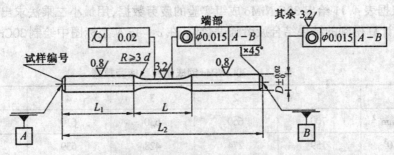

图 4.27　圆柱形光滑疲劳试样

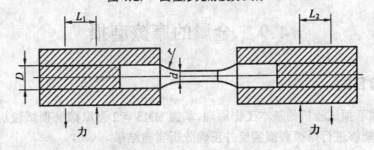

图 4.28　圆柱形试样 – 四点加力

$$F = \sigma \frac{\pi d^2}{32L} M_L \tag{4.29}$$

式中,d 为试样直径,mm;L 为力臂长度,$L = L_1 = L_2$,mm;M_L 为试验机的杠杆比。

(3) 测试 $S-N$ 曲线。首先用成组实验法测定有限寿命区曲线的数据点,然后用升降法测定疲劳极限,两者不同之处仅在于应力水平及应力增量,其他测定方法和操作步骤基本一样。

① 安装试样。将试样安装在试验机上,保持与试验机良好同轴,用百分表检查。用连接轴将旋转体与电动机连接,把计数器和电动机转速调节器调至零点。

② 正式试验。接通电源,转动电动机转速调节器,由零逐渐加快。试验时以 6 000 r/min 为宜,当达到试验转速后,把砝码加到试验机的砝码盘上。

③ 观察与记录。由高应力到低应力逐级进行试验,记录每个试样断裂的循环周次,同时观察断口位置和特征。

④ 绘制 $S-N$ 曲线。用前面叙述的方法对成组实验和升降法实验获得的数据进行计算和统计处理,在 $\sigma - \lg N$ 或 $\sigma - N$ 坐标图中绘制出中值 $S-N$ 曲线,并注明材料牌号、材料级别及拉伸性能,疲劳实验的类型、实验频率和实验温度等。

五、基本要求

(1) 因疲劳实验的周期长,短时间内不可能完成,所以试验主要以参观和演示的方式进行。在实验报告中说明本实验所用设备的型号、画出试样草图,简述中值 $S-N$ 曲线及测定疲劳极限的升降法。

(2) 若图 4.25 为旋转弯曲疲劳实验中 30CrNiMo 钢的升降图,规定循环次数 $N_0 = 10^7$,各级应力水平分别为:$\sigma_0 = 615.5, \sigma_1 = 586.7, \sigma_2 = 569.4, \sigma_3 = 542.1, \sigma_4 = 514.8$,单位 N/mm^{-2},求出该钢的疲劳极限 σ_{-1}。

(3) 根据表 4.11 给出 30CrNiMo 成组实验的疲劳数据，用最小二乘法求出拟合的直线方程；根据计算得到的结果结合疲劳强度数值，在 $\sigma - \lg N$ 坐标图中绘制 30CrNiMo 的 $S - N$ 曲线。

表 4.11 30CrNiMo 钢成组实验疲劳数据

	1	2	3	4	5
$\sigma_i / N \cdot mm^{-2}$	700	660	630	610	590
$N_{50}/10^3$	159	274	428	639	709

4.9 金属的摩擦磨损

一、实验目的

了解摩擦磨损试验机的基本工作原理，掌握 MMS – 2 型摩擦磨损试验机的参数设置和操作方法，能够进行摩擦磨损实验并正确分析实验结果。

二、基本原理

摩擦是指两表面接触并在外力作用下做相对运动、滚动运动或即将运动时，接触面产生相对运动方向受阻碍的现象。磨损则是在摩擦过程中出现的摩擦副表面产生材料损伤的现象。摩擦磨损是一个极其复杂的过程，其表征参数有摩擦系数、磨损量、表面磨痕的形貌等。在摩擦磨损的过程中，材料的疲劳、塑性变形、断裂都发挥一定的作用，使表面发生几何形状和表面组织结构的改变。常见的磨损类型有：粘着磨损、磨粒磨损、腐蚀磨损和表面疲劳磨损等。其中除表面疲劳磨损是在滚动（或滚动 + 滑动）条件下产生的外，其他几类磨损则是在滑动条件下产生的。

由于导致磨损原因的复杂性，各国都未形成统一的金属磨损试验方法。通常磨损试验方法有现场试验和实验室两类。实验室试验虽然不能直接表明实际情况，但具有试验时间短、费用少、便于分析等优点，被广泛采用。目前市场上的摩擦磨损实验机有数百种，其基本原理如图 4.29 所示。下面以 MMS – 2 微机控制型摩擦磨损试验机为例，介绍试验机的结构、功能、参数及有关试验方法。

(a)销盘式　　(b)销环式　　(c)对滚式

图 4.29 摩擦磨损试验机原理图

MMS – 2 型摩擦磨损试验机由主机、电控箱、计算机控制系统组成。主机主要由机座及位于机座左部的力矩测量部分、中部的下试样轴部分、右部的上试样轴部分、偏心轮轴部分和试验力施加与测量部分组成。试验机工作过程中，双速电动机通过皮带带动齿轮、蜗杆轴等传递机构驱动上下试样轴转动；试验力（最大 2 kN）通过弹簧的压缩获得，力值信号通过传感器送入电控箱并在计算机显示器上显示；试验的摩擦力矩等于下试样半径与摩擦力的乘积，摩擦力矩测量范围：0 ~ 15 N·m。

MMS - 2 型微机控制摩擦磨损试验机可在滑动摩擦、滚动摩擦、滚滑复合摩擦等多种状态下进行金属的耐磨性能试验，并可模拟材料在干摩擦、湿摩擦、磨料磨损等不同工况下摩擦磨损试验。该机采用计算机控制系统，可实时显示试验力、摩擦力矩、摩擦系数、试验时间等参数，并可记录试验过程中摩擦系数 - 时间曲线。

试验机的试样形状及尺寸如图 4.30 所示，图 4.30(a) 用于滚动和部分滑动摩擦试验，图 4.30(b) 用于滑动摩擦的试验。试样厚度 10 mm，圆形试样直径为 30 ~ 50 mm，通常取 40 mm。试验机下试样轴转速 200、400 r/min，上试样轴转速 180、360 r/min。当上下试样轴都转动且两试样直径相等时，由于上下试样轴转速不等除了滚动摩擦外，则在两试样间有 10% 的滑差率，使试样间具有滑动摩擦。改变试样直径即可增大或减小滑差率，如果要提高滑动速度，调节传动装置使上试样轴反转即可。

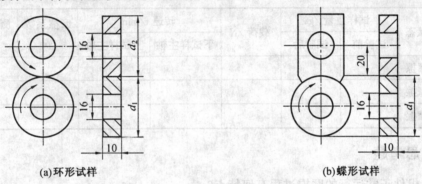

(a) 环形试样　　　　　　　　　　　　　　(b) 蝶形试样

图 4.30　试样的形状和尺寸

三、主要仪器及材料

MMS - 2 型微机控制摩擦磨损实验机；万分之一精度分析天平；正火或淬火态 45 钢上试样；淬火 + 低回态 GCr15 下试样；丙酮。

四、实验方法及过程

(1) 教师讲解仪器的结构及组成部分的作用、主要用途；操作仪器并演示试验参数的选取方法、试验数据存储及数据的处理等。

(2) 试验前用丙酮清洗上试样，并在天平上称量原始质量，然后安装试样，进行滑动、滚动、滚动滑动复合摩擦试验，每次试验 30 min，试验后再称量上试样质量。

滑动摩擦试验：① 将滑动齿轮向右移至中间位置并用螺钉紧固，用销子将齿轮固定在摇摆头上；② 调整螺钉，使弹簧芯杆在试样接触时离开弹簧芯杆座上平面 2 ~ 3 mm；③ 向下扳动摇摆头，调整螺母使上、下试样相距约 1 ~ 2 mm，将试验力示值调整为零；④ 确定试验速度，开车，将摩擦力矩示值调为零；⑤ 施加试验力，进行试验。

滚动摩擦试验：由下试样带动上试样进行滚动摩擦，其操作方法是将滑动齿轮向右移至中间位置，并用螺钉紧固，同时将销子拔出，其余操作同滑动摩擦试验。如果上试样直径大于下试样直径的10%,将滑动齿轮移至左端位置,使其与齿轮啮合,并用螺钉紧固,同时将销子拔出,其余操作参照滑动摩擦试验也可实现滚动摩擦试验。

滚动滑动复合摩擦试验:将滑动齿轮移至左端位置,使其与齿轮啮合,并用螺钉紧固,同时将销子拔出。当上下试样直径相等时,因上下试样轴的转速不等,因此在滚动摩擦中带有10%的滑动摩擦,除上试样直径正好大于下试样直径的10%外,均可获得滚动滑动复合摩擦状态。

五、基本要求

(1) 熟悉试验机的结构组成、各部分的作用,能够在教师指导下进行实验操作,掌握实验数据的处理方法。

(2) 将实验参数和测试数据记录在表4.12中,在实验报告中对各种实验状态下的磨损量和摩擦系数进行分析和讨论。

表4.12 金属摩擦磨损数据记录表

试验状态	试样重量/g		载荷/N	转速 r/min		摩擦系数 μ	测试数据处理
	试验前	试验后		下试样主轴	上试样主轴		
滑动摩擦							
滚动摩擦							
复合摩擦							

六、思考题

(1) 机件正常运行的磨损过程有何特点?
(2) 耐磨性和磨损量的衡量方法有哪些?

4.10 失效断口宏观分析

一、实验目的

了解对断口保护和清理的基本方法,掌握断口宏观形貌特点及分析过程,能够进行简单断件的一次裂纹和二次裂纹判断,并找出裂纹源。

二、基本原理

金属破断后获得的一对相互匹配的断裂表面及其外观形貌称为断口。由于断口记录着有关断裂过程的许多珍贵资料,所以对断口的观察和研究一直受到重视。随着断裂学科的发展,断口分析同断裂力学等所研究的问题更加密切,已成为对金属构件进行失效分析的重要手段。

1. 断口分析的种类

断口分析的试验基础都是对断口表面的宏观形貌和微观结构特征进行直接的观察和分析。通常把低于40倍的观察称为宏观观察,高于40倍的观察称为微观观察。对断口进行宏观观察的仪器主要是放大镜和体视显微镜(5～50倍)。在很多情况下,利用宏观观察就可以判定断裂的性质、起始位置和裂纹扩展路径。但如果要对断裂起点附近进行细致研究,分析断裂原因和断裂机制,还必须进行微观观察。

断口的微观观察经历了光学显微镜(观察断口的实用倍数是在50～500倍)、透射电子显微镜(观察断口的实用倍数是在1 000～40 000倍)和扫描电子显微镜(观察断口的实用倍数是在20～10 000倍)三个阶段。因为断口是一个凹凸不平的粗糙表面,观察断口所用的显微镜要具有最大限度的焦深,尽可能高的放大倍数和分辨率。扫描电子显微镜具有最大限度的焦深,宽范的放大倍数和高的分辨率,非常适合观察断口凹凸不平的粗糙表面,故在断口的微观观察中得到广泛采用。

通过对断口的形态可以分析研究诸如断裂起因、断裂性质、断裂方式、断裂机制、断裂韧性、断裂过程的应力状态以及裂纹扩展速率等一些断裂的基本问题。结合断口表面的微区成分分析、主体分析、结晶学分析和断口的应力与应变分析等,还可以深入地研究材料的冶金因素和环境因素对断裂过程的影响。

2. 断口的保护与清洗

由于断口承载着大量的信息,因此应当在断裂事故发生后马上把断口保护起来,在搬运时用布或棉毛将断口保护好,在有些情况下还需利用垫衬材料。断口上沾有一些油污或脏物,不可用硬刷子刷掉,并避免用手指接触或摩擦断口。为了防止化学腐蚀,应在断口上涂一层不使断口受腐蚀且易于被完全清除掉的防腐物质。

对于宏观断口观察一般可不经清洗就分析,但在做微观分析时必须对断口进行清洗,其目的是为了除去保护用的涂层和断口上的腐蚀产物,以及外来玷污物。常用的清洗方法有:① 用干燥压缩空气吹断口上的灰尘以及外来脏物,用柔软的毛刷轻轻擦断口;② 对断口上的油污或塑料涂层,可以用汽油、醚、苯、丙酮等有机溶剂进行清除,然后再用无水酒精清洗并吹干;③ 超声波清洗能有效地清除断口表面的沉淀物,若和有机溶剂或弱酸、碱性溶液结合使用,能加速清除顽固的涂层和灰尘沉淀物;④ 使用化学或电化学方法清洗,主要用于清洗断口表面的腐蚀产物或氧化层,但可能破坏断口上的一些细节,使用时必须十分小心;⑤ 应用醋酸纤维纸复型剥离,通常对于粘在断口上的灰尘和疏松的氧化腐蚀产物可采用这种方法,对断口无损伤,故对一般断口建议用此法清洗。

3. 判别裂纹源的方法

失效分析的首要任务是找到最先破坏件和最先失效部位,同时必须判别主裂纹和二次裂纹的顺序。一般情况下,若失效件中同时存在韧性断口、脆性断口和疲劳断口三种,其中疲劳断口是首先破坏件;如仅有韧性断口和脆性断口,首先破坏件应是脆性断口。下面介绍几种裂纹主、次的判断方法。

(1) T型法。如图4.31,若一个构件上产生两条裂纹,并构成T型,通常认为横贯裂纹A首先开裂,A裂纹阻止了B裂纹的扩展,裂纹源位置可能在O或O′处。

(2) 分枝法。如图4.32,一般裂纹分叉或分枝的方向为裂纹的扩展方向,其反方向指向裂纹源的位置O。也就是说,分叉或分枝裂纹为二次裂纹,汇合裂纹为主裂纹。

(3) 变形法。如图4.33,具有一定几何形状的构件,在断裂过程中发生变形并且断裂成几个碎片。判别主裂纹时,要将断片合拢起来,检查其各个方向的变形量大小,变形量大的部位为主裂纹,其他部位为二次裂纹,裂纹源在主裂纹形成的断口上。

(4) 氧化法。由于金属在环境介质中会发生氧化或腐蚀现象,并随时间的延长而严重,而主裂纹(这里指表面裂纹)开裂的时间比二次裂纹开裂的时间长,所以氧化或腐蚀比较严重的部位是主裂纹部位,如图 4.34 所示。

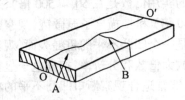 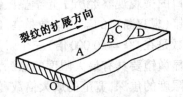

图 4.31 T 形法　　　　　　　　　　图 4.32 分枝法
A—主裂纹;B—二次裂纹;O—裂源　　A—主裂纹;B、C、D—二次裂纹;O—裂源

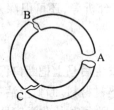 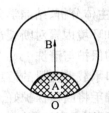

图 4.33 变形法　　　　　　　　　　图 4.34 氧化法
A—主裂纹;B、C—二次裂纹　　　　A—主裂纹;B、C—二次裂纹;O—裂纹源

(5) 其他判断方法。还有人字形法、最小应变法、放射标记法、剪切唇法、贝纹花样法等判断主裂纹源的方法。

一般来说,脆性断裂常用 T 型法和分叉法判断,韧性断裂常用变形法判断;环境断裂时常使用氧化法判断;疲劳断裂常用断口宏观形貌特征(贝纹线)来识别裂纹源及其扩展方向。

三、主要仪器及材料

超声波清洗机;体视显微镜;放大镜;失效零件断口;丙酮;醋酸纤维纸等。

四、实验方法及过程

(1) 调查研究收集原始背景材料。包括零件名称;零件的功能、要求及设计依据;使用经历,使用寿命,操作温度,环境条件,负载情况;原材料,处理工艺和性能情况;制造工艺;失效零件的样品收集。

(2) 残骸拼凑分析与低倍宏观检查。对所有残骸进行检查,画好草图或摄影;对断口进行宏观检查,分析主裂纹和二次裂纹,寻找最先发生破坏的零件或部位;在宏观观测检验的基础上提出微观分析的内容。

五、基本要求

(1) 描绘出失效零件的宏观图,分析主裂纹和二次裂纹,指出裂纹源。
(2) 判断断裂类型,分析失效原因,提出改进措施。

第5章　金属材料热处理实验

5.1　钢的奥氏体晶粒度测量

一、实验目的

了解奥氏体晶粒大小和晶粒级别的含义,掌握奥氏体晶界显示方法,并能够进行钢的奥氏体晶粒度的测量。

二、基本原理

1. 晶粒度的测定方法

钢加热时的奥氏体晶粒度是影响热处理质量的重要因素,直接影响冷却转变后的组织和力学性能。一般来说,奥氏体化的温度过高或在高温下保温时间过长,将使钢的奥氏体晶粒长大,显著降低钢的冲击韧性,提高韧脆转变温度。此外,晶粒粗大的钢件淬火变形和开裂倾向大。

奥氏体晶粒大小通常以单位面积内晶粒的数目或以每个晶粒的平均面积与平均直径来描述。实际生产中晶粒度的测定,按GB394—1986的规定,借助金相显微镜在放大100倍下与标准评级图片(图5.1)进行比较,从而确定晶粒度级别N。通常 1~4 号为粗晶粒,5~8 号为细晶粒,八级以外的晶粒谓之超粗或超细晶粒。如果晶粒度级别为N,放大100倍下每平方英寸($6.45\ cm^2$)面积内的晶粒个数为n,则它们之间的关系是

$$n = 2^{N-1} \tag{5.1}$$

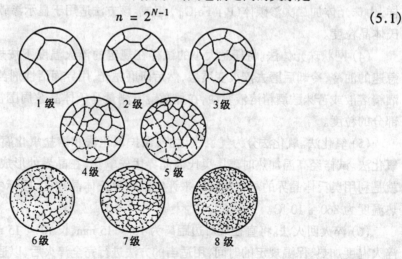

图5.1　八级奥氏体晶粒度标准

根据式(5.1)在放大100倍的条件下知道每平方英寸内的晶粒个数,就可以计算出晶粒度的级别。

完成晶粒度检验报告时,如果90%以上的晶粒属于同一个级别,可以用单一号数的晶粒度表示。否则,在记录时可以跨两个或三个晶粒度级别表示钢的晶粒度。如4~5, 7~5等,前一个数字是占主要比例的晶粒度。

2. 奥氏体晶粒的显示方法

由于奥氏体室温下一般不能稳定存在,可能转变为其他组织,所以要在室温下测定钢的奥氏体晶粒度,就得设法把高温存在的奥氏体晶界固定下来,并在室温下显露。下面分别介绍几种奥氏体晶界的显示方法。

(1) 网状铁素体法。根据 Fe–C 合金相图和热处理原理的相关知识,亚共析钢加热到 Ac_1 以上温度后,在空气中冷却时超过临界温度区域会沿奥氏体晶粒边界析出铁素体网。因此,室温下可以根据围绕在奥氏体转变为 P(或其他组织)晶粒周围的网状先共析铁素体测定钢的晶粒度。对于中碳钢($w_C = 0.25\% \sim 0.60\%$)和中碳合金钢,如果无特殊规定,则其 $w_C \leq 0.35\%$ 的试样可在 900 ± 10 ℃下加热,$w_C > 0.35\%$ 的试样可在 860 ± 10 ℃下加热,两者均需保温 30 min 以上,然后鼓风空冷或水冷。上述温度范围内,碳质量分数较高的中碳钢或合金钢试样需要调整冷却方式,以便在奥氏体晶界上析出清晰的铁素体网。建议在空冷或水冷前先将温度降至 730 ± 10 ℃,保温 20 min,随后再冷却。

(2) 网状渗碳体法。对于 $w_C > 1.0\%$ 的过共析钢,如果无特殊规定,其试样均在 820 ± 10 ℃下加热,保温 30 min 以上,然后随炉缓慢冷却到 A_1 温度以下,以便沿奥氏体晶界析出网状的二次渗碳体。然后对试样表面研磨抛光,腐蚀后,便可显现出沿晶界析出渗碳体网的原奥氏体晶粒形貌。

(3) 渗碳法。将低碳钢试样在 40%$BaCO_3$ 和 60% 的木炭渗剂中加热到 930 ± 10 ℃,保温 6 h,使试样上有至少 1 mm 厚的渗碳层,并使表面具有过共析成分,然后随炉缓冷至 600 ℃ 时出炉空冷,在渗碳层过共析晶区上形成连续的网状碳化物。其组织与过共析钢一样,由珠光体加二次渗碳体($P + Fe_3C_{II}$)组成。该方法适用于显示渗碳体钢(如20钢)的奥氏体晶粒度。

(4) 网状珠光体法。将任意大小的试样在规定的淬火温度下按规定的时间保温之后急速的油冷,冷却后磨去淬火变质层,然后研磨抛光,用界面活性剂苦味酸饱和溶液、硝酸酒精溶液或苦味酸酒精溶液腐蚀,在显微镜下测量马氏体晶粒周围被少量珠光体所包围部分的粒度。

(5) 氧化法。氧化法分为气氛氧化法、保护氧化法和熔盐氧化腐蚀法。一般采用气氛氧化法。试样经高温加热时表层奥氏体晶界优先氧化,在晶界处形成氧化物网络,氧化法就是利用奥氏体晶界的氧化物网络来评定钢的奥氏体晶粒度。国标中规定氧化法实验加热温度为 860 ± 10 ℃。

(6) 淬火回火法。将直径或对边距离为 10~15 mm、长 10~15 mm 的试样,按规定的淬火温度加热,保温规定的时间,用适当的方法进行完全淬火后,以适当的温度回火 1 h 以上,随后进行冷却,冷却后将试样表面研磨抛光,腐蚀,在显微镜下测量晶粒度。

三、主要仪器及材料

仪器：箱式电阻炉；台式金相显微镜；抛光机；晶粒度标准样片。

材料：T12钢、20钢、45钢试样；盐酸、酒精、苦味酸、双氧水、硝酸等化学试剂；砂纸、抛光剂等。

四、实验方法及过程

（1）对于亚共析钢20钢和45钢采用网状铁素体法测量奥氏体晶粒度，对于过共析钢T12钢采用网状渗碳体法测量奥氏体晶粒度。

（2）拟定各种钢的热处理工艺

①20钢热处理工艺：加热温度为900 ± 10 ℃，保温1 h后炉冷到730 ± 10 ℃，保温20 min，然后水冷。

②45钢热处理工艺：加热温度为860 ± 10 ℃，保温1 h后炉冷到730 ± 10 ℃，保温20 min，然后水冷。

③T12钢热处理工艺：加热温度为820 ± 10 ℃，保温1 h后炉冷到680 ± 10 ℃，保温30 min，然后空冷。

（3）根据拟定的热处理工艺对各个试样进行相应热处理，并对热处理后的试样利用金相砂纸进行磨制，抛光，采用4% 硝酸酒精溶液进行腐蚀，以显示沿晶界分布的网状组织。

（4）利用金相显微镜对制备好的试样进行晶粒度的测量，并记录。

（5）对实验数据进行整理。

五、思考题

（1）说明奥氏体晶粒长大的原因？
（2）影响奥氏体晶粒长大的因素有哪些？

5.2 钢的淬透性测量

一、实验目的

进一步理解淬透性的概念，了解淬透性的影响因素，掌握如何利用末端淬火法测定钢的淬透性，同时了解钢的淬透性的其他测定方法。

二、基本原理

1. 淬透性的概念

钢的淬透性是指奥氏体化后的钢在淬火时获得马氏体的能力，其大小用钢在一定条件下淬火获得的淬透层的深度表示。一定尺寸的工件在某种介质中淬火，其淬透层的深度与工件截面各点的冷却速度有关。如果工件截面中心的冷却速度高于钢的临界淬火速度，工件就会淬透。但是在工件淬火时,工件的表面冷却速度最大,心部冷却速度最小,由表面到心部冷却速度逐渐降低,见图5.2(a)。只有冷却速度大于临界淬火速度的工件外层部分才能得到马氏体,见图5.2(b)中的阴影部分,具有高硬度马氏体组织层就是工件的淬透层。心部的冷却速度小于临界淬火速度,所以心部得到的是非马氏体组织,这个区域称为工件的未淬透区。

淬透性是钢的一种属性,表示钢淬火时获得马氏体的难易程度,它与钢的临界冷却速度有关,而临界冷却速度又反映了钢的过冷奥氏体的稳定性。对于同一种钢,如果其奥氏体化温度不变,则其淬透性也是确定不变的。

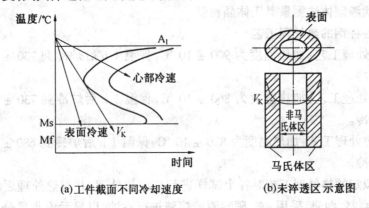

(a)工件截面不同冷却速度 (b)未淬透区示意图

图 5.2 工件截面不同冷却速度与未淬透区示意图

2.淬透性的测定方法

淬透性的测定方法有临界淬火直径法、末端淬火法、断口检验法和U曲线法。这里只介绍末端淬火法。

图5.3(a)为末端淬火法测定钢的淬透性的示意图。采用$\phi 25 \times 100$ mm的标准试样,试验时将试样加热至规定温度奥氏体化后,迅速放入淬火装置中喷水冷却。喷水是从试样的末端开始,所以试样末端冷却速度最大,随着距末端距离的增加,冷却速度逐渐减小。其组织和硬度也会发生相应的变化。试样末端至喷水口的距离为12.5 mm。喷水口的内径为12.5 mm,水温为20~30 ℃,水柱自由高度调整为65±5 mm。规定这些参数是为了保证冷却条件恒定不变。将冷却后的试样沿其轴线方向相对两侧面各磨去0.2~0.5 mm,然后从

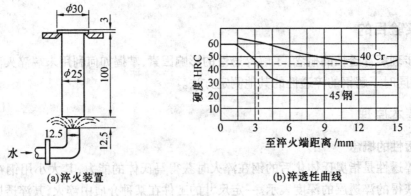

(a)淬火装置 (b)淬透性曲线

图 5.3 末端淬火法示意图

试样末端起每隔1.5 mm测量一次硬度。根据测得的数值绘制硬度与测量点距末端距离的关系曲线,这就是钢的淬透性曲线,如图5.3(b)所示。根据图5.3(b)可知,淬透性高的钢,硬度下降趋势较为平坦,而淬透性低的钢,硬度呈急剧下降的趋势。根据钢的淬透性曲线,可以直接测定出距离末端一定距离的硬度值。

三、主要仪器及材料

箱式电阻炉;硬度计;淬火装置;标准试样(45、40Cr或40钢),金相显微镜;砂纸;腐蚀剂;砂轮机;抛光机。

四、实验过程

(1)指导教师讲解钢淬透性的具体测定方法,明确实验过程;领取一套试样,将每个试样打上钢号,以免混淆。

(2)根据实验材料的淬火加热温度,首先将热处理炉炉温升高到规定温度,将试样放入炉内进行加热保温,保温后从炉中取出试样放在淬火装置中进行末端喷水淬火。淬火后将试样沿轴线方向相对应的两个表面用砂轮磨去0.2~0.5 mm,磨出平面,并距水冷端每隔1.5 mm测一个硬度值,将所测得的数据填入表5.1中,同时绘制硬度-距离关系曲线,即淬透性曲线。

表5.1 端淬实验数据表

距水冷端距离/mm		1.5	3.0	4.5	6.0	7.5	9.0	12.0	15.0	18.0
硬度值HRC	45钢									
	40钢									
	40Cr									

(3)对于测完淬透性曲线的试样进行金相试样制备,在光学显微镜下测出水冷端距半马氏体区的距离,即为此钢的淬透性。

(4)在洛氏硬度计上测出水冷端表面的硬度值,即为淬硬性。

五、基本要求

(1)根据实验数据绘制出两种钢的淬透性曲线。

(2)注意事项。

①由炉中取出试样时动作要迅速,放入淬火支架孔中立即喷水冷却,淬火时间一般为10~15 min;②喷出的水柱应只与试样端部表面接触,而不应喷在圆柱体侧面上。水压应保持稳定,以保证喷出的水柱高度基本不变,冷却均匀;③在磨制试样两侧的平面时要及时进行冷却,以防产生回火现象,影响硬度测定的准确性;④每次取试样时炉门打开时间不要过长,以免温度下降过多,影响下一步操作;⑤操作时要明确分工,相互配合,动作要协调,以保证整个操作过程的顺利完成。

六、思考题

试分析淬透性与淬硬性的区别以及淬透性的主要影响因素。

5.3 碳钢退火、正火后的组织观察与分析

一、实验目的

观察和研究碳钢经不同退火处理、正火处理后显微组织的特点,并了解退火、正火的应用领域。

二、基本原理

热处理工艺是指通过加热、保温和冷却来改变材料组织,以获得所需性能的方法。退火和正火通常作为预备热处理。

1. 退火

将钢材或钢件加热到适当温度,保温一定时间后缓慢冷却,以获得接近平衡状态组织的热处理工艺,称为钢的退火。退火的工艺方法有很多种,其中包括完全退火、不完全退火、球化退火和去应力退火等。在实际生产中,经常采用退火作为预备热处理工序,安排在铸造、锻造等热加工之后,切削加工之前,为下一道工序作组织和性能上的准备。

(1) 完全退火。完全退火是将亚共析钢件加热到 Ac_3 + (30 ~ 50)℃,保温后在炉内缓慢冷却的工艺方法。用于各种亚共析钢的铸件、锻件、焊接件及热轧型材,主要为了消除毛坯件中的魏氏组织、带状组织等组织缺陷、调整硬度,改善切削加工性能。也可以作为一些不重要结构件的最终热处理。

(2) 不完全退火。不完全退火是将亚共析钢加热到 Ac_1 ~ Ac_3,过共析钢加热到 Ac_1 ~ Ac_m,保温后缓慢冷却的方法。应用于晶粒并未粗化的中、高碳钢和低合金钢锻轧件等,主要目的是降低硬度、改善切削加工性、消除内应力。它的优点是加热温度低,消耗热能少,降低工艺成本。

(3) 球化退火。球化退火是将过共析钢件加热到 Ac_1 + 20 ℃ 左右,保温一定时间后以适当的方式冷却使钢中的碳化物球状化的工艺方法。用于高碳工具钢和轴承合金钢,其目的在于降低硬度、改善切削加工性、改善组织、提高塑性等。

(4) 去应力退火。去应力退火是将钢件加热到相变点以下的某一温度,保温一定时间后缓慢冷却的工艺方法。其目的是为了消除由于冷热加工所产生的残余应力。一般碳钢和低合金钢加热温度为 550 ~ 650 ℃,而高合金钢一般为 600 ~ 700 ℃,保温一定时间(一般按 3 min/mm 计算),然后随炉缓慢冷却(≤ 100 ℃/h)至 200 ℃ 出炉。对于铸铁件一般加热到 500 ~ 550 ℃,不能超过 550 ℃,因为超过 550 ℃ 以后铸铁中的珠光体要发生石墨化。

(5) 扩散退火。扩散退火又称均匀化退火,用于合金钢锭和铸件,以消除枝晶偏析,使成分均匀化。扩散退火是把铸锭或铸件加热到略低于固相线以下某一温度,通常为 Ac_3 或 Ac_m + (150 ~ 300)℃,长时间保温后随炉缓慢冷却的一种热处理工艺方法。一般碳钢采用 1 100 ~ 1 200 ℃,合金钢采用 1 200 ~ 1 300 ℃,保温时间为 10 ~ 15 h。

2. 钢的正火

正火是将钢材加热到临界点 Ac_3 或 Ac_m + (30 ~ 50)℃,保持一定时间后在空气中冷

却得到珠光体类组织的热处理工艺。

由于正火冷却速度较快,过冷度较大,因而发生伪共析组织转变,使组织中珠光体量增多,且珠光体的层片厚度减小,通常获得索氏体组织。力学性能高于退火组织,而且操作简便,生产周期短,能量耗费少,所以从经济的角度考虑,在能满足性能要求的前提下应尽量采用正火代替退火处理。根据正火的工艺特点主要用于提高硬度改善低碳钢和低碳合金钢的切削加工性;作为中碳钢或中碳合金钢的普通结构零件的最终热处理;作为中碳和低合金结构钢重要零件的预备热处理;消除过共析钢中的网状二次渗碳体,为进一步的球化退火作好组织准备。

3. 退火与正火保温时间的确定

在装炉量不太大时,可用下式计算保温时间

$$\tau = KD \tag{5.2}$$

式中,K 为加热系数,一般 $K = 1.5 \sim 2.0$ min/mm;D 为工件有效尺寸。在装炉量很大时,可以根据手册中提供的数据参考确定。

4. 碳钢退火、正火后的显微组织

亚共析碳钢一般采用完全退火,经退火后可得接近于平衡状态的组织。具体组织图片可见平衡组织观察实验。过共析碳素工具钢则采用球化退火,T12钢经球化退火后组织为球状P。二次渗碳体和珠光体中的渗碳体都呈球状(或粒状),如图5.4(a)所示。球状P是F基体上分布的颗粒状 Fe_3C,F基体上白色小颗粒为 Fe_3C。

碳钢正火后的组织比退火的细,并且亚共析钢的组织中细珠光体(索氏体)的质量分数比退火组织中的多,并随着碳质量分数的增加而增加。45钢正火组织为 F + S,如图5.4(b)所示。其中白色条状为 F,沿晶界析出;黑色块状为 S。正火冷速快 F 得不到充分析出,质量分数少,进行共析反应的 A 增多,析出的 P 多而细。

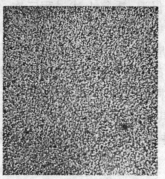
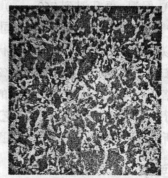

(a) T12钢球化退火　　　　　　　　(b) 45钢正火

图 5.4　碳钢热处理后的金相组织(450×)

三、主要仪器及材料

箱式电阻加热炉、管式电阻加热炉及控温仪表;布氏、洛氏硬度试验机;砂轮机、试样切割机、试样镶嵌机、抛光机;金相显微镜;钳子、铁丝;45钢、T8钢和T12钢试样。

四、实验过程

(1) 领取45钢、T8钢和T12钢各一个试样,根据试样上的标号对应表5.2确定相应的热处理工艺方法。

表5.2 试样的处理工艺

试样号码	钢号	热处理工艺	浸蚀剂	建议放大倍数
1	45	完全退火	4%硝酸酒精溶液	200~450
2	45	正火	4%硝酸酒精溶液	200~450
3	T12	不完全退火	4%硝酸酒精溶液	200~450
4	T12	正火	4%硝酸酒精溶液	200~450
5	T12	球化退火	4%硝酸酒精溶液	200~450
6	T8	正火	4%硝酸酒精溶液	200~450

(2) 拟定六个热处理工艺

①45钢完全退火工艺。加热温度为860±10 ℃,根据试样有效尺寸计算保温时间,保温后炉冷到600 ℃左右出炉空冷。②45钢正火工艺。加热温度为860±10 ℃,根据试样有效尺寸计算保温时间,保温后出炉空冷。③T8钢正火工艺。加热温度为820±10℃,根据试样有效尺寸计算保温时间,保温后出炉空冷。④T12钢正火工艺。加热温度为780±10 ℃,根据试样有效尺寸计算保温时间,保温后出炉空冷。⑤T12钢不完全退火工艺。加热温度为780±10 ℃,根据试样有效尺寸计算保温时间,保温后随炉冷到600 ℃左右出炉空冷。⑥T12钢球化退火工艺。加热温度为760±10 ℃,根据试样有效尺寸计算保温时间,保温后随炉冷到680 ℃保温,再升温到760±10 ℃,保温。重复上述过程三次,然后随炉冷到500 ℃出炉空冷。本工艺的保温时间均相同。

(3) 根据拟定的热处理工艺对试样进行相应的热处理工艺过程,然后利用金相砂纸对热处理后的试样进行磨制、抛光,并用4%的硝酸酒精溶液进行腐蚀制得金相试样。

(4) 利用洛氏硬度机对所有热处理后的试样进行硬度测试,并利用金相显微镜对各个金相试样进行组织观察,分析热处理工艺对其组织的影响。

(5) 画出所观察到的典型组织形态示意图,并标明组织名称、热处理条件及放大倍数等。

五、基本要求

对于周期长的热处理工艺可以实验课前教师提前完成,上实验课期间,给学生讲明热处理工艺参数的确定方法和具体参数数值,其他部分直接让学生制备金相试样进行微观组织观察。

六、思考题

45钢调质处理得到的组织和T12球化退火得到的组织在本质、形态、性能和用途上有何差异?

5.4 碳钢淬火、回火后的组织观察与分析

一、实验目的

观察和研究碳钢经不同淬火、回火后显微组织的特点,分析冷却条件、淬火温度对钢组织的影响;了解热处理工艺对碳钢硬度的影响。

二、基本原理

1. 钢的淬火

将钢奥氏体化后以大于临界冷却速度的速度进行冷却,获得马氏体或下贝氏体组织的热处理工艺,称为淬火。钢淬火的主要目的是为了获得马氏体,提高它的硬度和强度。例如,各种高碳钢和轴承合金钢的淬火,就是为了获得马氏体组织,以提高工件的硬度和耐磨性。

(1) 淬火温度的选择。根据钢的相变临界点选择淬火加热温度,主要以获得细小均匀的奥氏体为主,一般原则是:亚共析钢为 Ac_3 + (30~50)℃,共析钢和过共析钢为 Ac_1 + (30~50)℃。选择淬火温度时,还应考虑淬火工件的性能要求、原始组织状态、形状及尺寸等因素。如果淬火温度选择不当,淬火后得到的组织也不能达到要求。

(2) 保温时间。保温的目的是使钢件透热,使奥氏体充分转变并均匀化。保温时间的长短主要根据钢的成分、加热介质和零件尺寸决定,计算公式为

$$\tau = \alpha KD \tag{5.3}$$

式中,α 为加热系数;K 为装炉系数;D 为有效尺寸,mm。

(3) 淬火冷却介质。钢在加热获得奥氏体后需要选用适当的冷却介质进行冷却,获得马氏体组织。常用的冷却介质有油、水、盐水、碱水等,其冷却能力依次增加,但是这些冷却介质都存在不同的缺点。目前又发展了一些新型的冷却介质,克服了以前常用介质的弱点,尽量接近于理想的淬火介质。

(4) 淬火后的组织。亚共析钢淬火后得到马氏体组织,马氏体组织为板条状或针状,低碳钢淬火后的组织在光学显微镜下,其形态为一束束相互平行的细条状马氏体群。在一个奥氏体晶粒内可有几束不同取向的马氏体群,每束条与条之间以小角度晶界分开,束与束之间具有较大的位向差。

中碳钢经正常淬火后将得到细针状马氏体和板条状马氏体的混合组织。由于马氏体针非常细小,在显微镜下不易分清。

共析钢和过共析钢在等温淬火后得到贝氏体组织,如 T8 钢在 550~350℃ 及 350℃~Ms 内等温淬火,过冷奥氏体将分别转变为上贝氏体和下贝氏体。上贝氏体是由成束平行排列的条状铁素体和条间断分布的渗碳体组成的片层状组织;当转变量不多时,在光学显微镜下可看到成束的铁素体由奥氏体晶界向内伸展,具有羽毛状特征,如图 5.5(a) 所示。下贝氏体是在片状铁素体内部沉淀有碳化物的组织;由于易受浸蚀,所以在显微镜下呈黑色针状特征,如图 5.5(b) 所示。

共析钢和过共析钢在淬火后得到马氏体组织,如 T8 钢淬火后除得到针状马氏体外,

还有较多的残余奥氏体。高碳马氏体呈片状,片间互成一定角度。在一个奥氏体晶内,第一片形成的马氏体较粗大,往往贯穿整个奥氏体晶粒,将奥氏体加以分割,以后形成的马氏体针状则受其限制逐渐变小而成片状,并且有长短粗细之分,如图 5.5(c) 所示。

(a) 上贝氏体　　　　　(b) 下贝氏体　　　　　(c) 马氏体

图 5.5　T8 钢的淬火组织(450×)

2. 钢的回火

回火是将经过淬火的零件加热到临界点 Ac_1 以下的适当温度,保持一定时间后,采用适当的冷却方式进行冷却,以获得所需的组织和性能的热处理工艺。回火主要是消除内应力,获得所要求的力学性能以提高尺寸和稳定性等。根据回火温度的不同回火可分为低温回火、中温回火和高温回火三种。并且淬火钢经不同温度回火后所得到的组织也不相同,低温回火得到回火马氏体,中温回火得到回火屈氏体,高温回火得到回火索氏体。具体组织形态如下:

(1) 回火马氏体。回火马氏体是从淬火马氏体内脱溶沉淀析出高度弥散的碳化物质点的组织。回火马氏体仍保持针状特征,但容易受浸蚀,呈暗黑色的针状组织。并且回火马氏体具有高的强度和硬度,同时韧性和塑性也较好。45 钢经淬火 + 低温回火后的组织如图 5.6(a) 所示。

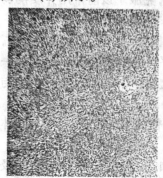
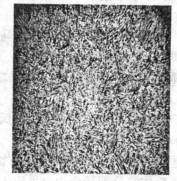
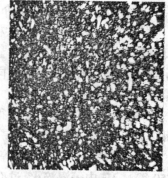

(a) 淬火+低温回火　　　(b) 淬火+中温回火　　　(c) 淬火+高温回火

图 5.6　45 钢淬火后不同回火后的显微组织(450×)

(2) 回火屈氏体。回火屈氏体是在铁素体基体上弥散分布着微小渗碳体的组织。回火屈氏体中的铁素体仍然保持原来针状马氏体的形态,渗碳体则呈细小的颗粒状。这种组织具有较好的强度和硬度,尤其具有非常高的弹性性能。45 钢经淬火 + 中温回火后的组织如图 5.6(b) 所示。

(3) 回火索氏体。回火索氏体是由颗粒状渗碳体和多边形的铁素体组成的组织。回火索氏体具有强度、韧性和塑性较好的综合机械性能。45 钢经淬火 + 高温回火后的组织如图 5.6(c) 所示。

三、主要仪器及材料

箱式电阻加热炉;管式电阻加热炉及控温仪表;金相显微镜;布氏、洛氏硬度试验机;砂轮机;试样切割机;试样镶嵌机;抛光机;金相砂纸等;钳子;铁丝 45 钢;T12 钢试样若干个。

四、实验过程

(1) 领取一套试样,根据试样上的标号对应表 5.3 确定相应的热处理工艺方法。

(2) 拟定热处理工艺,加热温度和淬火冷却方式按照表 5.3 中给定的实施,淬火加热保温时间根据给定试样的尺寸,依据式 5.3 计算求得,回火保温时间均采用 1 h,回火后均采用空冷方式。

(3) 根据拟定的热处理工艺对试样进行相应的热处理工艺过程,然后利用金相砂纸对热处理后的试样进行磨制、抛光,并用 4% 的硝酸酒精溶液进行腐蚀,制得金相试样。

(4) 利用洛氏硬度机对所有热处理后的试样进行硬度测试,测试结果记录于表 5.4 中。并利用金相显微镜对各个金相试样进行组织观察,分析热处理工艺对其组织的影响。

(5) 画出所观察到的典型组织示意图,并标明组织名称、热处理条件及放大倍数等。

表 5.3 试样的处理工艺

试样号码	钢号	热处理工艺	浸蚀剂	建议放大倍数
1	45	860℃ 加热、油淬	4% 硝酸酒精溶液	450 ~ 600
2	45	860℃ 加热、水淬	4% 硝酸酒精溶液	450 ~ 600
3	45	860℃ 水淬、200℃ 回火	4% 硝酸酒精溶液	450 ~ 600
4	45	860℃ 水淬、400℃ 回火	4% 硝酸酒精溶液	450 ~ 600
5	45	860℃ 水淬、600℃ 回火	4% 硝酸酒精溶液	450 ~ 600
6	T12	1 000℃ 加热、水淬	4% 硝酸酒精溶液	450 ~ 600
7	T12	780℃ 加热、水淬	4% 硝酸酒精溶液	450 ~ 600

表 5.4 不同热处理试样的硬度值

材料及热处理状态	测得硬度数据/HRC
45 钢经 860℃ 加热、油淬	
45 钢经 860℃ 加热、水淬	
45 钢经 860℃ 水淬、200℃ 回火	
45 钢经 860℃ 水淬、400℃ 回火	
45 钢经 860℃ 水淬、600℃ 回火	
T12 钢经 1000℃ 加热、水淬	
T12 钢经 780℃ 加热、水淬	

五、基本要求

在实验报告中分析冷却方法及回火温度对碳钢性能(硬度)的影响,画出回火温度同硬度的关系曲线,并阐明硬度变化的原因。

六、思考题

(1) 45 钢淬火后硬度不足,如何用金相分析来断定是淬火加热温度不足还是冷却速度不够?

(2) 指出下列工件的淬火及回火温度,并说明回火后所获得的组织。
① 45 钢的小轴;② 60 钢的弹簧;③ T12 钢的锉刀

5.5 高速钢热处理后的组织观察与分析

一、实验目的

掌握高速钢热处理的主要特点,热处理后的组织状态及性能变化。

二、基本原理

1. 高速钢铸态的显微组织

如图 5.7 所示,黑色组织为 δ 共析相;白色组织是马氏体和残余奥氏体;鱼骨状组织是共晶莱氏体。高速钢铸态的显微组织中合金相比较多,碳化物粗大,且很不均匀,不能直接使用,必须进行反复锻造,锻造后还须进行退火。退火的目的:① 消除锻造应力,降低硬度便于切削加工;② 为淬火组织做好组织上的准备,因为原为马氏体、屈氏体或索氏体的高速钢未经退火,淬火时可能引起萘状断口。退火温度宜为 860 ~ 880 ℃,温度再高会使奥氏体中合金成分增多,奥氏体稳定性增大,不易分界软化,加热时间为 3 ~ 4 h,时间过长将使 Fe、W、C 转变成稳定的碳化物,淬火加热时,不易溶入奥氏体。为了缩短退火时间,一般采用等温退火,即 860 ~ 880 ℃ 加热 3 ~ 4 h,炉冷到 700 ~ 750 ℃ 等温 4 ~ 6 h,锻造退火组织:在索氏体基体上分布着粗大的初生碳化物和较细的次生碳化物(碳化物呈白亮点),如图 5.8 所示。

图 5.7 W18Cr4V 钢铸态显微组织(450 ×)

图 5.8 W18Cr4V 锻造退火组织(450 ×)

2. 高速钢淬火工艺的特点

主要是淬火加热温度高,目的是尽可能多地使碳和铬溶入奥氏体。由于钢中大量难溶的过剩碳化物能有力地阻止晶粒长大,可以允许很高的淬火加热温度。由于钢中的合金元素含量较高导热性差,加热的时间长,所以可进行预热或分级加热,这样可以减少开裂倾向,也可以减少产品在高温加热时的氧化,高速钢的淬火方法有油淬、分级、等温、空冷等。以 W18Cr4V 为例,淬火温度在 1 270 ~ 1 290 ℃,淬火组织是由(60% ~ 70%)马氏体和(25% ~ 30%)残余奥氏体及接近 10% 的加热时未溶的碳化物组成,晶粒度 9 ~ 10 级,硬度 HRC63 ~ 64。当淬火温度不足,在 1 240 ~ 1 260 ℃ 时,表现为奥氏体晶界不明显,碳化物大部分未溶入奥氏体,晶粒度为 11 ~ 12 级,硬度 HRC62 ~ 63。当淬火温度过高,在 1 300 ~ 1 310 ℃ 时,碳化物数量减少,晶粒度 7 ~ 8 级,硬度 HRC64 ~ 65。当淬火加热温度达 1 320 ℃ 左右时,晶界开始熔化,出现共晶莱氏体和 δ 共析相,此时过烧。当两次淬火之间未经充分退火时,易产生萘状断口,断口呈鱼鳞状白色闪光,即萘光,此时晶粒粗大或大小不匀。为了进一步减少变形并提高韧性,对于形状复杂,碳化物偏析严重的刀具可用等温淬火。贝氏体等温温度为 240 ~ 280 ℃,其组织为 40% ~ 50% 下贝氏体、20% 马氏体和 35% ~ 45% 残余奥氏体及未溶碳化物,如图 5.9 所示。

3. 高速钢回火工艺的特点

主要是回火温度高,回火次数多。回火温度在 560 ~ 570 ℃ 时,硬度和强度可达到最大值,这是因为由马氏体析出弥散的 W 和 V 碳化物,以及残余奥氏体在回火冷却过程中转变为马氏体产生的"二次硬化"。由于淬火后高速钢中残余奥氏体数量较多,经一次回火后仍有 10% 的未转变,要再经两次回火,才能基本转变完成。第一次回火对淬火马氏体起回火作用,而在回火冷却中残余奥氏体转变成马氏体时又产生了新的应力,所以需要第二次回火;而第二次回火后由于产生新的应力,还需要第三次回火进一步消除应力,有利于提高钢的强度和韧性,所以高速钢的典型回火规定是 560 ℃,回火三次,每次 1 h,回火后钢的硬度比淬火后略高,得到的组织是回火马氏体和未溶碳化物和 1% ~ 2% 的残余奥氏体,其组织如图 5.10 所示。

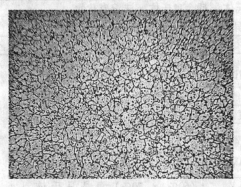 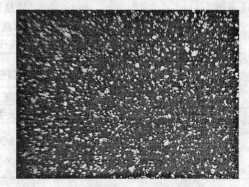

图 5.9　W18Cr4V 钢淬火组织(450×)　　图 5.10　W18Cr4V 钢淬火 + 回火后的组织(450×)

三、主要仪器及材料

加热炉;金相显微镜;洛氏硬度计;W18Cr4V 试样若干个;金相砂纸、抛光机、腐蚀剂、淬火介质等。

四、实验过程

(1) 领取6个W18Cr4V钢试样,打上号码以免混淆,同时制定工艺方案。对照表5.5选定三个淬火温度对三个试样采取淬火处理工艺方案。固定其中一个淬火温度,由表5.6中任意选择三个回火温度,对另外三个试样采取淬火+回火处理工艺方案。

(2) 根据制定的工艺方案拟定工艺参数。淬火加热温度如表5.5所示,淬火加热保温时间依据式5.3计算,保温后采用油冷。回火加热温度如表5.6所示,回火保温时间均采用1 h,回火后空冷,回火三次。

(3) 利用洛氏硬度计对所有热处理后的试样进行硬度测试,并将测试结果记录下来。

(4) 利用金相砂纸对热处理后的试样进行磨制、抛光,用4%的硝酸酒精溶液进行腐蚀制得金相试样,并利用金相显微镜对各个金相试样进行组织观察,分析淬火温度及回火温度对其组织的影响。

(5) 画出所观察的典型组织形态示意图,并标明组织名称、热处理条件及放大倍数等。

表5.5 W18Cr4V高速钢金相试样的显微组织

序号	淬火温度/℃	显微组织
1	1 220	隐晶马氏体+残余奥氏体+未溶碳化物(奥氏体晶粒不明显、碳化物极少部分溶入奥氏体)
2	1 240	隐晶马氏体+残余奥氏体+未溶碳化物(奥氏体晶粒细小、碳化物大部分未溶入奥氏体)
3	1 260	隐晶马氏体+残余奥氏体+未溶碳化物(奥氏体晶粒小、碳化物部分未溶入奥氏体)
4	1 280	(60%~70%)隐晶马氏体+(25%~30%)残余奥氏体+10%未溶碳化物
5	1 290	(65%~72%)隐晶马氏体+(20%~30%)残余奥氏体+8%未溶碳化物
6	1 300	隐晶马氏体+残余奥氏体+未溶碳化物(奥氏体晶粒粗大、碳化物数量小于5%)
7	1 310	隐晶马氏体+残余奥氏体+未溶碳化物(奥氏体晶粒异常长大、碳化物聚集到晶界、呈角状)
8	1 320	晶界开始熔化、出现共晶莱氏体和δ共析相

表5.6 高速钢金相试样的显微组织

序号	材料	热处理工艺		显微组织
		淬火温度/℃	回火温度/℃	
1	W18Cr4V	1 240	200、300、400、500、560、600、650	隐晶马氏体+残余奥氏体+未溶碳化物(奥氏体晶粒不明显、碳化物大部分未溶入奥氏体)
2	W18Cr4V	1 280	200、300、400、500、560、600、650	(60%~70%)隐晶马氏体+(25%~30%)残余奥氏体+10%未溶碳化物
3	W18Cr4V	1 310	200、300、400、500、560、600、650	隐晶马氏体+残余奥氏体+未溶碳化物(奥氏体晶粒特大、碳化物聚集到晶界、呈角状)

五、基本要求

(1) 绘出硬度与不同淬火加热温度,以及与不同回火温度的关系曲线。

(2) 观察不同热处理状态的 W18Cr4V 钢的显微组织,分析在组织上如何区别铸态和过烧组织、退火和回火组织、不同温度的淬火组织、充分回火与不充分回火的组织,并分析其原因。

(3) 对于个别由于实验时间太长,试样可以在实验前处理出来,在上课期间只要求做组织观察部分的内容。

5.6 球墨铸铁热处理

一、实验目的

掌握球墨铸铁的热处理工艺和方法,并分析球墨铸铁经过不同热处理后的组织及性能特点。

二、基本原理

1. 球墨铸铁的铸态组织

球墨铸铁的正常组织是由金属基体和细小圆整的石墨球组成,在铸态条件下,金属基体通常是铁素体与珠光体的混合组织。由于二次结晶条件的影响,铁素体通常位于石墨球的周围,形成"牛眼"组织,通过不同的热处理手段,可很方便地调整球墨铸铁的基体组织。

2. 球墨铸铁的热处理工艺

(1) 退火。球墨铸铁退火的目的是去除铸态组织中自由渗碳体及获得铁素体球墨铸铁。根据组织中有无渗碳体,可采用高温石墨化退火和低温石墨化退火。高温石墨化退火是将铸件加热到 Ac_3 以上 50~100 ℃,保温时间依自由渗碳体分解速度而定,通常 2~4 h。高温石墨化退火终了时,组织由球状石墨和奥氏体组成。为使珠光体分解成铁素体和石墨,需进行低温石墨化退火,可采用两种方式:一是加热到 Ac_1 以上温度获得奥氏体基体后,缓冷到共析转变区,使奥氏体按稳定系进行共析转变,形成珠光体和石墨,如图 5.11(a) 所示。另一种方式是在 Ac_1 以下温度加热保温,使珠光体分解成铁素体和石墨,退火完成后铸件随炉冷至 550~600 ℃ 后出炉空冷,以免产生缓冷脆性。

(2) 球墨铸铁正火及调质处理。正火的目的在于增加金属基体中珠光体的含量和提高珠光体的分散度。当铸态存在自由渗碳体时,正火前必须进行高温石墨化退火,以消除自由渗碳体,此时退火温度应比铁素体球墨铸铁退火温度高约 10~20 ℃,是因为珠光体球墨铸铁中含锰量较铁素体中的高,组织中渗碳体较难分解。

根据正火温度不同,可分为高温完全奥氏体化正火(Ac_1 上限加 30~50 ℃)和部分奥氏体化正火(Ac_1 上、下限之间)。前者是以获得尽可能多的珠光体组织为目的,后者因加热温度处于奥氏体、铁素体和石墨三相共存区,仅有部分基体转成奥氏体,而剩下的部分铁素体以分散形式分布,故称部分奥氏体化正火。转变成奥氏体的部分在随后的冷却过程中转变成珠光体。正火后的组织特征为,铁素体被珠光体分割成分散状或破碎状,如图 5.11(b) 所示。这种组织使球墨铸铁在具有良好强度性能的同时又具有较高的塑韧性。

为获得珠光体组织还可采用淬火 + 高温回火的调质处理,得到回火索氏体组织,使得球墨铸铁具有高的强度及良好的韧性。其热处理过程为加热到完全奥氏体化温度后油淬,然后再加到 620 ℃ 左右回火。

(3) 球墨铸铁的表面热处理。为了提高球墨铸铁件的表面硬度和耐磨性,还可采用表面淬火、渗碳、渗硼等工艺。在生产中通常采用感应加热表面淬火的方法,球墨铸铁经表面淬火后获得基体为马氏体和大量的残余奥氏体及球状莱氏体,如图 5.11(c) 所示。由于加热温度过高,部分石墨的表层已经熔化成双壳层组织。

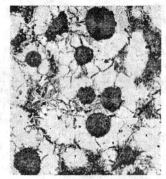  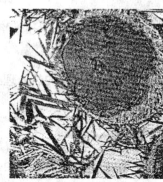

(a) 退火态　　　　　　　(b) 正火态　　　　　　　(c) 感应淬火态

图 5.11　球墨铸铁经不同热处理后的组织形貌图(450×)

球墨铸铁除了可以进行上述热处理外,还可以进行等温淬火处理。当球墨铸铁件要具有高的强度及良好韧性,即良好的机械性能时,可对球墨铸铁进行等温淬火。

三、主要仪器及材料

电阻加热炉;金相制备设备;金相显微镜;淬火冷却介质;取送试样的工具;铸态球墨铸铁件若干个。

四、实验过程

(1) 领取四个铸态球墨铸铁件,打上号防止混淆,并测量其铸态的硬度值,记录下来。

(2) 拟定四个热处理工艺

① 正火工艺:加热温度为 890 ± 10 ℃,保温时间根据试样的尺寸计算,保温后空冷。
② 调质工艺:淬火加热温度为 890 ± 10 ℃,保温时间根据试样的尺寸计算,保温后水冷。高温回火加热温度为 560 ± 10 ℃,保温 1 h,空冷。③ 等温淬火工艺:加热温度为 890 ± 10 ℃,保温时间根据试样的尺寸计算,保温后淬入等温盐浴炉中进行等温处理,等温温度为 280 ± 10 ℃,等温足够长的时间后空冷。④ 感应加热表面淬火工艺:根据现有的高频设备和实验要求确定。

(3) 根据拟定的热处理工艺对各个试样进行相应的热处理,热处理后对各试样进行硬度测试,将测试结果记录下来。

(4) 利用金相砂纸对热处理后的试样进行磨制、抛光,并用4%的硝酸酒精溶液进行腐蚀制得金相试样;并利用金相显微镜对各个金相试样进行组织观察,分析热处理工艺对组织的影响。

(5) 画出所观察到的典型组织形态示意图,并标明组织名称、热处理条件及放大倍数等。

五、基本要求

对于调质和等温淬火件,由于工艺执行时间太长,试样可以在实验前做完并准备好,课堂上只做组织观察部分的内容。

六、思考题

(1) 简述热处理工艺对球墨铸铁组织、性能的影响。
(2) 试述热处理工艺参数确定的依据。

5.7 渗碳层组织观察与分析

一、实验目的

了解低碳钢渗碳的原理及方法,掌握低碳钢渗碳层组织组成及渗碳层厚度的测量方法。

二、基本原理

1. 渗碳目的

渗碳就是将钢件放在含碳介质中进行加热、保温,使介质中的碳元素渗入工件表层,以改变其表层碳的质量分数和组织状态,以获得表层与心部不同性能的一种化学热处理工艺方法。渗碳工件的材料一般为低碳钢或低碳合金钢。渗碳后,钢件表面的化学成分可接近高碳钢。工件渗碳后还要经过淬火处理,以得到高的表面硬度、高的耐磨性和疲劳强度,并保持心部有低碳钢淬火后的强韧性,使工件能承受冲击载荷。渗碳工艺广泛用于飞机、汽车和拖拉机等的齿轮、轴、凸轮轴等。

2. 渗碳工艺

渗碳与其他化学热处理一样,也包含三个基本过程。① 分解:渗碳介质的分解产生活性碳原子。② 吸附:活性碳原子被钢件表面吸收即溶入表层奥氏体中,使奥氏体中碳的质量分数增加。③ 扩散:表面碳的质量分数增加便与心部碳的质量分数出现浓度差,表面的碳遂向内部扩散。碳在钢中的扩散速度主要取决于温度,同时与工件中被渗元素内外浓度差和钢中合金元素含量有关。

工件渗碳淬火后的表层显微组织主要为高硬度的马氏体加上残余奥氏体和少量碳化物,心部组织为韧性好的低碳马氏体或含有非马氏体的组织,但应避免出现铁素体。一般渗碳层深度为0.8~1.2 mm,深度渗碳时可达2 mm或更深。表面硬度可达HRC58~63,心部硬度为HRC30~42。渗碳淬火后,工件表面产生压缩内应力,对提高工件的疲劳强度有利。因此渗碳被广泛用以提高零件强度、冲击韧性和耐磨性,借以延长零件的使用寿命。Q235 钢渗碳后的金相组织如图 5.12 所示,渗层为回火马氏体组织,心部为铁素体 + 低碳马氏体组织。

(a) 渗碳层组织

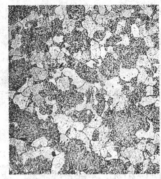
(b) 心部组织

(c) 过渡层组织

图 5.12　渗碳件的显微组织图片(450×)

3. 渗碳种类

按渗碳介质的状态不同,渗碳可分为固体渗碳、液体渗碳和气体渗碳。

(1) 固体渗碳。把零件埋在装满固体渗碳剂(主要成分是木炭,并有碳酸钠、碳酸钡等作催渗剂)的容器中加热,在高温下通过碳与催渗剂的化学反应分解出活性碳原子,渗入零件表面。固体渗碳可以在各种加热炉中进行,简单易行,但质量不易控制,周期长,劳动条件差。

(2) 液体渗碳。把零件浸入熔融盐浴中进行,盐浴的主要成分有氰化钠、氯化钠、碳酸钠和氯化钡等。渗层是由盐浴的成分和温度的调节来控制。一般薄层渗碳多采用低温(850～900 ℃)、低浓度氰化物盐浴。深层渗碳多采用较高温度(900～950 ℃),氰化物含量为 6%～16%。另一种是无氰液体渗碳,主要盐浴成分是氯化钠、氯化钾和碳酸钠,加上经过加工制作的渗碳剂:炭粉、碳化硅和尿素。

(3) 气体渗碳。把零件放入密封的渗碳炉中,在渗碳介质中用吸热式气体作为运载气体,用天然气或丙烷作为富化气。也可采用滴注式液体渗碳剂,以煤油、苯、丙酮或醋酸乙酯作为强渗剂,用甲醇、乙醇作为稀释剂。这些液体滴入炉内后在高温下汽化、分解产生成分稳定的渗碳气体。气体渗碳设备主要有两种:一种是连续式推杆无罐炉,另一种是周期式密封箱式炉和井式炉。滴注式渗碳多用于井式炉,也可用于周期式密封箱式炉。气体渗碳的最大优点是,可以通过控制系统控制富化气送入量或渗剂的滴入量,以改变炉气的碳势,从而控制零件表面的碳质量分数。气体渗碳适用于大批量生产,易于控制质量和自动化,劳动条件好。

4. 渗碳层厚度的测量

渗碳层厚度的测量可以采用带有刻度尺的金相显微镜进行,测量时以表面到半马氏体区的垂直距离为渗碳层的厚度。

三、主要仪器及材料

带有刻度尺的金相显微镜;渗碳后试样;金相砂纸;腐蚀剂及金相试样的制备设备。

四、实验步骤

（1）先将渗碳件进行镶嵌防止在磨制过程中导致深层脱落，然后在洛氏硬度计上打断面硬度，打硬度时沿着由表面到中心的径向打，记录硬度数值，分析其硬度的变化规律。

（2）利用金相砂纸磨制试样、抛光，并用4%硝酸酒精溶液腐蚀制备金相试样。

（3）利用金相显微镜进行渗碳层厚度的测量和金相组织的观察分析。具体步骤是：利用低倍镜观察渗碳层，并测其厚度，同时在较大的视野范围内寻找渗碳层、过渡层和基体部位的典型组织。然后再用中、高倍镜对各个区域的典型组织进行仔细观察、分析。

（4）拍摄各区的金相照片，分析渗碳层的组织组成，标出渗碳层的厚度。

五、思考题

渗碳的目的是什么？影响渗碳层厚度的因素有哪些？

5.8 高频感应加热表面淬火

一、实验目的

了解感应加热的基本原理以及电流透入深度与电流频率之间的关系；了解淬硬层深度的测定方法；掌握高频感应加热淬火工艺参数的选取方法和高频感应加热淬火的主要特点及应用。

二、基本原理

1.感应加热的基本原理

感应加热的原理如图5.13所示。把零件放在纯铜管做成的感应器内(铜管中通水冷却)，使感应器通过一定频率的交流电以产生交变磁场。结果在零件内产生频率相同、方向相反的感应电流，称为"涡流"。涡流在零件截面上分布是不均匀的，表面密度大，中心密度小。电流的频率越高，涡流集中的表面层的密度就越大，这种现象称为"集肤效应"。由于钢本身具有电阻，因而集中于零件表面的涡流由于电阻热把表面层迅速加热到淬火温度，而

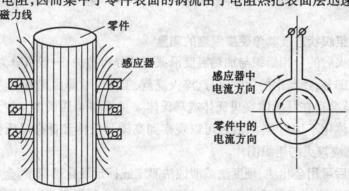

图5.13 感应加热原理示意图

心部温度不变。所以在随即喷水(合金钢浸油淬火)冷却后,零件表面层被淬硬。交流电的频率越高,集肤效应越显著。故感应加热深度 δ 就越薄,因此感应加热深度 δ(mm)与电流频率 f(Hz)之间有一定关系。对中碳及中碳合金钢来说,在淬火温度下可采用 $\delta = 500 \sim 600/f^{1/2}$(mm)的经验公式。

2. 感应加热设备的选取

在生产中,根据对零件表面有效淬硬深度的要求,选择合适频率的感应加热设备。

(1) 高频感应加热。电流频率为 200～300 kHz,有效淬硬深度为 0.5～2 mm,主要用于要求淬硬层较薄的中、小型零件,如小模数齿轮、中小型轴等。

(2) 中频感应加热。电流频率为 500～10 000 kHz,常用的频率为 2 500 Hz 和 800 Hz,有效淬硬深度为 2～10 mm,主要用于淬硬层要求较深的零件,如直径较大的轴类、中等模数的齿轮、大模数齿轮等。

(3) 工频感应加热。电源频率为 50 Hz,有效淬硬深度为 10～20 mm,主要用于大直径零件(轧辊、火车车轮等)的表面淬火,也可用于较大直径零件的加热。

(4) 超音频感应加热。电流频率一般为 20～40 kHz,高于音频,故称超音频,淬硬层略高于高频,而且沿零件轮廓均匀分布,对用高、中频感应加热难以实现表面淬火的零件有重要作用,适用于中小模数齿轮、花链轴、链轮等。

3. 感应加热的特点

与普通加热淬火比较,感应加热表面淬火有以下特点:

(1) 加热速度极快,一般只需几秒到几十秒就可把零件加热到淬火温度。这样,在相变过程中铁和碳原子来不及扩散,因而珠光体转变为奥氏体的相变温度升高,且相变温度范围扩大,通常比普通加热淬火高几十度。

(2) 加热时间短,奥氏体晶粒细小均匀,淬后可获得极细马氏体,零件硬度比普通淬火高 2～3HRC,且脆性较低。

(3) 淬后零件表面层存在的残余压应力,可提高疲劳极限,且变形小,不易氧化和脱碳。

(4) 生产效率高,易实现机械化和自动化,适于大批量生产。

(5) 感应加热设备较贵,维修调整比较难,形状复杂的感应器不易制造,也不适于小量生产。

4. 感应淬火后的组织状态及其淬硬层深度的测量

工件感应加热淬火后的金相组织与加热温度沿截面的分布有关,一般可分为淬硬层、过渡层及心部组织三部分;还与钢的化学成分、淬火规范、工件尺寸等因素有关。如果加热层较深,在淬硬层中就会存在马氏体+贝氏体或马氏体+贝氏体+屈氏体+少量铁素体混合组织。此外,奥氏体化不均匀,淬火后还可以观察到高碳马氏体和低碳马氏体混合组织。图 5.14 为 45 钢感应淬火的组织图片。

工件经感应淬火后可用金相法、硬度法或酸蚀法测定或标定硬化层深度。金相法测定硬化层深度是由表面测至 50% 马氏体区深度。硬度法测定硬化层深度是以半马氏体区硬度为准。

 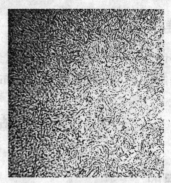

(a) 心部组织　　　　　　　　(b) 表面组织

图 5.14　45 钢高频感应淬火的金相图片(450×)

三、主要仪器及材料

高频感应加热设备；淬火机；硬度计；金相显微镜；45 钢和 T12 钢；腐蚀剂；磨制金相试样的设备；感应器。

四、实验内容

对 45 钢和 T12 钢工件进行高频感应加热淬火，并测定其表面硬度；对感应淬火处理后的试样进行金相试样的制备，并观察表面组织；测定 45 钢和 T12 钢工件的硬化层深度。

五、实验过程

(1) 领取试样并打上标号，防止混淆。接通高频感应加热设备电源，接通冷却水，按规定进行不同的参数选择。

(2) 将工件放入不同的感应器中加热(加热温度由加热时间进行控制)，加热完毕后喷水冷却。

(3) 将高频感应加热淬火后的工件用砂纸打磨光亮，测定工件不同参数条件下的表面硬度值和距表面不同深度 ΔL 对应的硬度值，并记录于自制的表格中。

(4) 用金相显微镜观察不同淬火条件下的金相组织并测定工件不同参数条件下的硬化层深度，将测试结果记录下来。

(5) 根据测试硬度的结果作出 45 钢和 T12 钢工件的硬度分布曲线，并根据曲线确定硬化层深度，记录测试结果。

(6) 注意事项。

① 取放试件时注意不要碰伤感应器；

② 加热时间不能过长，试件淬火时动作要迅速，以免试件表面过热，影响淬火质量；

③ 淬火或回火后的试样均要用砂纸打磨表面，去掉氧化皮后再测定硬度值；

④ 硬度测量一般取 3 点以上的平均值作为该点的硬度值。

六、基本要求

(1) 分析并讨论加热温度及钢的碳质量分数对硬化层深度的影响。
(2) 分别绘制出 45 钢和 T12 钢硬度分布曲线并加以讨论。

5.9 铝合金固溶及时效处理

一、实验目的

掌握铝合金固溶处理和时效处理的目的和工艺参数的拟定方法；了解时效温度和时间对铝合金组织和性能的影响。

二、基本原理

固溶处理是将材料升温到固溶线以上单相区一段时间，待其溶质全部溶入基体中而成为单一固溶相。淬火则是将此单一固溶相淬到固溶线以下温度而得到过饱和固溶体。时效处理是再将此过饱和固溶体放置于恒温，使得溶解在基体中的第二相析出，第二相的析出和时效时间的延长都会引起铝合金组织和性能上的变化。若时效处理在低温下进行，由于扩散速率缓慢，需要较长时间才能完成析出，析出物也比较细小，若时效处理的温度稍低于固溶线，由于固溶体过饱和度很小，析出驱动力也小，所以析出速率也较慢。在时效的过程中，首先是溶于基体中的过饱和原子借着扩散而聚集在一起，形成了第二相析出物的晶核。当第二相析出物的量少且颗粒极小时，其对位错移动所构成的阻碍不大，因此铝合金的强度还不会显著地提高。但是当第二相颗粒的数量和大小继续增加时，位错要切过它们就越来越不容易，需要施加更多的力才能使位错越过或切过。因此铝合金的强度是随着时效时间的适当增长而上升，即位错绕过析出物所需的应力与析出物间的距离成反比，亦即当析出物的分布越致密时，所需的应力越大。但倘若合金继续时效处理，较小的第二相颗粒便又溶解，使原子经扩散而聚集在较大的第二相颗粒上，以减少析出物总表面积，使自由能下降。结果第二相析出物的总数减少，但颗粒变得粗大，于是颗粒间的平均距离增加，以致合金的强度下降。当合金经时效处理超过了尖峰点，称之为过时效。在实际应用上，所有析出硬化合金在常温下长期使用后，都不会有显著的过时效即软化现象发生。这一方面是由于常温下的扩散速率十分缓慢，另一方面则是因为形核与长大的速率和时间的对数成反比的关系，因而时间越久，反应速率越慢。在低温做时效处理需要较长的时间才能达到时效尖峰，然而通常在低温作时效处理较能达到较高的时效尖峰，这是因为低温时第二相的析出较为致密。不过，为在短时间内获得较高强度之合金，一般可施予二段时效处理，即将经过固溶处理及淬火后之合金先在较低温作时效处理，使其产生大量之晶核后，再置于较高温度下作时效，使合金迅速达到时效尖峰。由图 5.15 可知，铝合金固溶后经不同时效处理的金相组织，随着时效时间的延长，析出相的数量和尺寸均会增大。

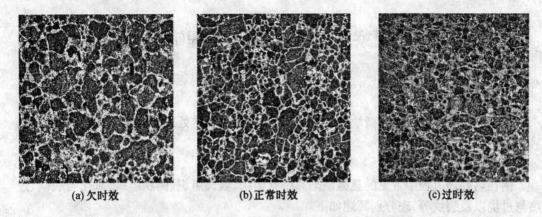

(a) 欠时效　　　　　　　(b) 正常时效　　　　　　　(c) 过时效

图 5.15　铝合金固溶时效处理后的金相组织图(500×)

三、主要仪器及材料

热处理炉;金相显微镜;洛氏硬度计;HF酸;硝酸;酒精;2024或其他可时效铝合金试样;金相砂纸、抛光机等金相试样制备用品。

四、实验方法及过程

(1) 领取试样后测量其具体尺寸,并打上号以免混淆。

(2) 拟定固溶时效处理工艺参数。

① 固溶处理工艺参数:加热温度为 495±5 ℃,保温时间根据试样尺寸计算,保温后采用水冷。

② 时效处理工艺参数:加热温度为 160±10 ℃,保温时间分别为 1 h、3 h、10 h,然后空冷。

(3) 根据制定好的热处理工艺进行相应的热处理,测定不同热处理后试样的硬度值,并做好记录。

(4) 对不同热处理后的试样进行金相试样的制备,配置合适的腐蚀液进行腐蚀,然后进行金相组织的观察,并观察不同时效工艺后的金相组织有何区别,分析其原因。

(5) 用 origin 软件绘制时效时间与硬度之间的关系曲线,分析其变化规律。

(6) 绘制不同时效处理后的组织示意图。

五、基本要求

(1) 在报告中写明制定热处理工艺的基本过程及最后确定的合理的热处理工艺参数。

(2) 分析时效温度及时间对其组织的影响。

(3) 对于时间太长的工艺实验,可以提前制备试样,在实验课上可以只观察其组织。

六、思考题

(1) 简述固溶处理的主要目的。

(2) 说明拟定热处理工艺的基本依据。

5.10 观察与分析常见热处理缺陷组织

一、实验目的

识别钢中常见的几种显微缺陷组织的特征;了解钢在热处理时产生显微缺陷的原因。

二、基本原理

钢在热处理过程中常见的显微缺陷有带状组织、魏氏组织、网状组织、氧化与脱碳、过热与过烧以及裂纹等,现分别简述如下。

1. 带状组织

钢中带状组织的特征是,在亚共析钢中先共析的铁素体或过共析钢中先共析的渗碳体与珠光体,分别沿着压力加工的方向呈带状交替分布,显微镜下形成黑白交替的带状组织,如图5.16(a)所示。

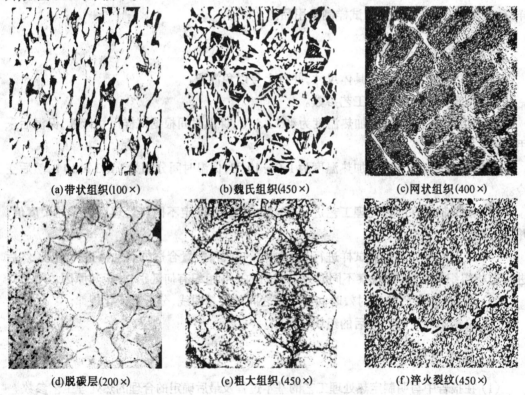

(a)带状组织(100×)　　(b)魏氏组织(450×)　　(c)网状组织(400×)

(d)脱碳层(200×)　　(e)粗大组织(450×)　　(f)淬火裂纹(450×)

图5.16　热处理缺陷组织形貌

2. 魏氏组织

魏氏组织的特征是,先共析的铁素体或渗碳体冷却时不仅沿奥氏体晶界析出,而且在奥氏体晶粒内部以一定的位向关系呈片状析出,在显微镜下呈针状形貌,如图5.16(b)所示。

3. 网状组织

亚共析成分和过共析成分钢在炉冷后常出现网状组织,如图 5.16(c) 所示,这是因为奥氏体化后缓慢冷却时,通过两相区时析出的网状铁素体(亚共析钢)或渗碳体(过共析钢),网状组织使力学性能恶化。

4. 氧化与脱碳

将钢铁材料放在氧化性介质中加热,金属表面的铁原子与介质中的氧结合形成氧化物,当加热温度超过 570 ℃ 时,从表面向内部形成的氧化物为 Fe_2O_3、Fe_3O_4、FeO,这些氧化铁将作为氧化铁皮而消耗掉,加热温度越高氧化速度越快,加热时间越长氧化层越厚。脱碳是钢材在加热时表层碳原子与介质中的氧或氢结合,形成 CO、CH_4 等产物,造成钢材表层碳质量分数降低的现象。由于钢铁材料表层中的碳原子和介质中氧或氢反应的速度大于碳从钢材内部向表面扩散的速度,所以脱碳只在表层形成,如图 5.16(d) 所示。

5. 过热与过烧

钢在加热时形成粗大的奥氏体晶粒,这种现象称为过热。过烧是指加热温度过高,它不仅使钢件形成粗大的奥氏体晶粒,并且在奥氏体晶界处会产生氧化或形成某些化合物,甚至晶界处产生局部熔化现象。粗大奥氏体的工件冷却后得到的组织仍然粗大,图 5.16(e) 所示。Q235 钢热轧后空冷,由于热轧终了温度高,以致晶粒粗大,大部分铁素体呈针状分布,且针叶方向交叉。

6. 裂纹

裂纹产生的原因很多,如钢的化学成分、原始组织的均匀性、加热温度及速度、冷却方式及冷却速度等因素均有影响。在热处理中,当热应力和组织应力大于材料的断裂强度时,工件就会产生裂纹。这种裂纹的断裂面呈灰色,用显微镜观察其组织发现裂纹边缘及内部组织是相同的,如图 5.16(f) 所示。

三、主要设备及材料

金相显微镜;硝酸;酒精;金相砂纸;抛光机;各种缺陷试样等。

四、实验过程

(1) 首先对试样的外观进行观察,找出宏观缺陷的地方,如裂纹、脱碳、氧化等。
(2) 利用硬度试验机对缺陷试样进行硬度测试,并记录数据。
(3) 利用金相显微镜观察各种缺陷试样的组织,并绘制观察到的组织形貌,标注组织名称。
(4) 利用金相显微镜观察脱碳层,根据标准测量脱碳层深度,并记录数据。
(5) 对观察到的带状组织和魏氏组织,根据晶粒的评定标准评定出它们的级别。

五、思考题

(1) 分析带状组织和魏氏组织的形成原因。
(2) 分析淬火裂纹产生的原因及预防措施。

第6章 金属腐蚀与防护实验

6.1 临界点蚀电位的测定

一、实验目的

初步掌握有钝化性能的金属在腐蚀体系中的临界点蚀电位的测定方法,通过绘制有钝化性能金属的阳极极化曲线,了解击穿电位和保护电位的意义,并应用其定性地评价金属耐点蚀性能的原理。

二、基本原理

不锈钢、铝等金属在某些腐蚀介质中,由于形成钝化膜而使其腐蚀速度大大降低,而变成耐蚀金属。但是,钝态是在一定的电化学条件下形成(如在某些氧化性介质中)或破坏的(如在氯化物的溶液中)。在一定的电位条件下,钝态受到破坏,点蚀就产生了。因此,当把有钝化性能的金属进行阳极极化,使之达到某一电位时,电流突然上升,伴随着钝性被破坏,产生腐蚀点。在此电位以前,金属保持钝性或者虽然产生腐蚀点,但又能很快地再钝化,这一电位叫作临界点蚀电位(或称击穿电位),用 ϕ_b 表示。ϕ_b 常用于评价金属材料的点蚀倾向性。临界点蚀电位越正,金属耐点蚀性能越好。图6.1是不锈钢在氯化物溶液中的典型阳极极化曲线。

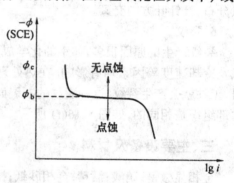

图6.1 恒电位临界点蚀电位曲线

一般而言,ϕ_b 依溶液的组分、温度、金属的成分和表面状态,以及电位扫描速度而变。在溶液组分、温度、金属的表面状态和扫描速度相同的条件下,ϕ_b 代表不同金属的耐点蚀趋势。当阳极极化到 ϕ_b 时,随着电位的继续增加,电流急剧增加,一般在电流密度增加到 200~2 500 pA/cm² 时,就进行反方向极化(即往阴极极化方向回扫),电流密度相应下降,回扫曲线并不与正向曲线重合,直到回扫时的电流密度又回到钝态电流密度值,此时所对应的 ϕ_b 为保护电位。这样整个极化曲线形成一个"滞后环",把 $\phi - i$ 图分为3个区,如图6.2所示。A为必然点蚀区;B为可能点

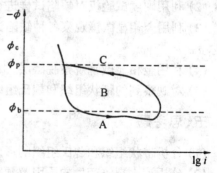

图6.2 不锈钢在氯化物溶液中的阳极极化扫描曲线

蚀区;C 为无点蚀区。可见从回扫曲线形成的滞后环可以获得判断点蚀倾向的参数。

三、主要仪器及材料

双刀双掷开关恒电位仪;辅助电极(如饱和甘汞电极);电解槽;不锈钢试件;氯化钠水溶液。

四、实验方法及过程

1. 实验方法

评价点蚀性能的金属腐蚀试验方法有两类:电化学法和化学浸泡法。电化学法的国家标准为 GB4334.9—1984。该法主要适用于动电位法测定不锈钢在中性 3.5% NaCl 溶液中的点蚀电位。它是基于钝态金属在一定的环境中只有其电位高于某一临界值时才发生点蚀这一事实,该临界电位被称为点蚀电位。试验采用动电位扫描方法测定金属的极化曲线,根据极化曲线来确定点蚀电位。点蚀电位被作为材料耐点蚀性能的主要参数,在同样的环境条件下,材料的点蚀电位越高,其耐点蚀的性能越好。化学浸泡法是一种评定材料耐点蚀性能的实验室加速腐蚀试验的方法,其国家标准为 GB4334.7—1984。该标准适用于测量不锈钢在 35 ℃ 或 50 ℃ 的 6% $FeCl_3$ 溶液中的腐蚀率(单位面积单位时间的失重),以比较不锈钢的耐点蚀性能。

2. 实验过程

(1) 待测试件准备,把 18-8 不锈钢试件放入 60 ℃、30% 的硝酸水溶液中钝化 1 h,取出冲洗、干燥。封装技术重要之点在于避免缝隙腐蚀的干扰。对欲暴露的面积要用砂纸打磨光亮,测量尺寸。分别用丙酮和无水乙醇擦洗以清除表面的油脂,待用。

(2) 接好线路,测定自腐蚀电位 ϕ_c,直到取得稳定值为止,记录之。

(3) 调节电化学工作站的给定电位,使之等于自腐蚀电位,由 ϕ_c 开始对研究电极进行阳极极化,由小到大逐渐加大电位值。起初每次增加的电位幅度小些(如 10~30 mV),并密切注意电流表的指示值,在电位调节好以后 1~2 min 读取电流值。在点蚀电位以前,电流值增加很少,一旦到达点蚀电位,电流值便迅速增加。当电位接近 ϕ_b 时,要细致调节以测准点蚀电位。过点蚀电位以后,电位调节幅度可以适当加大(如每次调 50~60 mV),当电流密度增加到 500 $\mu A \cdot cm^{-2}$ 左右时,即可进行反方向极化,回扫速度可由每分钟 30 mV 减小到 10 mV 左右,直到回扫的电流密度又回到钝态时,即可结束实验。

六、基本要求

记录材质、介质成分、参比电极、辅助电极、试样暴露面积、试样厚度、参比电极电位、自腐蚀电位等参数。并在半对数坐标纸上绘出 $\phi - \lg i$ 曲线,求出 ϕ_b 和 ϕ_p 值。

6.2 阳极极化曲线的测定

一、实验目的

初步掌握用恒电位法测量金属阳极极化曲线的原理和方法;通过绘制阳极极化曲线

了解定性评价金属耐蚀性能的方法；了解金属钝化行为、极化曲线的意义和工业应用。

二、基本原理

1. 极化现象

为了探索电极过程的机理及影响电极过程的各种因素，必须对电极过程进行研究，而在该研究过程中极化曲线的测定又是重要的方法之一。我们知道在研究可逆电池的电动势和电池反应时电极上几乎没有电流通过，每个电极或电池反应都是在无限接近于平衡下进行的，因此电极反应是可逆的。但当有电流明显地通过电池时，则电极的平衡状态被破坏，此时电极反应处于不可逆状态，随着电极上电流密度的增加，电极反应的不可逆程度也随之增大。在有电流通过电极时，由于电极反应的不可逆而使电极电位偏离平衡值的现象称为电极的极化。用实验测出的数据来描述电流密度与电极电位之间关系的曲线，称为极化曲线。

金属阳极过程是指金属作为阳极时在一定的外电势下发生的阳极溶解过程，如下

$$M = M^{n+} + ne \tag{6.1}$$

此过程只有在电极电位正于其热力学电位时才能发生。阳极的溶解速度随电位变正而逐渐增大，这是正常的阳极溶解。但当阳极电位正到某一数值时，其溶解速度达到一最大值。此后阳极溶解速度随着电位变正，反而大幅度地降低，这种现象称为金属的钝化现象。

图 6.3 是一条较典型的阳极极化曲线，在图 6.3 中，AB 段为活性溶解区，此时金属进行正常的阳极溶解，点 A 是金属的自腐蚀电位；BC 段为过渡区，自 B 点起，金属开始钝化，溶解速度降低，B 点相应的电位、电流和电流密度分别称为临界钝化电位（E_c）、临界钝化电流（I_c）和临界钝化电流密度（i_c），对应于 C 点的电位称为活化电位 E_{p1}，对应于 D 点的电位称为去钝化电位 E_{p2}。在 CD 段，电流几乎不随电位而改变，金属处于稳定的钝化

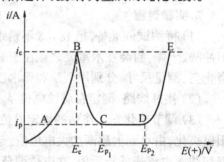

图 6.3 典型的阳极极化曲线

区，俄歇电子谱等表面分析技术对金属表面钝化膜的测试结果表明，此时电极表面形成了极薄的氧化物钝化膜，与 CD 段对应的电流密度极小，称为稳钝化电流密度 i_p（即钝态金属的稳定溶解电流密度）。若对可钝化金属通以对应于 B 点的电流，使其电位进入 CD 段，再用稳钝化电流密度 i_p 将电位维持在这个区域，则金属的腐蚀速率将会急剧下降；在 DE 段，电流重新随电位的正移而增大，金属的溶解速率增大，这种在一定电位下使钝化了的金属又重新溶解的现象，称为超钝化。在 DE 段的超钝化区，电流密度增大的原因，可能是由于析出氧气或产生高价金属离子（不能形成高价离子的金属，不会发生超钝化现象），也可能两者皆有。

对于金属钝化的问题，凡是能促使金属保护层破坏的因素都能使钝化了的金属重新活化。例如，可选用加热、通入还原性气体、阴极极化、加入某些活性离子、改变溶液的 pH 值以及机械损伤等措施。使钝化金属活化的各种手段中，以 Cl^- 离子的作用最引人注意，将钝化金属浸入含有 Cl^- 离子的溶液中，即可使之活化。

2. 极化曲线的测量

研究金属阳极溶解及钝化过程通常采用恒电流法(用恒电流仪)和恒电位法(用恒电位仪)。恒电流法是将研究电极的电流恒定在某一值下，测量其对应的电极电位，从而得到极化曲线。但对于钝化曲线，恒电流仪的测试结果出现多重性，是不可信任的。恒电流仪主要用于研究表面不发生变化和发生扩散的电化学过程。恒电位法是将研究电极上的电位维持在某一数值上，然后测量对应于该电位下的电流。由于电极表面状态在未建立稳定状态之前，电流会随时间而改变，故一般测出来的曲线为"暂态"极化曲线。常采用以下两种测量方法获得极化曲线。

(1) 静态法。将电极电位较长时间地维持在某一恒定值，同时测量电流随时间的变化，直到电流值基本上达到某一稳定值。如此逐点地测量各个电极电位(例如每隔20 mV、50 mV或100 mV)下的稳定电流值，以获得完整的极化曲线。

(2) 动态法。控制电极电位以较慢的速度连续地改变，并测量对应电位下的瞬时电流值，并以瞬时电流与对应的电极电位作图，获得完整的极化曲线。所采用的扫描速度(即电位变化的速度)需要根据研究体系的性质选定，一般来说，电极表面建立稳态的速度越慢，则扫描速度也应越慢，这样才能使所测得的极化曲线与静态法的接近。

上述两种方法各有特点，静态法测量结果虽较接近稳态值，但测量的时间较长。动态法测定的结果距稳态法相距较远，但测量时间短。所以在实际工作中，较常采用动态法测量。本实验亦采用动态法。

3. 三电极体系

本实验用到三电极体系，见图6.4。极化曲线描述的是电极电位与电流密度之间的关系，被用作研究电极过程的电极称为研究电极。与研究电极构成电流回路，以形成对研究电极极化的电极称为辅助电极。其面积通常要比研究电极的面积大，以降低该电极上的极化。参比电极是测量研究电极电位的比较标准，与研究电极构成测量电池。参比电极应是一个电极电位已知且稳定的可逆电极，该电极的稳定性和重现性要好。为减少电极测试过程中的溶液电位降，通常两者之间以毛细管相连。该管尽量但也不能无限靠近研究电极表面，以防对研究电极表面的电力线分布造成屏蔽效应。

本实验采用恒电位法。辅助电极为铂电极，研究电极为镍电极，参比电极为饱和甘汞电极。

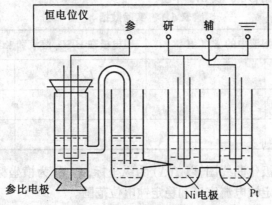

图6.4 电极结构示意图

三、主要仪器及材料

电化学分析系统；参比电极（如饱和甘汞电极）；辅助电极（如铂电极）；温度计；镍电极；$0.5\ mol \cdot dm^{-3}$ KCl 溶液；$0.5\ mol \cdot dm^{-3}$ H_2SO_4 溶液；1∶1 HCl 溶液；丙酮；金相砂纸；万用表。

四、实验步骤

(1) 电极处理，裁剪镍片，其面积约为 $0.5 \times 0.5\ cm^2$，用金相砂纸仔细打磨不锈钢片至光亮，用自来水、丙酮、1∶1HCl 溶液、去离子水浸泡，并冲洗干净。

(2) 洗净电解池，注入 25 mL $0.5\ mol \cdot dm^{-3}$ H_2SO_4 溶液。插入研究电极、辅助电极和参比电极，按图 6.4 所示连接线路。开启恒电位仪，测 H_2SO_4 溶液中镍电极的阳极极化曲线。先测其稳定电位，以起始稳定电位数值做起点，阳极电位向正方向每隔 50 mV 改变一次，观察并记录每个电位相应的电流变化。依此连续改变阳极电位，直至研究电极上 O_2 出现最大析出量为止。每个电位点需等到电流基本稳定时，记录电流值。

(3) 更换电解液，使镍电极在 23 mL $0.5\ mol \cdot dm^{-3}$ H_2SO_4 和 2 mL $0.5\ mol \cdot dm^{-3}$ NaCl 混合溶液中进行阳极极化。重复上述步骤，并记录电极电位和相应的电流值，直至研究电极上 O_2 出现最大析出量为止。

(4) 实验完毕，断开电源，将恒电位仪表各开关位置复原，取出研究电极和辅助电极，洗净电解池、辅助电极和参比电极。

(5) 注意事项

① 实验开始的前几个点，即极化曲线的 ABC 段，电流变化幅度很大，应仔细操作，遇有过载，应及时调节电流表的量程。

② 通电前，各开关、旋钮的位置：电极处于"不通"，"电流量程"位于"200 mA"档，"参比 – 给定 – 电流"开关置于"给定"。

③ 考察 Cl^- 离子对不锈钢阳极钝化的影响时，测试方式和测试条件应保持一致。

五、基本要求

(1) 记录并计算数据，列于表 6.1 中。

表 6.1　实验数据

镍电极在 H_2SO_4 溶液中的 E/I 值		镍电极在 H_2SO_4 溶液和 KCl 溶液中的 E/I 值	
E/mV	I	E/mV	I

(2) 画出镍的阳极极化曲线图，以 $i(A)$ 为纵坐标，$E(V)$ 为横坐标，作极化曲线。

(3) 从图中找出稳定钝电流密度和稳定钝电位范围。

六、思考题

(1) 试说明分别利用恒电位法和恒电流法得到的极化曲线不同的原因。
(2) 测量阳极极化曲线为什么要用恒电位法。
(3) 是否任何金属都可用阳极保护法防腐。

6.3 电刷镀实验

一、实验目的

进一步掌握电刷镀的基本原理,了解其设备组成、镀液成分的配制;掌握镀层的测试方法及镀层的组织形貌。

二、基本原理

电刷镀又叫选择电镀、无槽镀、涂镀、笔镀、擦镀等,是电镀的一种特殊方式。不用镀槽,只需在不断提供电解液的条件下,用一支镀笔在工件表面上进行擦拭,即可获得电镀层。电刷镀也是一种金属电沉积的过程,基本原理与电镀相同,其原理如图6.5所示。

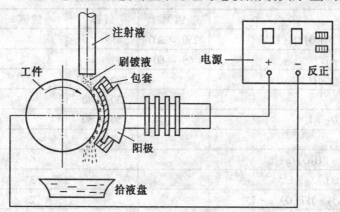

图 6.5　电刷镀原理示意图

1. 刷镀设备

电刷镀设备由专用直流电源、镀笔及供液、集液装置组成。

(1) 专用直流电源。电刷镀专用直流电源不同于其他种类电镀使用的电源,由整流电路、正负极性转换装置、过载保护电路及安培计(或镀层厚度计)等几部分组成。

(2) 镀笔。镀笔是电刷镀的重要工具,主要由阳极、绝缘手柄和散热装置组成,图6.6是其结构图。根据需要电刷镀的零件大小与尺度,选用不同类型的镀笔。

(3) 供液、集液装置。刷镀时,根据被镀零件的大小,采用不同的方式给镀笔供液,如蘸取式、浇淋式和泵液式,关键是要连续供液,以保证金属离子的电沉积能正常进行。流淌下来的溶液一般采用塑料桶、塑料盘等容器收集,以供循环使用。

2. 刷镀溶液

(1) 刷镀溶液的种类。刷镀溶液主要有、预处理溶液、电镀液、钝化液和退镀液。

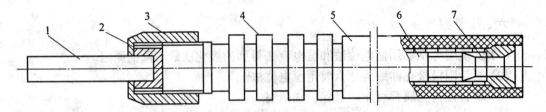

图 6.6　镀笔结构示意图
1—阳极；2—"O"型密封圈；3—锁紧螺帽；4—散热器体；
5—绝缘手柄；6—导电杆；7—电缆线插座

① 预处理溶液：包括用于清洗工件表面油污的电净液和用于去除金属表面氧化膜和疲劳层，使基体金属晶格显露出来的活化液。

② 电镀液：根据镀层的成分，金属电镀溶液分为单金属电镀液和合金电镀液，每类金属电镀液又根据其沉积速率、镀液的性质、镀层的性能等特点分成许多品种。

③ 钝化液：用于在铝、锌、镉等金属表面生成能提高表面耐蚀性的钝态氧化膜的溶液。

④ 退镀液：用于退除镀件表面不合格镀层、多余镀层的溶液。

(2) 镀液常用配方。电刷镀常用镀液的配方及工艺列于表 6.2 中。

表 6.2　电刷镀常用镀液的配方及工艺

名　称	镀铜	镀锌	镀镉	镀铬
硫酸铜($CuSO_4 \cdot 5H_2O$)/g·L^{-1}	250~300			
硫酸(H_2SO_4)/g·L^{-1}	60~80			
硫酸锌($ZnSO_4$)/g·L^{-1}		280~300		
明矾/g·L^{-1}		30~40		
硫酸钠(Na_2SO_4)/g·L^{-1}		50~80		
糊精/g·L^{-1}		10		
硫酸镉($3CdSO_4 \cdot 8H_2O$)/g·L^{-1}			64	
硫酸铵(($NH_4)_2SO_4$)/g·L^{-1}			33	
硫酸铝($Al_2(SO_4)_3 \cdot 18H_2O$)/g·$L^{-1}$			28	
硝酸铬($Cr(NO_3)_3$)/g·L^{-1}				400
氨水(NH_4OH)/mL·L^{-1}				110
水合肼($H_2N \cdot NH_2 \cdot H_2O$)/mL·$L^{-1}$				35
草酸(($COOH)_2$)/g·L^{-1}				200
丁二酸($C_4H_6O_4$)/g·L^{-1}				175
pH 值			3.0~3.5	6.8~7.5
阳极材料	紫铜	锌	镉	石墨

三、主要仪器及材料

电刷镀电源；镀笔；包套等；千分尺；金相显微镜；钢板；耐水砂纸；锌；铜；石墨电极；硫酸铜；硫酸；硫酸锌；明矾；硫酸钠；糊精；硫酸镉；硫酸铵；硫酸铝；硝酸铬；氢氧化铵；水合肼；草酸；丁二酸；酸度计；蒸馏水等。

四、实验过程

(1) 试件预处理,使用金相试样磨光机将加工到一定粗糙度的试件依次用 400#、600#、800# 耐水砂纸打磨,将试件安装在夹具上分别用丙酮和乙醇脱除表面的油脂,用电吹风吹干待用。

(2) 参照表6.2配置镀液。

(3) 接通电源,调整参数,对试样进行施镀,同时记录电参数。

(4) 关闭电源,取下试样,冲洗晾干。

(5) 将试样用砂轮机打磨出一个端面,露出镀层,并将试样用环氧树脂进行镶嵌,然后利用金相砂纸对端面进行磨制、抛光、腐蚀制成金相试样,腐蚀剂采用4%硝酸酒精溶液。

(6) 利用金相显微镜测量镀层的厚度,并观察镀层的表面形貌特征,记录镀层厚度数据,并对表面形貌特征进行描述。

五、基本要求

测试镀层的厚度,观察镀层显微组织并分析。

6.4 钢的化学镀镍

一、实验目的

了解电镀和化学镀的异同,比较其优缺点;掌握化学镀镍的基本原理;学会化学镀镍溶液的配制及化学镀镍的操作方法。

二、基本原理

化学镀是一种化学催化还原过程,是靠金属离子在含有还原剂的溶液中经过催化还原而连续沉积为金属层。当把试件浸在化学镀液中,其表面上密布着一层催化活性微粒,这些催化活性微粒起到了晶种的作用,即为结晶核。在化学镀开始时,溶液中的金属离子在结晶核周围还原为金属,沉积在镀件上,然后逐渐扩大,形成连续的金属膜层。

化学镀镍是利用一种强还原剂(次亚磷酸钠)把镍离子还原为镍原子而沉积在镀件表面上,这一还原反应只有在催化剂的作用下才有可能发生。

化学镀镍的反应历程是,溶液中的次亚磷酸根离子在固体催化表面上脱氢并生成亚磷酸根离子

$$H_2PO_2^- + H_2O(催化表面) \longrightarrow HPO_3^{2-} + 2H(催化表面) + H^+ \qquad (6.2)$$

吸附在催化表面上的活泼氢离子使镍离子还原为金属镍,而本身则氧化为氢离子

$$Ni^{2+} + 2H(催化表面) \longrightarrow Ni + 2H^+ \qquad (6.3)$$

由于氢原子的还原作用,也能使一部分次亚磷酸根离子还原为单质磷

$$H_2PO_2^- + H(催化表面) \longrightarrow P + H_2O + OH^- \qquad (6.4)$$

这个反应周期地进行,其反应速度取决于固-液界面上的pH值,只有当固-液界面上的pH由于反应式(6.2)、反应式(6.3)的进行而变得足够低时,反应式(6.4)才能有条件

地进行。

除上述反应外,化学镀镍过程还会发生析氢的副反应

$$(H_2PO_2^-) + H_2O(催化表面) \longrightarrow H^+ + HPO_3^{2-} + H_2\uparrow \tag{6.5}$$

借助于还原剂的作用,镍离子被还原成镍原子,而次亚磷酸根离子被氧化为亚磷酸根离子,随着化学镀的不断进行,溶液的 pH 会逐渐下降,还原剂效率也减弱,沉积速度就会减小,所以需要加缓冲剂调整溶液的 pH 值。

化学镀镍的还原剂不仅有次亚磷酸钠,还有联氨及其衍生物、硼氢化钠和二甲基胺硼烷等,后几种还原剂还处于实验研究阶段。

自次亚磷酸钠为还原剂的化学镀镍溶液中获得的金属层,实质上是镍磷合金,其密度随磷质量分数的提高而呈线性下降。当磷质量分数为 8.3% 时,镍磷合金的相对密度为 7.9 ± 0.4。

三、主要仪器及材料

金相试样磨光机;磁力加热搅拌器;游标卡尺;金相显微镜;分析天平;酸度计;金相砂纸;温度计;烧杯;量筒;硫酸镍;醋酸钠;次亚磷酸钠;柠檬酸钠;丁二酸;乳酸;焦磷酸钠;硼酸;氟化钠;氨水;氨基乙酸;聚乙二醇;稀硫酸;除锈液等。

四、实验过程

(1) 化学镀镍工艺配方。化学镀镍配方大致分为酸性配方和碱性配方,表 6.3 列出的 5 种配方中,配方 1、配方 2、配方 3 为酸性的;配方 4 为碱性的,而配方 5 仅适用于塑料制品金属化底层。根据实验情况选择其中的配方。

表 6.3 常用化学镀镍的组成及工艺条件

名称	1	2	3	4	5
硫酸镍($NiSO_4 \cdot 7H_2O$)/g·L^{-1}	20 ~ 25	25	30	25	20
次亚磷酸钠 /g·L^{-1}	15 ~ 20	20	10 ~ 30	25	30
醋酸钠(CH_3COONa)/g·L^{-1}	10		15		
柠檬酸钠 /g·L^{-1}		10	15		10
丁二酸($C_4H_6O_4 \cdot 6H_2O$)/g·L^{-1}			5		
乳酸 80%/(mL·L^{-1})		25			
焦磷酸钠($Na_4P_2O_7 \cdot 10H_2O$)/g·L^{-1}				80	
硼酸(H_3BO_3)/g·L^{-1}		20			
氟化钠(NaF)/g·L^{-1}		1			
氨水 $\rho = 0.9$/(mg·mL^{-1})					30
氨基乙酸 /g·L^{-1}			5 ~ 15		
聚乙二醇(相对分子量 6000)/g·L^{-1}		0.1			
pH 值	4 ~ 4.4	约 4.6	3.5 ~ 5.4		9 ~ 10
沉积速度 /(μm·h^{-1})		约 10	12 ~ 15		
温度 /℃	85 ~ 90	90 ~ 92	90 ± 5	65	35 ~ 45

(2) 溶液配制。配制化学镀镍溶液时，最好使用纯度较高的试剂。配制前先按配方计算好各组分用量，配制 100 mL 镀液即可。1 号溶液配制如下：

① 在 200 mL 烧杯中用 60 ~ 80 ℃ 的蒸馏水溶解柠檬酸钠和醋酸钠；

② 在另一个烧杯中用热水溶解硫酸镍；

③ 将硫酸镍溶液在不断搅拌下注入柠檬酸钠和醋酸钠溶液中，如果溶液不澄清需要进行过滤；

④ 将溶解好的次亚磷酸钠溶液注入上述混合液中，搅拌均匀，加蒸馏水至所需体积；

⑤ 测定 pH，用 1∶10 的稀硫酸或 1∶3 的氨水调 pH 为规定值（注：配方 1 给出的镀液速度较慢，实验现象不是很明显）。

2 号和 3 号溶液可参照上述方法配制，但是乳酸溶液要预先用碳酸氢钠溶液中和至 pH 为 5 左右，然后才可同其他组分混合。配制 4 号溶液时，先用适量的蒸馏水溶解硫酸镍，溶液若有杂质或混浊应过滤之后再加入所需要的氨水。将焦磷酸钠和次亚磷酸钠分别用蒸馏水溶解，分别注入上述所得的硫酸镍与氨水的混合液中，稀释至所需体积并调整 pH 后即可进行化学镀。

(3) 化学镀装置。化学镀实验装置如图 6.7 所示。

(4) 试片预处理。将加工到一定粗糙度的试件依次用 400#、600# 及 800# 耐水砂纸打磨，用游标卡尺测量试件的尺寸，把试件安装在夹具上分别用丙酮和乙醇脱除表面的油脂，用电吹风吹干后称重，待用。

(5) 化学镀。任选表 6.3 中的一种配方及工艺条件，化学镀 1 h 后，取出冲洗，晾干，准确称量。

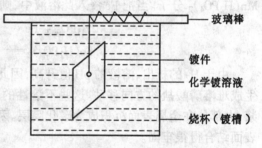

图 6.7　化学镀实验装置示意图

(6) 镀层厚度的测量。利用砂轮机打磨出一个端面，露出镀层，并用环氧树脂对试样进行镶嵌，然后利用砂纸对其进行磨制、抛光，并用 4% 的硝酸酒精溶液进行腐蚀，制成金相试样，利用金相显微镜测量镀层的厚度，并记录。

(7) 镀层形貌的观察。利用金相显微镜观察镀层表面的形貌特征，并对其形貌特征进行描述。

6.5　钢的常温磷化

一、实验目的

掌握钢铁磷化的基本原理；了解磷化处理溶液的配制方法及磷化处理的实验操作；了解磷化处理的工程应用。

二、基本原理

钢铁零件在含有锰、铁、锌的磷酸溶液中进行化学处理，其表面生成一层难溶于水的磷酸盐保护膜的方法叫磷化处理,亦称磷酸盐处理。由于试件材料不同及磷化处理的条件不同可由暗灰到黑灰色。磷化膜的主要成分由磷酸盐 $M(PO_4)_2$ 或磷酸氢盐($MHPO_4$)的晶体组成。磷化膜在通常大气条件下比较稳定,与钢的氧化处理相比其耐蚀性较高,约高 2~10 倍。磷化处理之后,进行重铬酸盐填充,浸油涂漆处理,能进一步提高耐蚀性。

磷化处理有高温(90~98 ℃)、中温(50~70 ℃)和常温(15~30 ℃)三种处理方法。常用的磷化处理方法有浸渍法和喷淋法,不管采用哪种方法进行磷化处理,其溶液都含有三种主要成分:①H_3PO_4(游离态),以维持溶液 pH 值;②$M(H_2PO_4)_2$,M = Mn、Zn 等;③催化剂(即氧化剂)NO_3^-、ClO_3^-、H_2O_2 等。

钢铁进行磷化处理时,大致有如下反应过程。

1. 锰、锌系磷酸盐膜化学反应机理

(1)$Mn(H_2PO_4)_2$ 做磷化液的成膜机理。在 97~99 ℃下加热 1h,在 $Mn(H_2PO_4)_2$ 溶液中发生如下的电离反应

$$Mn(H_2PO_4)_2 \longrightarrow MnHPO_4 \downarrow + H_3PO_4 \tag{6.6}$$

反应平衡后,溶液中存在一定数量磷酸分子、不溶性的 $MnHPO_4$ 及未电离的 $Mn(H_2PO_4)_2$ 分子。当把 Fe 浸入此溶液中,则发生以下化学反应

$$2H_3PO_4 + Fe = Fe(H_2PO_4)_2 + H_2 \tag{6.7}$$

$$Fe(H_2PO_4)_2 = FeHPO_4 + H_3PO_4 \tag{6.8}$$

由于 H_2 的析出,溶液的 pH 值升高,因此 $Mn(H_2PO_4)_2$ 的电离反应会继续进行,反应向生成难溶磷酸盐的方向移动。这些不溶性的仲磷酸锰 $MnHPO_4$ 少部分从溶液中沉淀成泥浆,大部分在金属表面沉积成为磷化膜层。因为它们就是在反应部位生成的,所以与基体表面结合得很牢固。

对形成膜层进行分析,发现膜中除了锰及磷酸根外还有铁,铁是由 $Fe(H_2PO_4)_2$ 电离生成的。

(2)$Zn(H_2PO_4)_2$ 做磷化液的成膜机理

$$3Zn(H_2PO_4)_2 \longrightarrow Zn_3(PO_4)_2 \downarrow + H_3PO_4 \tag{6.9}$$

$$2H_3PO_4 + Fe = Fe(H_2PO_4)_2 + H_2 \tag{6.10}$$

式(6.8)的进行将使反应式(6.9)的电离反应向右移动,使 $Zn_3(PO_4)_2 \downarrow$ 不断增加,因此,磷酸锌能够迅速而且整齐地沉积在金属表面上,成为致密的膜层——磷化膜。

锰系磷化液形成的磷化膜是仲磷酸盐和叔磷酸盐的混合物,而锌系磷化液形成的磷化膜仅是锌的叔磷酸盐膜。

2. 铁系磷酸盐膜化学反应机理

磷酸铁系膜层处理液有以下两种。

(1)处理液为含有 $Na(H_2PO_4)_2$ 和表面活性剂的水溶液,使用本处理液时成膜反应和脱脂操作可以同时进行。

(2)由碱金属磷酸二氢盐与氧化剂(例如氯酸盐、溴酸盐、钨酸盐等)所组成的处理液,需在完成脱脂、清洗等规定操作之后再进行成膜操作。

上述两种处理液通常含磷酸二氢钠 10~15 g/L,加热到 50 ℃时呈现出下列轻微解离反应

$$2NaH_2PO_4 \longrightarrow Na_2HPO_4 + H_3PO_4 \qquad (6.11)$$

当该反应达平衡时，再把这种溶液喷淋在钢铁表面上，会发生如下反应

$$2H_3PO_4 + Fe \Longleftrightarrow Fe(H_2PO_4)_2 + H_2 \qquad (6.12)$$

$$3Fe(H_2PO_4)_2 \longrightarrow Fe_3(PO_4)_2 \downarrow + H_3PO_4 \qquad (6.13)$$

从 Fe 的电位 pH 图中可知，在 pH = 5.5 ~ 6 时，铁与含氧溶液反应生成 $Fe(OH)_2$，经干燥脱水后生成氧化铁。生成的 Fe_2O_3 与 $Fe_3(PO_4)_2$ 都是膜层的主要组分，其反应如下

$$2Fe + 2H_2O + O_2 \Longleftrightarrow 2Fe(OH)_2 \qquad (6.14)$$

$$2Fe(OH)_2 + 1/2O_2 + H_2O \Longleftrightarrow 2Fe(OH)_3 \qquad (6.15)$$

$$2Fe(OH)_3 \Longleftrightarrow Fe_2O_3 + 3H_2O \qquad (6.16)$$

因此，最终的反应生成物是不溶性的磷酸铁与氧化铁的混合物膜层。

综上所述，金属的磷酸盐处理由于所用溶液的不同，在化学组成和结构上形成两种不同的磷酸盐膜，一种是磷酸二氢锰和磷酸二氢锌的电离产物，这种磷酸盐转化膜称为假转化型的磷酸盐膜；另一种是金属表面自身转化的产物，即磷酸铁与氧化铁的混合物膜层，这种膜称为化学转化型的磷酸盐膜。这两种不同类型的膜具有不同的特性和成膜机理。

转化型磷酸盐膜处理溶液组成比较简单且不产生沉淀，但膜的孔隙率十分高，可达表面积的 2%，因此这类磷酸盐转化膜非常适合于作为漆膜的底层。

三、主要仪器及材料

金相试样磨光机；电吹风；温度计(0 ~ 100 ℃)；耐水砂纸；滤纸；搅拌棒；铁夹子；烧杯；沸石；ZnO；浓 HNO_3；浓 H_3PO_4；硝酸锰；$NaNO_2$；NaF；蒸馏水。

四、实验过程

(1) 试件预处理。使用金相试样磨光机将加工到一定粗糙度的试件依次用 400#、600#、800# 耐水砂纸打磨，将试件安装在夹具上分别用丙酮和乙醇脱除表面的油脂，用电吹风吹干待用。

(2) 磷化溶液配制。表 6.4 列出几种磷化处理配方和工艺条件。

① 磷化液的配制。将配制好的硝酸锌和磷酸二氢锌进行搅拌混合。定容 100 mL，将磷化液进行"铁屑处理"，直到磷化液的颜色变成稳定的棕绿色或棕黄色时为止。

② 磷化液游离酸度和总酸度的调整。配制好的磷化液还需进行酸度调整，当游离酸度低时，可加入硝酸锌。当加入磷酸锰铁盐和磷酸二氢锌约 5 ~ 6 g/L 时，游离酸度升高 1"点"，同时总酸度升高 5"点"左右；加入硝酸锌为 20 ~ 22 g/L，硝酸锰为 40 ~ 45 g/L 时，总酸度可升高 10"点"；加入氧化锌 0.5 g/L，游离酸度可降低 1"点"；总酸度可用水稀释来降低 1"点"；当分析游离酸度和总酸度时，用 0.1 mol/L 的氢氧化钠溶液去中和磷化液所消耗的氢氧化钠体积(mL)。1"点"系指消耗 0.1 mol/L 氢氧化钠溶液 1 mL。

(3) 磷化处理。将磷化液加热至工作温度时，再把处理好的试件放入溶液中进行磷化，磷化过程中控制温度在规定范围内。

(4) 磷化膜填充处理。用 3% ~ 5% $K_2Cr_2O_7$ 溶液在 90 ~ 95 ℃ 时填充 20 ~ 25 min(为防止溶液暴沸，需要在溶液中加入沸石)。

(5) 点滴测试。将一滴硫酸铜溶液滴在冲洗干净且晾干的试件上,计时,观察滴液,变红时停止计时,若磷化膜不合格,可退除掉,重新进行磷化处理,直至合格为止。

表 6.4 几种磷化处理配方及工艺条件

名称及单位	高温磷化			中温磷化			常温磷化		
	1	2	3	4	5	6	7	8	9
马日夫盐 [$Mn(H_2PO_4)_2$] /$g·L^{-1}$	30~40		30~40	30~45		30~40	40~65		
磷酸二氢锌 [$Zn(H_2PO_4)_2·2H_2O$] /$g·L^{-1}$		30~40			30~45			60~70	50~70
硝酸锌 [$Zn(NO_3)_2·6H_2O$] /$g·L^{-1}$		55~65	30~50	100~130	80~100	80~100	50~100	60~80	80~100
硝酸锰 [$Mn(NO_3)_2·6H_2O$] /$g·L^{-1}$	15~25				20~30				
亚硝酸钠($NaNO_2$) /$g·L^{-1}$						1~2			0.2~1
氟化钠(NaF) /$g·L^{-1}$							3~4.5	3~4.5	
氧化锌(ZnO) /$g·L^{-1}$							4~8	4~8	
温度/℃	94~98	88~95	92~98	55~70	60~70	50~70	20~30	20~30	15~35
时间/min	15~20	8~15	10~15	10~15	10~15	10~15	30~45	30~45	20~40
游离酸度"点"	3.5~5	6~9	10~14	6~9	5~7.5	4~7	3~4	3~4	4~5
总酸度"点"	36~50	40~58	48~62	85~110	60~80	60~80	50~90	70~90	75~95

五、基本要求

掌握点滴实验滴液变红的时间。

6.6 钢板热浸镀铝

一、实验目的

进一步理解热浸镀铝的基本原理;了解热浸镀铝工艺。

二、基本原理

1.热浸镀铝技术简介

与热浸镀锌相似,热浸镀铝也分为外层和内层,外层是纯铝结晶层,内层是Fe－Al原子相互扩散化合形成的Fe－Al层,如图6.8所示。热浸镀铝的主要优点是具有很好的耐腐蚀性能,尤其在含硫工业大气、海洋大气环境下优势更明显;成本低;长期使用由银白色逐渐变为灰色;对基体钢材成分无要求;一般不需要钝化。其不足是,由于热浸镀铝用的设备是铸铁锅,所以不能加工特大的工件;浸铝温度高,工件变形大;除海洋环境外,为阴极镀层。

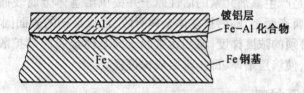

图6.8　热浸镀铝层组织结构

由于Al的原子半径与Fe相似,Al的活性更强,液态的Al与固态的Fe之间的扩散和化合作用很强烈,因而其化合物层是最厚的,也是最难控制的。这就使其加工性能受到影响,在进行拉伸和深冲压时,往往会造成镀层龟裂甚至脱落。镀铝层的防腐蚀性能在镀层没有划伤的情况下充分体现出来,一方面是由于Al表面能形成致密的Al_2O_3保护膜,使其在非常恶劣的情况下也不致进一步腐蚀,因而其抗腐蚀作用非常强。另一方面是镀铝层的抗高温氧化性能也很强,在温度低于450℃时,镀铝钢板保持着光亮的外观,500℃以上才开始氧化和变色,铝和铁相互扩散,增厚其难熔而又致密的铁铝合金层,其耐热性与40g不锈钢相当。一旦镀层被划破,钢基裸露在环境介质中,镀铝层的保护作用就大大减弱。虽然镀铝层像镀锌层一样有一定的阴极保护作用,但铝表面形成的致密氧化物使镀层的牺牲保护作用减弱,钢基反而先于镀层被腐蚀掉,如图6.9所示。

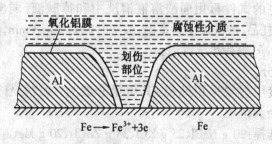

图6.9　镀铝层被划伤后的牺牲防腐蚀原理

镀铝钢板分为纯铝镀层钢板和铝硅镀层钢板,前者的耐蚀性好,常用于耐蚀条件;后者的耐热性好,通常用于耐热条件。耐热方面的用途有汽车排气系统材料,例如消音器与排气管、烘烤炉和食品烤箱、粮食烘干设备、烟筒等。耐蚀方面的用途主要以大型建筑的屋顶板和侧壁、瓦龙板、通风管道、汽车底板和驾驶室的用材、水槽、冷藏设备等。

镀铝钢丝通常有两类,较软的低碳钢丝一般用作编织网、篱笆、安全网等;较硬的高碳钢丝主要用于通信电缆、地线、舰船用钢丝绳等。

镀铝钢管主要用于石油加工工业中的管式炉管、热交换器管道;用于含硫气体、硝酸、甘油、甲醛、浓醋酸等输送管道;炼焦化学工业中的苯及吡啶车间热交换器、分馏塔和冷凝器;食品工业中的各种管道等。此外,镀铝管经过扩散退火后在蒸汽锅炉管道上应用也很广泛。

2. 热扩渗层形成的基本条件

形成热扩渗层的基本条件有四个,首先,渗入元素必须能够与基体金属形成固溶体或金属间化合物;其次,欲渗元素与基材之间必须直接接触;第三,被渗元素在基体金属中要有一定的渗入速度;第四,必须满足热力学条件。

3. 渗层形成机理

渗层形成机理是产生渗剂元素的活性原子并提供给基体金属表面。渗剂元素的活性原子吸附在基体金属表面上,随后被基体金属吸收,形成最初的表面固溶体或金属间化合物,建立热扩渗所必须的浓度梯度。渗剂元素原子向基体金属内部扩散,基体金属原子也同时向渗层中扩散,使渗层增厚,即扩渗层成长过程。

三、主要仪器及材料

电阻炉;坩埚若干个;量杯;塑料盆;天平;铝材、Q235 钢板、盐酸、氯化铵、氯化钠、氯化钾、氯化锌、氯化镁、氢氧化钠、碳酸钠、磷酸钠、洗涤剂等。

四、实验过程

(1) 待镀件的预处理。

① 首先用砂纸将表面的污物打磨干净,用粗砂轮打磨粗化,形成粗糙的表面层,以便于浸镀。

② 将表面粗化后的试件用碱液清洗除油,碱液成分配比为(g/L):20% ~ 30%NaOH、30% ~ 40%Na_2CO_3、30% ~ 40%$Na_3PO_4 \cdot 12H_2O$、2% ~ 4%海鸥洗涤剂;清洗温度为 80 ~ 90 ℃,清洗时间为 3 ~ 5 min,然后用蒸馏水清洗。

③ 将碱液清洗完的试件再用弱酸溶液清洗中和掉碱液,弱酸溶液的成分为:12% HCl +(1 ~ 2) g 乌洛托品。酸洗温度为室温,酸洗时间为 2 ~ 3 min,然后用蒸馏水清洗,再用酒精将试件擦洗干净,等待热浸镀铝。

(2) 配置铝液成分。

① 材料选择:镀层材料采用纯铝,其质量分数为:99.7%Al、0.01%Cu、0.16% Fe、0.16%Si、0.26% 剩余为杂质。

② 覆盖熔剂的选择:20 g NaCl、25 g KCl、33 g $ZnCl_2$、20 g $MgCl_2$、10 g NH_4Cl。

③ 将铝材和覆盖熔剂一起装入坩埚内并放入电阻炉内进行熔化,形成熔融的铝液,并在铝液上面形成一层覆盖熔剂,防止铝液被氧化。

(3) 热浸镀铝。首先用铁棒将铝液表面的覆盖剂扒开,露出新鲜的铝液,然后将待镀试件放入铝液中进行浸镀,浸镀温度为 680 ~ 780 ℃,浸镀时间为 2 ~ 4 min。

(4) 将镀好的试件提出铝液并用自来水清洗,置于空气中自然干燥。

(5) 将镀件用砂轮机打磨出端面,露出镀层,并用自来水冲洗干净,待干燥后利用环氧树脂对试件进行镶嵌,然后用金相砂纸磨制、抛光并用 4% 硝酸酒精溶液腐蚀,制成金相试样,利用金相显微镜测量镀层厚度,并分析镀层的质量。

五、基本要求

(1) 掌握热浸镀铝的基本方法,并对镀件进行质量分析。
(2) 掌握铝液成分的配置及浸镀工艺参数的确定方法。
(3) 明确实验目的和实验过程。

六、思考题

(1) 简述影响热浸铝层厚度和性能的因素。
(2) 试分析镀液成分对镀层性能产生的影响。

第7章 铸造实验

7.1 原砂性能综合实验

一、实验目的

掌握原砂性能及其测试方法。

二、基本原理

铸造生产中用来配制型砂、芯砂的原砂称为铸造用砂。原砂的含泥量、颗粒组成及形状等对型砂的性能有着重要的影响。含泥量高会使型、芯的透气性和耐火度降低。原砂的颗粒组成对型、芯砂的透气性、强度和耐火度都有影响。而原砂的颗粒形状对型、芯砂的流动性、透气性和强度也都有影响。因此,为了配制符合生产要求的型、芯砂,并在使用中控制它们的质量,就必须掌握原砂的性能及其实验方法。原砂性能包括含水量、含泥量、原砂粒度及粒形粒貌。

(1) 所谓含水量就是指原砂中所含水分的多少,用质量分数表示。

(2) 原砂含泥量是指原砂中含有直径小于 0.022 mm 的颗粒部分的质量百分数。测定原砂含泥量通常采用冲洗法,主要是利用悬浮在水中的砂和泥分的质点大小不同,其下沉的速度也不同的原理,将砂和泥分开。

颗粒在水中下沉的速度可用下式计算

$$V = \frac{d^2(r - r_1)}{18\eta}g \tag{7.1}$$

式中,V 为质点下沉速度,$cm \cdot s^{-1}$;d 为质点直径,cm;r 为下沉物的密度,$2.62\ g \cdot cm^{-3}$(砂与黏土比重大致相同);r_1 为水的密度,$g \cdot cm^{-3}$;η 为水的粘度 $0.001\ 0\ g \cdot (cm \cdot s)^{-1}(20\ ℃)$;$g$ 为重力加速度 $930\ cm \cdot s^{-2}$。

直径为 0.022 mm 的最小砂粒在 20 ℃ 的水中下沉速度为

$$V = \frac{d^2(r - r_1)}{18\eta}g = 0.042\ 6\ cm/s = 2.556\ cm/min = 2.5\ cm/min$$

5 min 内直径为 0.022 mm 的砂粒在水中下沉深度约为

$$2.5 \times 5 = 12.5\ cm$$

因此,将原砂与水充分搅拌,使砂和泥悬浮于水中,然后静置 5 min,则所有的砂粒都下降到距水平 12.5 cm 以下,而 12.5 cm 以上的水中悬浮物则都是泥分,即可用虹吸管将它吸出。这时,下部的砂中可能还混有一些泥分,再清洗几次,直至上部分水清为止,这样就可能将原砂中的泥分完全洗出。取出沉淀的砂粒烘干,称质量即可算出含泥量。

(3) 原砂的粒度是指砂粒的大小,不同颗粒大小的比例,砂粒的均匀程度,这些对型砂强度、透气性以及铸型的尺寸精度与表面质量都有很大影响,是判断铸型用砂质量的重要性能指标之一。采用筛分法进行测定。

(4) 原砂的粒形粒貌是指其颗粒形状及表面状态,常用的测定方法有两种,这里只介绍标准法。根据 GB9442—1988 的规定,标准法为角形系数法,即原砂的理论比表面积与实际表面积的比值。

三、主要仪器及材料

仪器:洗砂机;筛砂机;烧杯;烘炉;搅拌器;电炉;虹吸管;漏斗;滤纸及天平;带塞的玻璃量筒;管式电阻炉及小磁舟。

材料:铸造原砂;焦磷酸钠溶液。

四、实验过程

(1) 含水量测定。按照 GB2684—1981 的标准,用天平称取原砂 50 ± 0.01 g 置于蒸发皿中并将其放入电炉箱内烘烤,加热温度为 $105 \sim 110$ ℃,待原砂恒重时,置于干燥的器皿中冷却至室温,再进行称量(所谓恒重指将原砂烘 30 min 后称重,以后每 15 min 再称重,当相邻两次称重的结果不超过 0.02 g 时即为恒重)。按照下式计算

$$原砂含水量 = \frac{G_1 - G_2}{G_1} \times 100\% \tag{7.2}$$

式中, G_1 为烘干前试样的质量,g; G_1 为烘干后试样的质量,g。

(2) 含泥量测试。按照 GB2684—1981 的标准,用天平称取烘干后的砂样 50 ± 0.01 g 放入洗砂杯中,再加入 390 mL 水和 10 mL5% 的焦磷酸钠溶液,煮沸 $3 \sim 5$ min,将洗砂杯置于涡旋式洗砂机上搅拌 15 min。取下洗砂杯加水至标准高度 125 mm 处,用玻璃棒搅拌 30 s 后,静置 10 min,用虹吸管排出浑水。第二次再加清水至标准高度 125 mm 处,重复上述操作;第三次以后的操作与上述相同,静置时间为 5 min。以上试验反复若干次,直至洗砂杯中的水透明无泥为止。此时将杯中的清水吸出后,在 $140 \sim 160$ ℃ 下烘干至恒重。再将其置于干燥器皿中冷却至室温后对砂样称重,最后按下式计算

$$原砂含泥量 = \frac{G_1 - G_2}{G_1} \times 100\% \tag{7.3}$$

式中, G_1 为试验前试样的质量,g; G_1 为试验后试样的质量,g。

(3) 原砂粒度测定。按照 GB2684—1981 的要求,称取 100 g 烘干后的原砂放入最上面的筛子上,筛子按筛孔直径大小依次固定在筛砂机上,筛选时间为 15 min。当筛砂机自动停机后,依次将每个筛子及底盘上的砂子分别进行称重,计算出各类砂子占砂样总量的比例,按要求记录在表 7.1 中。应注意的是,各级筛子和底盘上的砂子及泥量的总和不超过 (100 ± 1) g,否则重新实验。

表 7.1 原砂粒度测试实验结果

筛孔直径/mm	3.350	1.700	0.850	0.600	0.405	0.300	0.212	0.150	0.106	0.075	0.053
沙重											
百分比											

(4) 角形系数测定。采用流动法测试原砂的粒形粒貌。和漏斗粘度计测定液体的粘度一样,将定量的砂粒和同粒度的玻璃球,分别通过标准形状的漏斗,测定其流过漏斗所需的时间,便可求出粒形系数

$$粒形系数 = \frac{t_s \rho_g}{t_g \rho_s} \tag{7.4}$$

式中,t_s、t_g 分别为砂粒、玻璃球落下的时间,s;ρ_s 为砂粒密度,g·cm^{-3};ρ_g 为玻璃球密度,g·cm^{-3}。

五、基本要求

对测试的原砂和黏土的性能数据进行记录并进行分析。

六、思考题

(1) 造型材料的选择依据是什么。
(2) 简述实验中采用的性能测试的基本方法。

7.2 型砂常温性能测试

一、实验目的

通过对型砂透气性、紧实率和室温强度的了解,掌握型砂性能的检测原理和相应仪器的使用方法,加深理解黏土含量对型砂性能的影响,从而认识型砂性能指标在铸造生产中的作用。

二、基本原理

型砂的常温性能主要包括紧实率、湿强度、干强度、透气性、流动性、韧性等,下面介绍一些型砂常温性能的测试方法。

1. 紧实率

型砂紧实程度可用紧实率来表示,湿态的型(芯)砂在一定紧实力的作用下其体积变化的百分比,用试样紧实前后高度变化的百分数来表示

$$紧实率 = \frac{H_0 - H_1}{H_0} \times 100\% \tag{7.5}$$

式中,H_0 为紧实前试样高度;H_1 为紧实后的高度。

图 7.1 是紧实率试验方法示意图。将被测型砂通过筛子和漏斗,装满试样筒,刮去多余的型砂后在锤击式制样机上打击三次,试样体积的压缩程度即为紧实率。

2. 透气性

透气性是指造型材料在紧实后能使气体通过自身的能力,其大小常用透气率表示。型砂透气率的测定是根据在一定条件下(紧实度相同)气体通过试样截面时受到的阻力来间接地反映,其数值可由下式计算

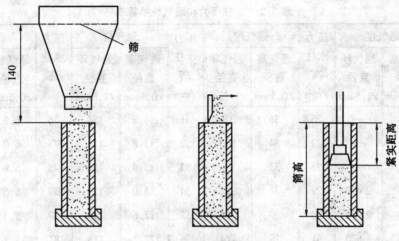

图 7.1　型砂紧实率示意图

$$Q = K\frac{\tau \times p \times F}{H} \tag{7.6}$$

式中，Q 为通过试样的空气量；τ 为气体通过的时间；F 为试样截面积；p 为试样前后的压力差；K 为比例常数，称为透气率，其大小取决于型砂的性质。

透气性测定仪的工作原理见图 7.2，测出气钟内的空气在压力下通过试样的时间和试样前后压力差厘米水柱值，就可计算其透气性。

测定湿型砂透气性时，首先要制作标准试样。先称取 150～180 g 的型砂放入圆形试样筒中，在锤击制样机上锤击三次，制成标准圆柱试样。将内有试样的试样筒放到透气性测定仪上进行测定。透气性测定方法有标准法和快速法两种。

（1）标准法。利用 2 000 cm² 室温空气通过试样的时间和压力计算透气率。

（2）快速法。快速法是钟罩的空气流向试样前先经过一个通气塞，通气塞上有圆形小孔，孔径尺寸有 $\phi 1.5 \pm 0.03$ mm 和 $\phi 0.5 \pm 0.03$ mm 两种，当透气率大于 50 时应用大孔，透气率小于 50 时应用小孔。由于气体通过孔口的速度与试样两端压力差有一定比例关系，因而试验时只要记下气压计的水柱高度，

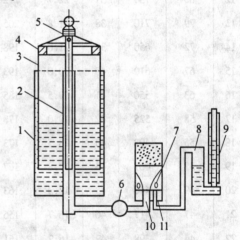

图 7.2　透气性测定原理图

1—水筒；2—水筒套管；3—钟罩；4—加重圆环；5—钟罩内管子；6—三通阀；7—试样；8—压力表；9—压力表尺；10—通气塞；11—密封橡皮圈

就可以从表 7.2 中查出透气率。当然直读式透气率测定仪可直接从表盘上读出试样的透气率，无需再用水柱压力来进行换算。

测定透气率时，每种材料需做三个试样，测其透气率后取三个试样的平均值。如果其中任何一个与平均值相差超过 10% 时，则需重新进行。

表 7.2 水柱压力和透气性换算表

压力水柱高/mm	通气度 通气塞直径/0.5mm	通气度 通气环直径/1.5mm	压力水柱高/mm	通气度 通气塞直径/0.5mm	通气度 通气环直径/1.5mm	压力水柱高/mm	通气度 通气塞直径/0.5mm	通气度 通气环直径/1.5mm	压力水柱高/mm	通气度 通气塞直径/0.5mm	通气度 通气环直径/1.5mm
1	—	—	26	36	326	51	14.3	134	76	6.3	61
2	—	—	27	34	313	52	13.8	128	77	6.0	58
3	—	—	28	33	300	53	13.4	126	78	5.8	56
4	273	2 450	29	31	287	54	13.0	122	79	5.6	54
5	214	2 000	30	30	275	55	12.6	119	80	5.3	52
6	176	1 620	31	29	264	56	12.2	115	81	5.1	50
7	154	1 350	32	28	253	57	11.8	112	82	4.9	48
8	138	1 200	33	27	243	58	11.4	108	83	4.7	46
9	117	1 060	34	25.8	235	59	11.0	105	84	4.4	44
10	105	950	35	24.2	226	60	10.7	102	85	4.2	42
11	93	850	36	23.4	219	61	10.3	99	86	4.0	40
12	80	730	37	22.7	212	62	10.0	96	87	3.7	38
13	79	710	38	21.8	205	63	9.7	93	88	3.5	36
14	72	650	39	21.0	198	64	9.4	90	89	3.3	33.4
15	67	610	40	20.0	193	65	9.0	88	90	3.1	32
16	63	550	41	19.5	185	66	8.8	85	91	2.9	30
17	58	525	42	19.0	178	67	8.5	82	92	2.6	27.8
18	55	492	43	18.5	173	68	8.2	82	93	2.4	26.6
19	52	467	44	17.8	167	69	7.9	77	94	2.2	23.2
20	49	440	45	17.3	163	70	7.7	75	95	1.9	21.0
21	47	417	46	16.7	156	71	7.5	73	96	1.7	18.4
22	44	398	47	16.2	151	72	7.2	70	97	1.4	—
23	42	376	48	15.7	146	73	7.0	67	98	1.1	—
24	40	358	49	15.2	142	74	6.7	65	99	—	—
25	38	341	50	14.7	138	75	6.5	63	100	—	—

注：1 mm 水柱等于 9.807 N/m²。

3.型砂强度

型砂的强度以其试样受力破坏时的应力值来表示，按载荷性质不同有抗压、抗拉、抗弯和抗剪强度等，表 7.3 给出了几种型砂强度试验方法。强度测定一般在型砂强度试验仪上进行，国内常用的有杠杆式万能强度试验仪和液压强度试验机。杠杆式万能强度试验仪的工作原理如图 7.3 所示。利用杠杆移动重锤 Q 对试样逐渐施力,最终使试样破坏。此时应用杠杆原理,求出试样单位面积上所受的力,即型砂的强度。在杠杆强度试验仪上可进行拉、压、弯和剪四种试验,试样固定在杠杆上方时承受压力、剪切力和弯力,试样固定在杠杆下方时承受拉力。

表 7.3 型砂强度实验方法

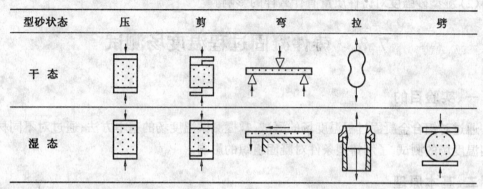

三、主要仪器及材料

数字显示透气性测定仪(STD – B 型);锤击式制样机(SAC 型);电烘箱;叶片式混砂机(SHY – A 型);振摆式筛砂机(SSZ 型);数字显式液压万能强度试验仪(SWY – 2);抗压、抗拉制样模具;原砂、黏土和水。

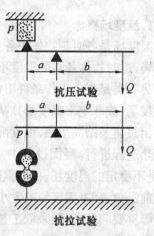

图 7.3 杠杆式万能强度试验仪原理图

四、实验方法及过程

(1) 加入烘干原砂 1 000 g,按 5% 加入黏土,水适量,混砂 3 min;标准紧实测定紧实率;用锤击式制样机制取透气性和强度试样,测量其透气率和强度。

(2) 加入烘干原砂 1 000 g,按 6% 加入黏土,水适量,混砂 3 min;标准紧实测定紧实率;用锤击式制样机制取透气性和强度试样,测量其透气率和强度。

(3) 加入烘干原砂 1 000 g,按 7% 加入黏土,水适量,混砂 3 min;标准紧实测定紧实率;用锤击式制样机制取透气性和强度试样,测量其透气率和强度。

(4) 将实验数据填入表 7.4 中。

表 7.4 实验数据

	5% 黏土	6% 黏土	7% 黏土
紧实率			
透气率			
抗压强度			
抗拉强度			

(5) 分析黏土含量对型砂的紧实率、透气性以及抗拉和抗压强度的影响规律及原因。

五、思考题

(1) 湿型砂中气体的来源及对铸件质量的影响。
(2) 湿型砂强度对铸件质量有什么样的影响。

7.3 铸件凝固过程温度场测试

一、实验目的

通过对铝合金凝固过程温度场的测试,掌握测试温度场的基本方法;通过对不同材料铸型温度场的测试,了解铸型条件对凝固组织的影响。

二、基本原理

1. 温度场概念

温度场是各时刻物体中各点温度分布的总称。温度场有两大类;一类是稳态工作下的温度场,这时物体各点的温度不随时间变动,这种温度场称为稳态温度场(或称定常温度场)。另一类是变动工作条件下的温度场,这时温度分布随时间改变,这种温度场称为非稳态温度场(或非定常温度场)。从金属液充填铸型开始,便开始铸件与铸型间的热交换。铸件放出过热及结晶潜热,温度降低,铸型及周围环境吸收这些热量,温度升高,凝固伴随这一换热过程进行。凝固过程中,热流随时间变化,是不稳定换热,铸件温度场也随时间变化,是不稳定的温度场。根据温度场随时间变化的特征确定铸件凝固过程中断面上各时刻凝固前沿位置、凝固区域的大小和变化、凝固方式、凝固速度以及铸件各部分的先后凝固次序等重要问题,以便采取工艺措施,控制铸件的凝固过程,达到消除铸造缺陷获得合格铸件的目的。

2. 铸件温度场测试方法

研究温度场常用测量温度法,将热电偶放置于铸件和铸型中某些特定部位,测定铸件和铸型各个坐标点的温度－时间曲线,即冷却曲线,根据冷却曲线开展凝固过程的研究。

铸件温度场测定的装置如图 7.4 所示,将一组热电偶的热端固定在型腔中的不同位置,利用多通道数据采集仪和温度场测试装置作为温度测量和记录装置,即可记录自金属液浇入型腔起至任意时刻铸件断面上各测温点的温度值。根据该数据可绘制出铸件断面上不同时刻的温度场曲线。其方法是:以铸件表面为原点,以纵坐标为温度,横坐标为距

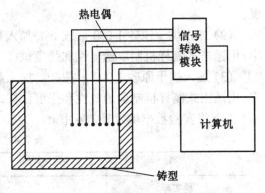

图 7.4 测温法实验原理图

离,方向指向铸件中心,把冷却曲线上同一时刻各测温点的温度标注其上,连接各点即得到该时刻的温度场。对于轴对称铸件只绘出一半温度场即可。纯铝圆柱形铸件温度场如图7.5所示。

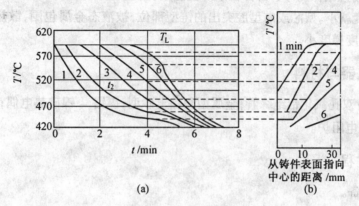

图 7.5　直径 100 mm 纯铝圆柱形铸件温度场

在过热度不大的情况下,浇注后的瞬间靠近铸件表面的热电偶温度很快下降至 T_L 以下,表明铸件表面已开始凝固,由于结晶潜热的释放(凝固前沿释放凝固潜热),使内部各处散热困难,继续保持 T_L,冷却曲线保持了长短不等的平台(恒温)。当平台出现拐点时,该处才开始冷却凝固,直到曲线与 T_S 相交(即第二个拐点)时,对应部位凝固结束。可见凝固是由表及里依次推进的。冷却曲线的斜率表示冷却温度。铸件各截面在同一时刻的冷却速度各不相同,而且在凝固过程中是随时间不断变化的。

由图可知,铸件温度场随时间变化,为不稳定温度场。浇铸后温度分布曲线的斜率即为温度梯度。不同时刻有不同的温度梯度。如果将 T_L,T_S 也示意地绘出,用以分析某时刻凝固层厚度与凝固区域宽度,即温度处于 T_L,T_S 之间的区域宽度。可以看到,温度梯度越大则凝固区域宽度越小,凝固层厚度则随时间的延续而逐渐加厚。

3. 影响温度场的因素

(1) 铸型的蓄热能力,即铸型从金属液中吸收和储存热量的能力。铸型的热导率和质量热容越大,对液态合金的激冷作用越强,铸件断面温度梯度越大,温度场较陡,使铸件的凝固区变小。而蓄热能力较小的砂型就会得到相反的结果。在不稳定导热情况下,铸件的冷却一是靠铸型传热而散失热量,二是靠铸型的蓄热。厚壁金属型的激冷作用主要靠铸型的蓄热,对于铝镁铸件或薄壁铸件尤其是这样。通过在金属型腔表面刷涂料层以改变中间层的热阻也可改变铸件的温度分布。对同一铸件的不同部位,安放不同性质的铸型材料,可以获得不同的冷却强度以控制凝固过程,如冷铁及保温材料的应用等。水冷铜型具有很好的激冷效果,冷却水能不断带走热量,使型壁温升不大而始终保持良好的激冷作用,铸件温度梯度大。

(2) 铸型温度。提高铸型温度减少铸型和金属液体之间的温差,减缓冷却速度,铸件温度梯度减小。铸型预热温度越高,铸件温度梯度越小。但有的情况下,铸型预热是有必要的,甚至应预热到较高温度。如金属型预热温度为 200 ~ 400 ℃,熔模铸造的型壳预热温度在 600 ~ 900 ℃,其目的在于防止铸件浇不足或热裂等缺陷。

(3) 铸件的散热条件。铸件形状或所处部位的不同造成散热条件的差异，导致铸件各部位温度梯度不同。铸件外棱角或向外弯曲的表面比平壁散热条件好，因为前者对应的铸型吸热体积呈放射状渐次扩大，铸件在该部位温度梯度就大；相反，处在内角或内弯表面的部位，温度梯度就小。型芯或向型腔突出的铸型部位，被液态金属包围，散热条件差，邻近的铸件断面温度梯度小。

三、主要仪器与材料

ZL102 合金；双孔氧化铝绝缘管；金属型和黏土砂型；镍铬 – 镍硅热电偶；多通道数据采集仪；工控机；电阻炉。

四、实验过程

(1) 实验准备。

① 铝硅合金熔化后，在 720 ℃ 保温 30 min；

② 混黏土湿砂(黏土 5% 左右，水 3% ~ 4%)；

③ 组装热电偶，用热电偶焊接机，将镍铬 – 镍硅丝一端熔焊，焊点为球形；选用适当长度的双孔氧化铝绝缘管将热电偶丝绝缘，并起到一定保护作用；

④ 造砂型(造型放置热电偶)，将上下砂型合箱；

⑤ 将热电偶冷端按顺序连接到多通道数据采集仪上，将多通道数据采集仪连接到工控机上；

⑥ 开启电脑、多通道数据采集仪电源，通冷却水。

(2) 测量过程。

① 启动软件，检查各热电偶连接是否正确，无误后使软件进入数据采集状态；

② 将铝液浇注到铸型中，并测量浇注温度；

③ 实时观察仪表的工作情况，当载荷接近载重传感器的量程及时卸载；

④ 铸件冷却至室温，停止数据采集导出实验的记录曲线和有关数据；

⑤ 详细记录实验条件，包括铸型性质、尺寸，热电偶安放位置及浇注温度等。

五、基本要求

(1) 根据冷却曲线绘制温度场。

(2) 分析铸型条件对凝固组织的影响。

(3) 简述铸件温度场的测量过程。

7.4　液态金属流动性测试

一、实验目的

了解影响金属流动性的因素及对铸件质量的影响；掌握液态金属流动性测试的方法。

二、基本原理

1. 流动性的含义

流动性是金属液本身的流动能力。金属的流动能力与金属的成分、温度、杂质含量等有关,同时对铸件质量也有很大的影响。流动性直接影响到金属液的充型能力,流动性好的金属充型能力强,能获得轮廓清晰、尺寸精确、薄壁和形状复杂的铸件,还有利于金属液中夹杂物和气体的上浮与排除。相反,流动性差的金属充型易出现冷隔、浇不到、气孔、夹渣等缺陷。

2. 流动性的影响因素

(1) 合金成分方面。纯金属、共晶合金流动性好,亚、过共晶合金流动性差。

(2) 结晶潜热及晶粒形貌的影响。在合金的结晶过程中放出潜热越多,则液态合金保持时间就越久,流动性就越好。

(3) 合金物理性质的影响。合金的热导率、比热容、密度和黏度对流动性都有影响。比热容和密度较大,热导率较小的合金,流动性好。反之流动性就差。一般黏度越大流动性就越差,而黏度越小流动性就越好。

3. 流动性的测试方法

液态金属的流动性是使用浇注"流动性试样"的方法衡量的。在实际中将试样的结构和铸型性质固定不变,在相同的浇注条件下(例如,在液相线以上相同的过热度或在同一浇注温度下),以试样的长度或以试样某处的厚薄程度表示该合金的流动性。对于同一合金,可以用流动性试样研究各铸造因素对其充型能力的影响。流动性试样的种类很多,有螺旋形、球形、U形及真空试样等,在生产和科学研究中应用最多的是螺旋形试样和真空试样。本实验采用螺旋形流动试样,进行金属流动性测定。

如图 7.6 所示,该方法有两个特点,一是在浇口杯上设置了高坝和低坝溢流槽,从而有效地控制浇注过程中金属液静压头的变化;二是将试样制成螺旋试样,可以保证金属液流动的长度。这种方法由于操作简单,在生产和科研中广泛应用。

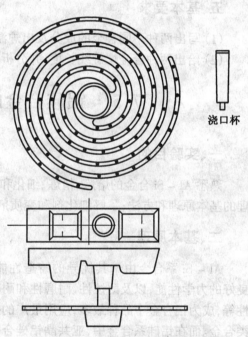

图 7.6 螺旋形流动试样结构示意图

三、主要仪器及材料

ZLL – 1500Ⅲ型同心三螺旋线合金流动性测定仪;坩埚熔炼炉;砂箱;黏土砂;卷尺;纯铝;速熔硅;六氯乙烷。

四、实验过程

(1) 混黏土砂,造型。
(2) 在电阻炉中分别熔炼纯铝及 ZL102 合金,炉料熔化后,采用六氯乙烷精炼除气。
(3) 在 720 ℃ 分别浇注螺旋试样。
(4) 待合金冷却后,打箱取出螺旋状试样,测量其长度。
(5) 比较分析两种不同合金流动性的差别并分析其原因。
(6) 注意事项
① 测试过程中,铸型应保持水平状态,防止严重倾斜;
② 试样应在造型完毕后 30 min 内浇注,浇注要平稳无冲击;
③ 浇注温度高于合金液相点 50 ~ 80 ℃,每次测试浇注温度应控制在 ± 10 ℃;
④ 浇注试样后始终处于自然冷却状态,30 min 后打箱;
⑤ 测试完毕后应将模型型板、浇口杯模型、浇口棒模型及砂箱擦拭干净,组合好,以防损坏。

五、基本要求

(1) 写出两种不同合金的成分及出炉温度。
(2) 给出两种合金螺旋线长度,并分析两种合金的流动性能。

7.5 铝硅合金的细化和变质处理

一、实验目的

熟悉 Al – Si 合金的熔炼、精炼、细化和变质处理过程;了解 Al – Si 合金细化和变质处理的基本原理和方法;了解细化剂和变质剂对 Al – Si 合金组织的影响。

二、基本原理

Al – Si 系合金由于其优异的铸造性能,良好的力学性能,以及耐蚀性、耐磨性和耐热性等,成为铝合金中品种最多,应用最广的一类合金。而在铝硅系合金中,亚共晶铝硅合金占铝合金铸件总产量的 80% 以上。Al – Si 系合金相图如图 7.7 所示。在共晶或接近共晶的 Al – Si 合金中,通常具有粗大的针状共晶体和少量多角形初生硅,在过共晶铝硅合金中,初生硅以粗大的多角形或块状形态存在,

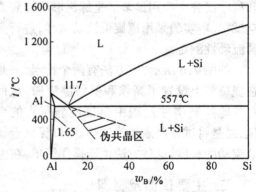

图 7.7 Al – Si 合金相图

这不仅严重降低了合金的力学性能,而且恶化合金的加工性能。因此对这类铝合金必须进行变质处理。另外,α(Al) 晶粒的粗细对铝合金的力学性能也有很大影响,因此铝硅系合金除了对硅相进行变质处理外,还需对 α(Al) 晶粒进行细化处理。

1. 铝硅合金的细化处理

铝硅合金细化处理的目的主要是细化合金的 α – Al 晶粒,通过控制晶粒的形核和长大实现的。细化处理的最基本原理是促进形核,抑制长大。在熔炼过程中,向铝硅系合金中加入晶粒细化剂可实现此目的。常用的晶粒细化剂有:二元 Al – Ti 合金、Al – B 合金和三元 Al – Ti – B 合金、Al – Ti – C 合金,以及稀土金属中间合金。

晶粒细化剂的加入量与合金种类、化学成分、加入方法、熔炼温度以及浇注时间等有关。若加入量过大,则形成的异质形核颗粒会逐渐聚集,由于其密度比铝熔体大,因此会聚集在熔池底部,丧失晶粒细化能力,产生细化效果衰退现象。晶粒细化剂加入合金熔体后要经历孕育期和衰退期两个时期。在孕育期内,中间合金完成熔化过程并使起细化作用的异质形核颗粒均匀分布并与合金熔体充分润湿,逐渐达到最佳的细化效果。此后,由于异质形核颗粒的溶解而使细化效果下降;同时异质固相颗粒会逐渐聚集而沉积在熔池底部,出现细化效果衰退现象。当细化效果达到最佳值时进行浇注是最为理想的。图7.8(a)为铝硅合金细化处理前的晶粒组织,图7.8(b)为铝硅合金细化处理后的晶粒组织。

 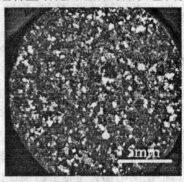

(a)细化前　　　　　　　　　　　　(b)细化后

图 7.8　铝硅合金细化前后的晶粒组织

2. 铝硅合金的变质处理

铝硅合金中,Si 相在自然生长条件下会长成针状或块状的脆性相,它严重地割裂基体,降低合金的强度和塑性,因而需要将它改变成有利的形态。变质处理使共晶硅由粗大的针状变成细小的纤维状或粒状,从而改善合金性能。图 7.9 为铝硅合金变质处理前后的显微组织。

变质处理一般在精炼之后进行,变质剂的熔点应介于变质温度和浇注温度之间。变质处理时处于液态,有利于变质反应的完成;而在浇注时已变为黏稠的熔渣,便于扒渣,不致形成熔剂夹杂。

在铝硅合金熔体中加入微量的变质元素 Na(w_{Na} = 0.01%)后,共晶硅形貌会发生巨大变化,由针状转变为纤维状,凝固曲线的共晶平台下降(5~10 ℃),共晶点右移,同时材料的力学性能特别是延伸率会大幅度提高。但是钠盐变质有效时间短,并且容易腐蚀坩埚,现在生产中已经较少使用。

现在生产中广泛使用的变质剂是锶,其有效变质时间长,易保存,处理方便。缺点是锶容易与熔体中的氢化合,形成 SrH,在熔体中不易除去,易在铸件中形成针孔。

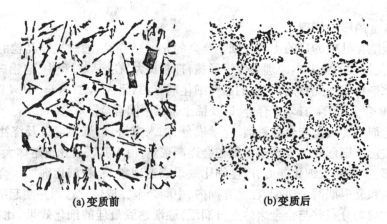

(a) 变质前　　　　　　　　　(b) 变质后

图 7.9　铝硅合金变质处理前后的显微组织

三、主要仪器及材料

坩埚熔炼炉；金相显微镜；砂箱；铝硅合金；C_2Cl_6；Al – 3B 合金；Al – 10Sr 合金、坩埚等。

四、实验过程

(1) 在两个黏土坩埚中分别加入 1 000 g 的铝硅合金原料,电阻炉升温至 720 ℃,熔化后保温 1 h 以促进成分的均匀化；然后在熔融 Al – Si 合金中加入占炉料总量 0.6% 的 C_2Cl_6 进行精炼除气。

(2) 对精炼除气处理后的 Al – Si 合金取样浇注一组试样。

(3) 向一个坩埚中加入质量分数为 0.03% 的 Al – 3B 中间合金,进行晶粒细化处理。处理方法是,将按比例称量好的中间合金用纯铝箔包好后用钟罩压入熔体中。

(4) 向另外一个坩埚中加入质量分数为 0.03% 的 Al – 10Sr 中间合金,进行变质处理。处理方法是,将按比例称量好的 Al – 10Sr 用 Al_2O_3 钟罩压入熔体中。

(5) 每隔 30 min 以组为单位浇注试样,应保证经细化处理和变质处理的试样分别最少浇注 4 组。

(6) 各组对试样进行切割、粗磨、细磨、抛光、腐蚀处理。腐蚀剂 $w_{HF} = 0.5\%$ 的水溶液,在 400 倍的光学显微镜下观察组织,评价合金的变质效果；采用 M5(H_2O + 1.4% HNO_3 + 1.19% HCl + 40% HFC) 腐蚀液对抛光后的铝硅合金进行腐蚀,然后在 5～10 倍的光学显微镜下观察,用晶粒平均截距法(参见美国材料与试验协会标准 ASTM E112—1995) 评价 Al – Si 合金的细化效果,给出合金组织的宏观晶粒尺寸。

五、基本要求

分析 Al – Si 合金的细化和变质效果,给出影响 Al – Si 合金的细化和变质效果的主要因素。

六、思考题

(1) 提高 Al – Si 合金力学性能主要有哪些途径？

(2)Al – Si 合金细化、变质处理后静置时间的长短对合金的组织和性能有哪些影响？
(3)Al – Si 合金中形成的气体主要是什么，Al – Si 合金中的气体是怎样形成的？

7.6 金属铸锭组织

一、实验目的

观察金属铸锭的三个晶区的形态；认识铸锭中典型微观缺陷；分析凝固条件对铸锭组织的影响。

二、基本原理

1.铸锭三晶区的形成

纯金属铸锭的宏观组织通常由三个晶区组成，即外表层的细晶区、中间的柱状晶区和心部的等轴晶区，如图 7.10 所示。根据浇注条件的不同，铸锭中晶区的数目和它们的相对厚度可以改变。

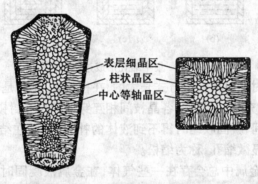

图 7.10 典型铸锭组织示意图

(1)表层细晶区。当高温的金属液体倒入铸模后，结晶首先从模壁开始，这是由于温度较低的模壁有强烈的吸热和散热作用，使靠近模壁的一薄层液体产生极大的过冷，加上模壁可以作为非均匀形核的基底，使这一薄层液体中立即产生大量的晶核，并同时向各个方向生长。由于晶核数目很多，所以邻近的晶粒很快彼此相遇，不能继续生长，这样便在靠近模壁处形成很细的薄层等轴晶粒区。

(2)柱状晶区。柱状晶区由垂直于模壁的粗大的柱状晶体构成。在表层细晶区形成的同时，一方面模壁的温度由于被液体金属加热而迅速升高，另一方面由于金属凝固后的收缩，使细晶区和模壁脱离形成一空气层，给液态金属的继续散热造成困难。此外，细晶区的形成还释放了大量的结晶潜热，也使模壁的温度升高，结晶前沿过冷度降低，新晶核形成困难，只能以外壳层内壁上原有的晶粒为基础进行长大。同时，由于散热是沿着垂直于模壁的方向进行，而结晶时每个晶粒的生长又受到四周正在长大的晶体的限制，因而结晶只能沿着垂直于模壁的方向由外向内生长，形成彼此平行的柱状晶区，如图 7.10 所示。

(3)中心等轴晶区。随着柱状晶的发展，模壁温度进一步升高，散热越来越慢，而成长的柱状晶前沿温度又由于结晶潜热的放出而有所升高，导致结晶前沿过冷度极小，大大降低了形核率,同时铸锭中心散热已经无方向性,形成的晶核便向四周各个方向自由生长,从而形成位向不同的、粗大的等轴晶。

2.铸锭中存在的缺陷

在铸锭或铸件中经常存在一些缺陷,常见的缺陷有缩孔、气孔及夹杂物等。

(1) 缩孔。大多数金属的液体密度小于固态密度,因此结晶时发生体积收缩。金属收缩的结果是,原来填满铸型的液态金属凝固后就不再能填满,此时如果没有液体金属继续补充的话,就会出现收缩孔洞,称之为缩孔。缩孔分为集中缩孔和分散缩孔(缩松)两类。

当液态金属浇入铸型后与型壁先接触的一层液体先结晶,中心部分的液体后结晶,先结晶部分的体积收缩可以由尚未结晶的液态金属来补充,而最后结晶部分的体积收缩则得不到补充。因此整个铸锭结晶时的体积收缩都集中在最后结晶的部分,于是便形成了集中缩孔,如图7.11所示。

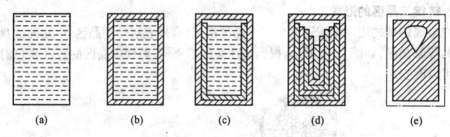

图7.11 集中缩孔形成过程示意图

大多数金属结晶时是以树枝晶方式长大的,在柱状晶,尤其是粗大的中心等轴晶形成过程中,由于树枝晶的充分发展以及各晶枝间相互穿插和相互封锁作用,使一部分液体被孤立分隔于各枝晶之间,凝固收缩时得不到液体的补充,于是在结晶结束之后,便在这些区域形成许多分散的显微缩孔,称为缩松。

(2) 气孔。在液态金属中总会存在一些气体,在金属液凝固时,所溶解的气体聚集于结晶前沿的液体中,最后在固液界面上有利位置形核并长大,形成气泡,随着温度下降,这些气泡如果来不及排出,则留在铸件中形成气孔。

(3) 夹杂物。铸锭中的夹杂物,根据其来源可分为两类,一类称为外来夹杂物,如在浇注过程中混入耐火材料等;另一类为内生夹杂物,是在液态金属冷却过程中形成的。如金属与气体形成的金属氧化物或其他金属化合物。

3.铸锭组织的控制

(1) 控制过冷度。随着过冷度增大,形核率与长大速度的比值增大,晶粒变细。

(2) 变质处理。在液态金属中加入能成为外生核的物质,促进形核,达到细化晶粒的目的。

(3) 振动、搅拌等方法。在结晶时,采用机械振动、超声波等方法,一方面能促进形核,另一方面能打碎正在生长的树状晶,碎晶块又可成为新的晶核,从而使晶粒细化。

三、主要仪器及材料

金相显微镜;45#钢铸件;铝合金铸件;铸铁等金相试样。

四、实验过程

(1) 在金相显微镜下对所给定的金相试样进行组织观察。
(2) 首先将显微镜调到低倍对某一试样进行全面的观察,找出各个区的典型组织,然后用所确定的放大倍数,对找出的典型组织进行详细观察。
(3) 绘出所观察试样的显微组织示意图。
(4) 分析各个区组织状态形成的原因。

五、思考题

(1) 合金的收缩分为哪三个阶段?
(2) 浇注温度过高或过低常出现哪些铸造缺陷?怎样理解"高温出炉,低温浇注"?

7.7 铸造残余应力的测定

一、实验目的

了解铸造残余应力产生的原因;了解用应力框测定铸造残余应力的方法;了解退火对消除残余应力的效果。

二、基本原理

铸件在凝固和冷却过程中各部分体积变化不一致导致彼此制约而引起的应力称为铸造应力。铸造应力可能是暂时性的,当引起应力的原因消除以后,应力随之消失,称为临时应力;否则称为残余应力。铸造应力对铸件质量有重要影响,如果铸造应力超过材料的屈服强度,铸件则产生变形;如果铸造应力超过材料的强度极限,铸件则产生裂纹。残余应力还会降低铸件的使用性能,如失去精度、在使用过程中造成断裂或产生应力腐蚀等。铸件凝固后,在继续冷却过程中,由于不同部位的冷却速度不同,在同一时间收缩量也不同,但铸件各部分连为一个整体,彼此间互相制约而使收缩受到热阻碍,这种原因引起的应力称为热应力。铸件在落砂后热应力仍会存在,因此热应力是一种残余应力。

图7.12为测定铸造残余应力的框形铸件,由于Ⅰ杆和Ⅱ杆截面尺寸差别大,因而铸造后细杆Ⅰ中形成压应力,粗杆Ⅱ中形成拉应力。若在$A—A$截面处将粗杆锯开($A—A$剖面中的三角形面积为锯断时的截面形状),锯至一定程度时,由于截面变小,粗杆被拉断。受弹性拉长的粗杆长度较自由收缩条件下的长度缩短,其缩短量ΔL和铸造残余应力成正比,其值可根据锯断前后粗杆上小

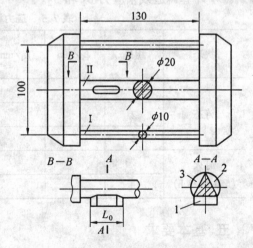

图7.12 测定铸造残余应力的框形铸件

凸台的长度(L_0、L_1)差求出,即 $\Delta L = L_1 - L_0$。铸造残余应力 σ_1 和 σ_2 的计算公式为

$$\sigma_1 = - E \frac{L_1 - L_0}{L(1 + \frac{2F_1}{F_2})} \tag{7.7}$$

$$\sigma_2 = - E \frac{L_1 - L_0}{L(1 + \frac{2F_2}{F_1})} \tag{7.8}$$

式中,σ_1、σ_2 为细杆、粗杆中的残余应力,MPa;L_0、L_1 为锯断前后小凸台的长度,mm;F_1、F_2 为细杆、粗杆的横截面积,mm^2;L 为杆的长度,$L = 130$ mm;E 为弹性模量,普通灰铸铁取 9×10^4 MPa;球墨铸铁取 1.8×10^5 MPa。

三、主要仪器及材料

中频感应电炉;湿型黏土砂;铸造应力框试样的模样和型板、砂箱等;台钳、游标卡尺、锉刀、钢锯、钢丝刷;热处理炉(加热:25 ~ 1 000 ℃);热电偶。

四、实验过程

测定应力框铸件(灰铸铁)铸态及其退火热处理后的残余应力。
(1)造型(2 个应力框试样)。
(2)浇注(铁水为 1 330 ~ 1 350 ℃)。
(3)浇注后 30 min 打箱,用钢丝刷刷去应力框铸件的表面型砂。
(4)将其中 1 个应力框放入热处理炉中,在 550 ℃ 保温 3 h 后炉冷。
(5)将上述 2 个应力框铸件的粗杆小凸台上成锐角相交的 4 个棱柱面锉平。
(6)用卡尺测量小凸台长度 L_0。
(7)在小凸台 $A - A$ 截面处从 1、2、3 三面依次锯开粗杆(图 7.12),注意各锯口应在垂直于杆轴线的同一平面内。
(8)锯至粗杆断裂后,再测量小凸台长度 L_1,测量结果填入表 7.5 中。
(9)计算铸造残余应力 σ_1 和 σ_2。

表 7.5 应力框铸件测量结果

状态	组别	L_0/mm	L_1/mm	$L_1 - L_0$/mm 测量	$L_1 - L_0$/mm 平均	σ_1/MPa	σ_2/MPa
铸态	1						
	2						
	3						
退火 (550 ℃/3 h)							

五、基本要求

分析应力框残余应力的大小、分布及产生原因,人工时效消除应力的效果等。

六、思考题

(1) 简述铸造应力的危害。
(2) 铸件残余应力的大小与浇注后落砂时间的早晚是否有关?

7.8 感应炉熔炼制备球墨铸铁

一、实验目的

通过实验了解工频感应炉的结构,并掌握球墨铸铁的组织特点及熔炼过程。

二、基本原理

1. 感应熔炼炉的基本结构及分类

感应炉是利用一定频率的交流电通过感应线圈,使炉内的金属炉料产生感应电流,并形成涡流,产生热量而使金属炉料熔化。根据所用电源频率不同,感应炉分为高频感应炉(10 000 Hz 以上)、中频感应炉(1 000 ~ 2 500 Hz)和工频感应炉(50 Hz)几种。感应炉炉体构造如图 7.13 所示。

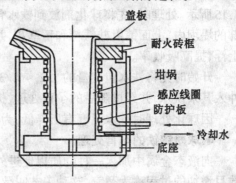

图 7.13 感应炉炉体构造图

2. 球墨铸铁的成分及组织特点

石墨呈球状的铸铁称为球墨铸铁,简称球铁。球铁是用灰口成分的铁水经球化处理和孕育处理制得的。球墨铸铁中的石墨呈球状,它对基体的破坏作用小,力学性能较灰铁高。球墨铸铁成分具有高碳低硅的特点,其成分为:w_C = 3.8% ~ 4.0%,w_{Si} = 2.0% ~ 2.8%,w_{Mn} = 0.6% ~ 0.8%,w_S = 0.04%,w_P < 0.1%。与灰铸铁相比,它的碳当量较高,这有利于石墨的球化。球墨铸铁生产中要严格控制铁水的化学成分,S、P 杂质的含量越低越好。球墨铸铁的显微组织是由金属基体和球状石墨组成的,铸态下的基体组织有铁素体、铁素体加珠光体和珠光体三种,如图 7.14 所示。

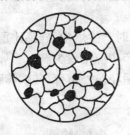  

(a) 铁素体球墨铸铁　　(b) 铁素体+珠光体球墨铸铁　　(c) 珠光体球墨铸铁

图 7.14 球墨铸铁的显微组织图

3.球墨铸铁的球化处理

在熔炼球墨铸铁时要选择合适的球化剂,球化剂的作用是使石墨结晶时呈球状析出,最常用的是稀土镁合金,加入量为铁水的$(1 \sim 1.6)\%$。镁是重要的球化元素,但密度小$(1.74\ g/cm^3)$,沸点低$(1\ 120\ ℃)$,若直接加到铁水中,将立即沸腾,镁的回收率低,且易出事故。稀土元素的球化作用比镁弱,但有强烈的脱硫、去气能力,还能细化组织,改善铸造性能。球化处理常用的方法是冲入法,见图7.15所示。处理时,先将球化剂放到铁水包底

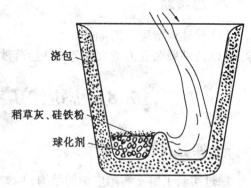

图7.15 冲入法球化示意图

部的堤坝内,上面铺以硅铁粉和稻草灰,并压紧,以延缓铁水与球化剂的作用,防止球化剂上浮,提高吸收率。

开始时先将铁水包容量的1/2 ~ 1/3铁水冲入包内,使球化剂与铁水发生反应,然后冲入其余铁水,并经过随后的孕育处理、扒渣,然后进行浇注。

因球化处理时铁水温度有所降低,为保证流动性,应使铁水的出炉温度高些。

4.球墨铸铁的孕育处理

向液态金属中加入一种物质以促进外来晶核的形成或激发自生晶核的产生,使晶核数目增加的过程称为孕育,这种工艺叫孕育处理,所选用外加物质叫孕育剂。孕育剂的作用是促进铁水的石墨化,防止产生白口,并且使石墨球形更趋完整,促进球化效果,明显提高球铁的力学性能。对孕育剂的基本要求是孕育作用强烈并可把孕育作用维持到足够长的时间,此外还要求孕育剂价廉易得,吸收率高和加入铁水时温降小。通常都采用强烈的石墨化元素作孕育剂,硅孕育作用强烈,资源丰富,硅基合金熔点不高,破碎方便,价格低廉。因而硅铁、硅钙是使用的最广泛的孕育剂。

目前国内常用孕育剂是含75%Si的硅铁合金,其熔点约为1 208 ~ 1 308 ℃,铁水温度为1 380 ~ 1 400 ℃时,出铁槽冲入法孕育时硅吸收率约为75% ~ 90%。

常用硅钙合金的成分为$w_{Si} = 60\% \sim 65\%$,$w_{Ca} = 25\% \sim 30\%$,以及少量的铝。熔点为982 ~ 1 110 ℃。钙的石墨化作用只有$w_{Ca} < 0.015\%$时才表现出来,为此硅钙加入量不能太多,一般为铁水质量的0.2% ~ 0.5%。

硅钙孕育产生熔渣较多,容易造成铸件夹渣缺陷,加入铁水时产生烟尘。硅钙比重小,漂浮在铁水表面,较硅铁难吸收,价格也较硅铁贵。因此球铁生产中应用较少。

常用的孕育方法有包内孕育处理、二次孕育、浇口杯孕育、漏斗包外孕育、硅铁棒瞬时浇包孕育、型内孕育和浮硅孕育等。

5.球磨铸铁的金相检验

球墨铸铁的金相检验项目通常包括:石墨形态、大小及分布特征;金属基体组织的组成相及其形态、大小、含量、分布特征等。为了保证金相检验的可靠性,必须合理地选取试样并按一定要求制备好试样,这是球墨铸铁金相检验的首要条件。

在通常情况下,金相试样可以从铸件本体上截取,也可以从特意浇注的试棒上截取。可以用锯、车削或砂轮片切割机进行切割,也可用锤击及气割截取。

在球铁中,石墨的形状、大小、数量和分布状况对铸件的力学性能有很重要的影响。因此,石墨的检验是球铁金相检验中十分重要的内容。石墨的检验往往在金属基体组织检验之前进行,即将未浸蚀的试样置于金相显微镜下放大 80 至 100 倍下观察。

球铁的金属基体组织对铸件的性能也有很重要的影响。由于化学成分、铸造工艺等的差别,球铁铸态组织也各有不同。为了控制和提高铸件的热处理质量,使其达到预期的性能指标,就必须严格地检查其基体组织。检查基体组织的试样必须在抛光后经适当的浸蚀后,在选定适当的放大倍率的金相显微镜下进行观察。

三、主要仪器及材料

工频感应炉;金相显微镜;砂箱;生铁;废钢;硅铁;稀土镁合金。

四、实验步骤

(1) 铸型准备及造型,采用两箱手工造型,浇注铸铁棒,本实验浇注铁素体基体和珠光体基体两种铸铁试样。

(2) 原料选择。按照步骤(1)要求得到的球墨铸铁的铸态组织,确定原铁液成分。根据确定的铁液成分,合理选择生铁,废钢,孕育剂(硅铁 75),球化剂(稀土镁合金)。

(3) 配料计算及称量。每次熔炼 50 kg。根据选择的生铁,按照碳和硅的质量分数(孕育前原铁液)确定生铁和废钢的加入量。

(4) 熔炼工艺。利用工频感应电炉熔炼原铁液。

(5) 球化处理。采用冲入法进行球化,球化处理温度为 1 400 ~ 1 430 ℃。先将球化剂放入浇包内,然后向包内冲入 1/2 ~ 2/3 的铁液进行球化处理。球化剂采用稀土硅铁镁合金,加入量为 0.6% ~ 0.8%(质量分数),粒度要求在 10 ~ 20 mm 范围内。

(6) 孕育处理。采用包内孕育,球化处理后待沸腾将结束时,将孕育剂放入铁水包内,静置一会儿,然后向铁水包内补充铁液。孕育剂采用硅铁 75,加入量:铁素体球墨铸铁加入 08% ~ 1.6%,珠光体球墨铸铁加入 0.5% ~ 1.0%,均为质量分数。粒度要求在 0.5 ~ 2 mm。

(7) 浇注。将上述处理过的铁液浇入铸型腔内,得到棒状球铁试样。

(8) 将浇注好的球铁试样制备成金相试样,利用金相显微镜观察其组织形态。

五、基本要求

实验报告记录原料选择及配比,具体的熔炼过程。报告上附有金相照片,对照片进行分析,得出具体结论。

六、思考题

(1) 简述球化处理和孕育处理的目的?
(2) 试分析球化衰退和球化不良的原因及防止措施?

第8章 焊接实验

8.1 焊接接头组织观察与分析

一、实验目的

观察与分析焊缝的各种典型结晶形态,掌握低碳钢焊接接头各区域的组织形态和性能变化,提高分辨各种组织的能力。

二、基本原理

焊接过程中,焊接接头各部分经受了不同的热循环,焊缝相当于受到一次冶金过程,而焊缝两侧金属相当于受到一次热处理,因此必然有相应的组织与性能的变化。焊接接头由焊缝金属和焊接热影响区金属组成,对焊接接头进行金相组织分析,是鉴定接头机械性能不可缺少的环节。

焊接接头的金相分析包括宏观和显微两个方面。宏观分析的主要内容为:观察与分析焊缝成形、焊缝金属结晶方向和宏观缺陷等。显微分析是借助于放大100倍以上的光学金相显微镜或电子显微镜进行观察,分析焊缝的结晶形态,焊接热影响区金属的组织变化,焊接接头的微观缺陷等。

1. 焊缝金属的结晶形态

熔化焊是通过加热使被焊金属的连接处达到熔化状态,焊缝金属凝固后实现金属的焊接。焊缝与母材的连接处具有交互结晶的特征,如图8.1所示。由图可见,熔池底部焊缝金属与母材具有共同的晶粒,熔池金属从母材半熔化晶粒上开始向焊缝中心成长。当晶体最易长大方向与散热最快方向一致时,晶体便优先得到成长。这种择优生长的方式形成焊缝中铁素体和少量珠光体所组成的柱状晶。由于焊缝金属中锰、硅等合金元素含量一般比基本金属高,所以焊缝组织虽然比较粗大,但性能不低于母材金属。

根据成分过冷的结晶理论,合金的结晶形态与溶质的浓度 C_0、结晶速度 R(或晶粒长大速度)和温度梯度 G 有关。由图8.2可知,当结晶速度和温度梯度不变时,随着金属中溶质浓度的提高,成分过冷增加,从而使金属的结晶形态由平面晶变为胞状晶、胞状树枝晶、树枝状晶及等轴晶。在实际的焊缝金属中,由于被焊金属的成分、板厚、接头形式、焊接参数和熔池的散热条件不同,一般不具有上述的全部结晶形态。当焊缝金属成分不甚复杂时,熔合区将出现平面晶或胞状晶;当焊缝金属中合金元素较多时,熔合区的结晶形态往往是胞状树枝晶(或树枝状晶),焊缝金属中心则为等轴晶。

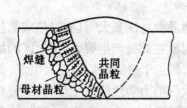 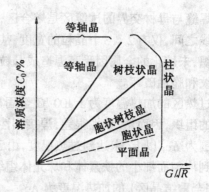

图 8.1　焊缝金属的交互结晶示意图　　图 8.2　C_0、R 和 G 对结晶形态的影响

2.热影响区的组织变化

焊接热影响区是指焊缝两侧因焊接热作用而发生组织性能变化的区域。根据焊缝附近各点受热情况和组织特征,低碳钢、16Mn 等低合金钢焊接热影响区一般分为熔合区、过热区、正火区和部分相变区等,如图 8.3 所示。不同焊接方法热影响区的尺寸列于表 8.1 中。

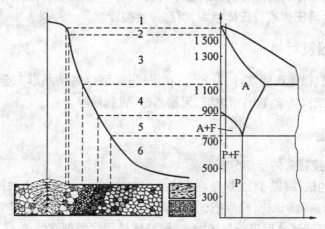

图 8.3　低碳钢焊接接头组织变化情况
1—焊缝组织;2—熔合区;3—过热区;4—正火区;5—部分相变区;6—母材

表 8.1　不同焊接方法热影响区的尺寸

焊接方法	各区平均尺寸 /mm			热影响区总宽度 /mm
	过热区	正火区	部分相变区	
手工电弧焊	2.2～3.0	1.5～2.5	2.2～3.0	5.9～8.5
埋弧焊	0.8～1.2	0.8～1.7	0.7～1.0	2.3～3.9
电渣焊	18～20	5.0～7.0	2.0～3.0	25～30
气焊	21	4.0	2.0	27
电子束焊	—	—	—	0.05～0.75

焊缝与母材交界的过渡区是熔合区,也称半熔化区。熔合区在焊接时温度在固相线和液相线之间,仅有2~3个晶粒的宽度,甚至在显微镜下也难以辨认。母材部分熔化形成铸态组织,未熔化的金属因受高温造成晶粒粗大。因此,熔合区韧性和塑性明显变差,容易产生裂纹和脆性破坏。

过热区的加热温度为1 100 ℃至固相线,奥氏体晶粒急剧长大,具有过热或晶粒显著粗大的组织,因而塑、韧性很差,焊接刚性大的零件时易在此处产生裂纹。正火区的加热温度范围为Ac_1以上,未达到过热温度,由于焊后空冷,相当于热处理后的正火组织,焊后冷却得到均匀而细小的铁素体和珠光体组织,所以正火区的力学性能优于母材。部分相变区(不完全重结晶区)的加热温度为Ac_3~Ac_1。因为只有部分组织发生转变,部分铁素体来不及转变,故称为部分相变区。空冷后组织由细小的先共析铁素体+珠光体+未溶的粗大铁素体构成,组织大小不均匀,力学性能比母材稍差。

焊缝金属的结晶形态与焊接热影响区的组织变化,不仅与焊接热循环有关,也和所用的焊接材料和被焊材料有密切关系。例如,母材为冷轧状态时,在加热温度为Ac_1以下还存在一个晶粒更加细小的再结晶区。处于再结晶区的金属,在加热的过程中将发生破碎晶粒在温度作用下重新排列的过程。再如,由于焊接时冷却速度较快,对于淬硬倾向较大的钢材焊后可能产生马氏体或贝氏体组织,引起焊接裂纹。

三、主要仪器及材料

金相显微镜;显微维氏硬度计;抛光机;吹风机;典型焊缝结晶形态金相试样;低碳钢焊接试样;金相砂纸;4%硝酸酒精溶液、无水乙醇、脱脂棉等。

四、实验过程

(1)低碳钢焊接接头的金相分析。

① 将已焊好的试件(以J422焊条在150 mm×80 mm×8 mm的试件上堆焊),切成25 mm×15 mm×8 mm的试样,然后把试片四周用砂轮打去毛刺,并把四个角打磨成圆角。

② 金相砂纸打磨试片后进行机械抛光,抛好试样用腐蚀剂腐蚀5~10 s后立即用清水冲洗,然后用无水乙醇轻轻擦去水分,用吹风机吹干。

③ 在显微镜下进行观察试样,分清焊接接头各区域后,辨认各区域的组织特征;在显微镜下测定热影响区各区域的宽度,记入表8.2;绘制各区域组织示意图。

表8.2 低碳钢焊接接头各区域的组织及宽度

接头区域	焊缝	热影响区			母材
组织					
宽度/mm					
硬度/HV					

④ 用显微维氏硬度计沿图8.4中ab线每间隔一定距离测量硬度值,测试点间距在母材和焊缝金属内相距1 mm左右,在热影响内间隔100~200 μm,并将数据记录于表8.2中。

(2) 焊缝典型结晶形态的观察。对事先制备好的焊接金相试样例如 1Cr18Ni9Ti 的氩弧焊试样，高温合金 GH30 氩弧焊试样进行观察和金相分析。主要观察焊缝的结晶形态，注意各试片焊缝中的组织变化及焊缝的交互结晶、柱状晶选择长大的特征，把所观察到的焊缝组织绘制成示意图，并标明组织在焊缝中所在部位。

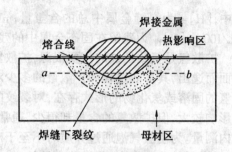

图 8.4 焊接试样加工示意图

(3) 讨论焊接接头的典型组织。利用投影仪播放制备好的各种典型焊缝组织形态的金相照片，分析焊接接头从焊缝到热影响区，直至母材组织连续变化的特征，熟悉焊缝金属中的等轴晶、树枝状晶、胞状晶、平面晶、交互结晶等典型的结晶形态，并讨论形成这些结晶形态的影响因素。

五、基本要求

(1) 明确本次实验的目的和实验过程；测量并分析焊接接头各区域硬度变化情况，绘制焊接接头的组织示意图，用绘制曲线表达硬度变化情况。

(2) 根据实验绘制的低碳钢焊接接头的组织图和所测定各区域宽度，结合低碳钢的状态图以及焊接热循环曲线，绘制低碳钢焊接接头组织变化与状态图的关系示意图。

(3) 分析焊接接头各区域组织变化的特征，根据金属凝固理论分析等轴晶、树枝状晶、胞状晶等组织与过冷度的关系，说明各焊缝组织从熔合区到焊缝中心变化的趋势。

六、思考题

(1) 冷轧态低碳钢和退火态低碳钢焊接热影响区有何异同？
(2) 焊接热影响粗晶区中，为什么有时会出现魏氏体组织？

8.2 焊接接头扩散氢含量测定

一、实验目的

了解手工电弧焊时影响焊缝中扩散氢含量的因素，进行不同的工艺条件下含氢量的测定，掌握甘油法测定扩散氢含量的操作过程和评定方法。

二、基本原理

氢对焊接接头的影响极大，氢不仅能在焊缝中生成气孔，而且是裂纹产生的主要原因之一。氢致裂纹常有延迟性，往往使焊件在工作一段时间后开裂，因此其危险性更大。氢也引起金属的微裂等，虽然这些微观缺陷不致于导致焊件的破坏，但却能明显地降低金属的强度、屈服极限、冲击韧性、延伸率等，尤其对疲劳强度有较大的影响。

氢对于不同金属材料的危害性是不同的。在焊接中碳钢、低合金高强钢和中合金钢时，更容易产生氢致裂纹。金属材料在一定条件下焊接，焊接接头最终是否发生裂纹，与整个焊接过程中溶入焊缝的氢量以及从液、固态金属中析出的氢量多少有关。焊缝金属中总的含氢量可以用下式表示

$$[H]_总 = [H]_扩 + [H]_残$$

式中，$[H]_总$ 为焊缝金属中总的含氢量，mL/100 g；$[H]_扩$ 为金属凝固后氢的扩散析出量，mL/100 g；$[H]_残$ 为残留在固态金属中的残余氢量，mL/100 g。

扩散氢是氢致裂纹的主要根源，扩散氢随着固态金属的冷却不断由金属内部扩散至表面而逸出，其扩散过程和扩散量的多少对裂纹的发生和发展都有很大的影响。残余氢则以氢的固溶或氢化物的形式存在，对裂纹的产生影响相对较少。虽然焊缝的氢对焊缝的质量影响较大，但扩散氢的含量却很少，通常通过收集介质把扩散氢收集到一个密闭的集气管内测量。为使氢气泡通过介质时不至于对测量的氢有影响，要求介质对氢气的溶解度较小，具有低的蒸汽压力，化学稳定性好，对人体无害和液体的低黏度。目前试验用的收集介质有甘油、酒精、水银、硅油等。

GB/T3965 规定了用甘油置换法、气相色谱法及水银置换法测定熔敷金属中扩散氢含量的方法，当用甘油法测定熔敷金属中的扩散氢小于 2 mL/100 g 时，必须使用气相色谱法测定。标准规定甘油法和气相色谱法适用于手工电弧焊、埋弧焊及气体保护焊；水银法只适用于手工电弧焊。甘油作为介质时，氢气泡的上浮条件及浮升速度都较水银介质差，部分微小的气泡悬浮在甘油中或粘附于试件表面和试管壁，而不能浮升到集气管顶部，所以甘油法测得的 $[H]_扩$ 要比水银法测得的 $[H]_扩$ 约少 40%。

图 8.5 所示为扩散氢测定装置示意图。采用这种方法测得的扩散氢体积（mL）首先要换成温度为 0 ℃、标准大气压（760 mm 汞柱）下氢的体积，再算出 100 g 熔敷金属中析出的扩散氢含量，其计算公式为

$$[H]_扩 = 100\left(\frac{V}{G_1 - G_0}\right)\frac{pT_0}{p_0 T} \tag{8.1}$$

式中，$[H]_扩$ 为标准大气压小于 100 g 熔敷金属中析出的扩散氢含量，mL/100 g；V 为集气管中收集的扩散氢气体量，mL；p_0 为标准大气压（760 mm 汞柱）；p 为试验环境大气压（汞柱高）；T_0 为标准大气的温度，273 K；T 为集气管内的温度，K；G_0、G_1 分别为试件原始质量和焊后质量，g。扩散氢的评定标准见表 8.3。

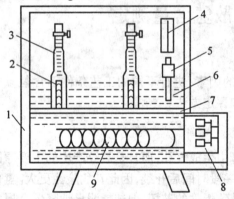

图 8.5 扩散氢测定装置示意图
1— 恒温收集箱；2— 试样；3— 收集器；4— 温度计；5— 水银接触温度计；6— 恒温甘油浴；7— 收集器支撑板；8— 恒温控制器；9— 加热电阻丝

表 8.3 扩散氢的评定标准

评定标准	含氢量（mL/100 g）
高	> 15
中	15 ~ 10
低	10 ~ 5
很低	≤

三、主要仪器及材料

仪器：交、直流电焊机；测氢仪；收集器；烘干箱；吹风机；夹具。

材料：100 mm×25 mm×12 mm、45 mm×25 mm×12 mm 低碳钢板；直径4 mm的J422、J507焊条；丙酮、清水、酒精等。

四、实验方法及过程

(1) 实验方法。为了解工艺因素对于$[H]_扩$的影响，可选以下内容中的一个或几个，然后参照后面的过程进行试验。

① 用未烘焙和以250 ℃保温2 h烘焙的J422焊条，分别以交流和直流反接在试件上堆焊，测定熔敷金属的$[H]_扩$。

② 用未烘焙和以350 ℃保温2 h烘焙的J507焊条，分别在未经清理的和经过严格清理的试件上堆焊，测定熔敷金属的$[H]_扩$。

③ 用未经烘干的J422焊条在未经清理的试件上分别进行直流反接短弧堆焊和直流反接长弧堆焊，测定熔敷金属的$[H]_扩$。

(2) 焊前准备。将尺寸为100 mm×25 mm×12 mm的试件和40 mm×25 mm×12 mm的引弧板及收弧板在250±10 ℃保温6~8 h(或400~600 ℃保温1 h)作去氢处理，然后清理表面，保持光亮和整洁。把每个试件打上钢号，称出其质量G_0，精确到0.01 g。

(3) 焊接过程。将试件及引弧板、收弧板放在试件夹具台上进行焊接(图8.6)。标准规定，焊接电流应比制造厂家推荐的最大电流低15 A，按熔化120~130 mm焊条焊成100 mm焊道的速度一次焊成。

(4) 试件处理。停焊后5 s内立即将试件投入0~20 ℃的水中急冷并摆动试件，10 s以后取出，迅速清除焊渣及其他脏物，用铁锤敲断引弧板和收弧板，把中间的一段试件擦干并用酒精去水、乙醚去油。

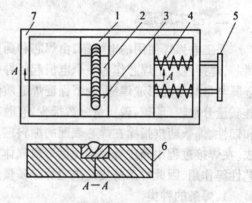

图8.6 测氢试件夹具示意图
1—引弧板；2—试板；3—收弧板；4—弹簧；
5—手把；6—铜垫板；7—夹具支架

(5) 测定程序。将去水和除油的试件擦净并用冷风吹干，立即放入充满甘油的气体收集器内，从试件焊完到放到收集器内，应在90 s内完成。收集扩散氢过程中，甘油温度保持在45±1 ℃，72 h后读取气体含量V，记录现场气压p。

(6) 计算含氢量。把试件从收集器中取出，清洗吹干后称量G_1，根据式(8.1)计算出$[H]_扩$。以同样的条件和规范按上述程序重复做二次，测定结果取三个试件扩散氢量的平均值。

五、基本要求

实验可分组进行，参考表8.4对全部试验数据和结果进行整理分析。根据熔敷金属中的扩散氢含量$[H]_{扩}$,绘图表示出焊条种类、烘干程度、清理程度以及长弧焊和短弧焊等对$[H]_{扩}$的影响,并对以上的试验结果进行简要分析。

表8.4 不同焊接材料及工艺条件下的扩散氢测量值

编号	试件质量		焊接规范		试验条件				停焊至入仪时间/s	气体体积/mL	测定结果/mL/100 g
	G_0/g	G_1/g	I/A U/V	焊条牌号	电流种类	烘干温度/℃	试件清理	焊接时间/s			

六、思考题

(1) 用甘油法测氢过程中,哪些程序对$[H]_{扩}$的测定结果影响较大?

(2) 焊缝中的氢包含那些类型?何种氢对焊接接头质量影响最大?为什么?

8.3 手工电弧焊焊条制作

一、实验目的

了解焊条药皮的组成物及其作用,学会根据焊条工艺性能要求调整焊条药皮配方的方法,掌握手工制造焊条的工艺过程。

二、基本原理

手工电弧焊使用的电焊条,由焊芯和药皮两部分组成。焊芯是焊条中被药皮包覆的金属芯,焊接过程中焊芯作为一个电极起传导电流和引燃电弧的作用,同时熔化后作为填充金属与母材一起形成焊缝。为了保证焊缝质量,对焊芯金属的化学成分有严格的要求,碳、硅质量分数较低,硫、磷质量分数极少,有时在焊芯中加入某些合金元素以提高焊缝强度和韧性。焊条药皮指涂在焊芯表面的涂料层,是由多种矿石、铁合金、纤维素以及粘结剂组成。在焊接过程中药皮分解熔化后形成气体和熔渣,起到机械保护、冶金处理、改善焊接工艺性等作用,因此焊条药皮是决定焊缝质量的重要因素。

1. 焊条的种类

电焊条有不同的分类方法,按照焊条的用途可以分为结构钢焊条、耐热钢焊条、不锈钢焊条、堆焊焊条、低温钢焊条、铸铁焊条、镍及镍合金焊条、铜及铜合金焊条、铝及铝合金焊条及特殊用途焊条。按照焊条药皮的主要化学成分可以将电焊条分为氧化钛型焊条、氧化钛钙型焊条、钛铁矿型焊条、氧化铁型焊条、纤维素型焊条、低氢型焊条、石墨型焊条及盐基型焊条。按照焊条药皮熔化后熔渣的特性可将电焊条分为酸性焊条和碱性焊条。

焊接熔渣的主要成分是各种金属和非金属氧化物,根据其化学性质可以分成两大类:① 酸性氧化物,包括 SiO_2、TiO_2、Fe_2O_3 等;② 碱性氧化物,包括 CaO、MgO、MnO、FeO、Na_2O、K_2O 等。焊条酸、碱性的区分主要依据溶渣的碱度,当溶渣中酸性氧化物的比例高时为酸性焊条,反之为碱性焊条。酸性焊条药皮的主要成分为二氧化硅、二氧化钛、三氧化二铁等酸性氧化物。碱性焊条药皮的主要成分为碱性氧化物,如大理石、萤石等。计算焊接熔渣碱度的公式为

$$\rho_{碱} = \frac{\sum 碱性氧化物质量分数(\%)}{\sum 酸性氧化物质量分数(\%)} \qquad (8.2)$$

酸性焊条氧化性较强,焊接过程中合金元素烧损较多,同时由于焊缝金属中氧和氢质量分数较多,因而焊缝塑性、韧性较差。但是,酸性焊条工艺性能良好,成形美观,对油、锈和水分的敏感性不大,抗气孔能力强,可以交直流两用,因此适用于一般低碳钢和强度较低的低合金结构钢的焊接,是应用最广的焊条。

碱性焊条的药皮中大理石和萤石的含量较多,并有较多的铁合金作为脱氧剂和渗合剂,因此药皮具有足够的脱氧、脱磷能力。焊接时碱性焊条药皮中大理石等碳酸盐分解出二氧化碳作保护气体,弧柱气氛中氢的分压较低,且萤石中的氟化钙在高温时与氢结合成氟化氢,从而降低了焊缝中的含氢量,故碱性焊条又称为低氢性焊条。

碱性焊条一般只能采用直流反接进行焊接,只有当药皮中含有多量稳弧剂时,才可以交直流两用,如J506焊条。碱性焊条的熔滴过渡是短路过渡,电弧不够稳定,熔渣的覆盖性差,焊缝形状凸起,且焊缝外观波纹粗糙。但是,碱性焊条的焊缝金属中氧和氢含量较少,非金属夹杂物也少,故具有良好的抗裂性和力学性能,一般用于重要结构(如锅炉、压力容器和合金结构钢等)的焊接。

2. 焊条药皮的组成物

药皮的组成物包括:矿物类(如大理石、氟石等)、铁合金和金属粉类(如锰铁、钛铁等)、有机物类(如木粉、淀粉等)、化工产品类(如钛白粉、水玻璃等)。焊条药皮的组成物按作用不同,可分为稳弧剂、造渣剂、造气剂、脱氧剂、合金剂、稀渣剂和粘结剂等。低碳钢焊条的典型药皮配方见表8.5。

表8.5 低碳钢焊条的典型药皮配方

原材料	药皮组成/%						
	钛型	钛钙型	钛铁矿型	氧化铁型	纤维素型	低氢型	铁粉钛型
钛铁矿	—	—	4	32	—	26	—
赤铁矿	—	—	—	33	—	—	—
金红石	34	28	30	—	—	6	17
钛白粉	6	8	5	—	—	6	17
石英	—	—	13	—	—	2	—
长石	14	5	5	12	—	—	—
花岗石	12	—	—	—	32	—	—
白泥	8	14	13	11	—	4	5
云母	—	8	10	8	—	—	4
萤石	8	—	—	—	—	22	—
大理石	—	14	—	17	8	48	3
白云石	8.5	6	21	—	—	—	—
中碳锰铁	—	13	14	19	30	5.5	3.5 高碳锰铁5
硅铁	—	—	—	—	—	3	—
钛粉	—	—	—	—	—	16	铁粉60
木粉	3	1.5	—	—	24	—	—
淀粉	2	—	—	5	锰粉12	—	3

(1) TiO_2 的作用。TiO_2 在焊条药皮中主要起到造渣作用,可以改善熔渣的流动性,促进焊缝金属还原产物的聚集并把它们排除到熔渣中。药皮中增加 TiO_2 的含量,会使渣壳容易脱落,有效缩短熔渣凝固温度区间,同时还起到一定的稳弧作用。电焊条所用辅料中富含 TiO_2 成分的材料有钛白粉、金红石、还原钛铁矿及钛铁矿等,以上各种材料由于 TiO_2 含量及物理结构不同,在焊条中各起不同的作用。

钛白粉属化工产品,TiO_2 的含量一般在 98% 以上,在药皮中主要起到增加塑性的作用。钛白粉价格昂贵,黏稠度较低,在药皮中对周围药粉颗粒缺乏束缚力,会降低药皮强度,并造成焊条尾部发红,目前在焊条设计中一般不用或少量使用。金红石中 TiO_2 的含量一般在 85% 以上,具有稳弧、造渣、调整熔渣物理性能、改善焊缝成形、减少飞溅等作用,是钛钙型焊条药皮主要成分之一。

还原钛铁矿中 TiO_2 的含量在 55% 以上,在焊接过程中可降低熔渣表面张力,利于焊缝成形,还原钛铁矿中的 TiO_2 在熔池反应过程中与 FeO 结合形成 $FeO \cdot TiO_2$,减少了熔渣中 FeO 的质量浓度,降低熔渣氧化性,可提高焊条抗气孔能力。另外,还原钛铁矿在 1 150 ℃ 焙烧过程中,产生一定数量的铁粉,铁粉在焊条药皮中具有改善焊接工艺性能的作用。

(2) 硅酸盐的作用。硅酸盐是钛钙型焊条主要造渣剂之一,可调整熔渣的物理性能,降低熔渣表面张力,提高焊条熔化速度。同时还兼顾了改善焊条压涂性能的作用,可使药粉具有良好的塑性、弹性及粘接性。药皮中硅酸盐通常选用长石、白泥、云母、海泡石等,应以 Al_2O_3 含量低为选用原则,否则熔渣的熔点和粘度会提高,并使焊缝金属中夹杂物增多。

长石中 SiO_2 含量为 60% ~ 70%,Al_2O_3 为 15% ~ 20%,$(K_2O + Na_2O) \geq 12\%$。药皮中加入长石的目的主要是造渣,它可降低熔渣碱度,细化熔滴颗粒,提高熔化系数。由于长石中含有 K_2O 和 Na_2O,所以具有提高电弧稳定性的作用。当药皮中长石含量 > 12% 以后,焊条端部容易出现局部熔蚀现象,造成飞溅增大,熔渣粘度显著下降,使焊缝成形及脱渣困难。焊条药皮组分中常含有花岗石,花岗岩以石英、长石和云母为主要成分,其中长石 40% ~ 60%,石英 20% ~ 40%,二氧化硅为 65% ~ 75%。

云母(白)中大约含 40% SiO_2、35% Al_2O_3、10% K_2O、4.5% H_2O 及少量 Na、Ca、Mg、Ti、Cr、Mn、Fe 和 F 等。云母在药粉中的主要作用是提高药皮的压涂性能及造渣,还能起到提高电弧稳定性、细化熔滴、提高焊条熔化系数的作用。此外,还有防止焊条烘干时药皮开裂的作用。

海泡石是一种含水硅酸镁,SiO_2 含量为 55% ~ 60%,MgO 含量为 20% ~ 25%。海泡石具有极好的吸水性和造浆性,考虑到降低焊条药皮中 Al_2O_3 的含量,可用其替代部分白泥、长石等改善药粉的塑性及粘性,提高焊条表皮的光滑致密性。

(3) 碳酸盐的作用。药皮中的碳酸盐主要来自大理石,其主要成分以碳酸钙($CaCO_3$)为主,约占 50% 以上。碳酸盐是造气剂,又是碱性造渣剂。它可以增加熔渣流动性,降低产生气孔和白点的倾向,并对脱硫、脱磷、抗裂纹有利。碳酸盐的加入使塑性和韧性有所改善,但对除低氢型焊条以外的焊条用量一般应控制在 15% 以下。否则容易使熔渣凝固时间加长,熔渣表面张力增大,使熔渣过于流动,影响焊缝成形,不利于操作,特别是在低空载电压的交流焊机施焊时容易断弧。

3. 焊条的工艺与冶金性能

焊条的工艺性能主要指焊条的引弧和再引弧性能、焊缝成形性能、焊缝脱渣性、焊接飞溅率、熔化系数、焊条熔敷效率、各种焊接位置的适应性等各方面性能，而焊条的冶金性能反映在机械性能、抗裂纹性等方面。GB/T5118—1995 低合金钢焊条和 JB/T8423—1996 电焊条焊接工艺性能评定方法两个标准对焊条的性能做了具体规定。

焊条的工艺性能和冶金性能主要由焊条药皮成分决定，其中一些主要成份对性能影响更大，要想获得良好的工艺性能和冶金性能，就要有适当的化学成分。性能要求不同，药皮化学成分就要调整。药皮氧化性的大小对焊缝产生气孔的影响是不一样的，药皮熔渣的氧化性增加，由 CO 引起的气孔倾向增加而氢引起的气孔倾向减少；当药皮还原性增大时，则氢气孔的倾向增加，而 CO 气孔倾向减小。

三、主要仪器及材料

烘干箱；天平；瓷钵；瓷棒；玻璃板；量筒；H08 钢丝 $\phi 4 \times 200$ mm；各种药粉；水玻璃等。

四、实验方法及过程

焊条一般采用机械的方法制造，但在小型的科研、试制工作中，为了节省原材料和时间，可采用手工方法制造，本实验采用手工搓制的方法制造焊条。

(1) 配料。按表 8.5 低碳钢焊条的典型药皮配方中的钛钙型和低氢型进行配料及准备工作，块状的铁合金和矿石实验前应破碎并磨成粒度为 60～325 目的细粉，每种配方的干粉总重为 100 g。将焊芯用砂布打磨去锈，校直，并用天平称出一根焊芯质量。

(2) 混料。将称出的各种药粉放进瓷钵中进行干混，轻轻搅拌至药粉颜色均匀一致，注意将团块研碎，不能将干粉撒出。向混好的干粉中逐渐加入水玻璃，并不断进行搅拌，每次水玻璃加入量切不可太多，最后能捏成面团状即可。为了防止搓制时药皮粘玻璃板，可留少许干粉，搓制后期逐渐将全部干粉搓到焊条上。

(3) 压涂。将药粉团搓成直径 $\phi 6～7$ mm，长 150 mm 左右的长条，然后在玻璃上压扁，将焊条芯放在上面并轻轻滚动，使药皮逐渐均匀牢固地粘在焊芯上，当搓到粗细均匀，直径达到 $\phi 6.5～7$ mm 且无大的偏心时为止。注意焊条的一端留出 20 mm 左右的夹持端，非夹持端露出焊芯，不要形成包头。

(4) 烘干。搓制好的焊条晾干 24 h 后，放入烘干箱中烘干。碱性焊条 350 ℃烘干 2 h；酸性焊条 200 ℃烘干 1 h。对烘干后的焊条磨头并检查质量，如药皮有裂缝、剥落等即为不合格。

五、基本要求

每人选择钛钙型和低氢型中的一种进行焊条制作，根据实验写出焊条的制做过程。根据焊条配方进行计算得出配方化学成分，填入表 8.6 中，分析自选配方焊条的酸碱度 ρ 并预测其工艺性能。

六、思考题

(1) 酸性焊条和碱性焊条的主要组成物有何不同？
(2) 为什么碱性焊条使用时必须烘干而酸性焊条不用？

表 8.6 焊条制备配方计算结果

焊条编号	碱性氧化物		中性氧化物	碱性氧化物			脱氧剂		酸碱度 ρ
	SiO_2	TiO_2	Al_2O_3	FeO	MnO	$K_2O + Na_2O$	Mn	Si	

8.4 不锈钢焊接接头的晶间腐蚀

一、实验目的

观察与分析不锈钢焊接接头的显微组织,了解不锈钢焊接接头产生晶间腐蚀的机理及晶间腐蚀区显微组织特征。

二、基本原理

晶间腐蚀是晶粒边界发生有选择的腐蚀现象。发生晶间腐蚀以后,外观仍呈金属光泽,但因晶粒彼此之间已失去联系,敲击时已无金属声音。奥氏体不锈钢焊接接头可能出现三个部位的晶间腐蚀现象,即焊缝腐蚀区、熔合腐蚀区、敏化腐蚀区,如图 8.7 所示。但在同一个接头中不会同时出现这三种晶间腐蚀区,出现哪种取决于钢的成分。

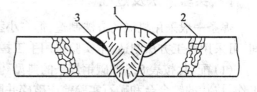

图 8.7 奥氏体不锈钢焊接接头晶间腐蚀
1—焊缝区;2—600~1 000 ℃ 敏化区;3—熔合区

1.晶间腐蚀

在不含稳定化元素 Ti、Nb 的 18 – 8 型不锈钢中,如 1Cr18Ni9 或 0Cr18Ni9,焊缝及热影响区加热的峰值温度处于敏化温度区间的部位易发生的晶间腐蚀。敏化是指不锈钢在 420~850 ℃ 保温或缓冷时,铬和碳结合在晶界析出,使材料晶间腐蚀倾向增加的现象。焊接是不平衡加热,敏化温度可达 600~1 000 ℃,如图 8.7 中 2 所示。

奥氏体不锈钢焊接接头的晶间腐蚀与晶间贫铬有关。奥氏体不锈钢的供货状态一般为固溶处理状态,这时碳在奥氏体中处于过饱和状态。在经 600~1 000 ℃ 焊接热循环时,奥氏体中过饱和的碳将向晶界扩散,并在晶界处形成 $Cr_{23}C_6$ 或 $(Fe,Cr)_{23}C_6$,由于铬的扩散速度比碳慢,导致晶粒边界层 Cr 质量分数低于晶粒内部(>12%)。在腐蚀性介质的作用下,铬浓度高的是正电位,铬浓度低的是负电位,因此贫铬的晶界将作为被消耗的阳极而遭受腐蚀,这种有选择的腐蚀就是晶间腐蚀。

如果钢中 C 质量分数低于其溶解度,$w_C \leq 0.015\% \sim 0.03\%$,就不会有 $Cr_{23}C_6$ 析出,因而不会发生贫铬现象。此外,若钢中含有能形成稳定碳化物的元素 Ti 或 Nb 时,只有先形成 TiC 或 NbC,则不会形成 $Cr_{23}C_6$,也不发生贫铬现象。同时晶间腐蚀有一定的温度范围,低于敏化温度,C 没有足够的扩散能力,不能向晶界扩散;高于敏化温度,Cr 有足够的扩散能力,不可能形成晶界贫 Cr。

2. 刀口腐蚀

刀口腐蚀是一种特殊的晶间腐蚀,其产生在熔合区附近,腐蚀区为 1.0 ~ 1.5 mm,犹如刀削切口状,故称"刀口腐蚀",如图 8.7 中 3 所示。刀口腐蚀产生的条件是经历高温加热(1 200 ℃ 以上)和中温敏化的顺序加热过程。刀口腐蚀只发生在含有稳定化学元素 Ti 或 Nb 的 18 – 8Ti 和 18 – 8Nb 钢的熔合区,其实质也是因 $Cr_{23}C_6$ 沉淀而形成贫 Cr 层有关,下面以 1Cr18Ni9Ti 钢为例进行说明。

1Cr18Ni9Ti 钢 $w_C = 0.02\%$、$w_{Ti} = 0.8\%$,碳在室温奥氏体中的最大溶解度低于 0.03%,多余的碳则通过固溶处理与钛结合形成稳定的碳化物 TiC,由于钛对碳的固定作用,避免了在晶界形成碳化铬,故具有抗晶间腐蚀能力。但是,在焊接时熔合区经历 1 200 ℃ 以上热循环,TiC 大部分分解成 C 原子和 Ti 原子,C 原子进入到奥氏体点阵间隙中,Ti 占据点阵节点的位置。随后冷却时,由于高温下 C 原子比 Ti 的扩散能力强,碳原子将向奥氏体晶粒周边扩散,Ti 则来不及扩散而仍保留在原处,使晶界附近成为 C 过饱和状态。如果随后再经中温敏化加热,或者多层焊时再经历一次焊接热循环,碳原子优先以很快的速度向晶粒边界扩散,同时 Cr 也以比 Ti 快的扩散速度聚集于晶界处,因此易于在晶界附近形成 $Cr_{23}C_6$ 的沉淀,致使靠近晶界的晶粒表面出现一个贫铬层,该层在腐蚀原电池中作为阳极而遭受腐蚀。而且原 TiC 固溶量越多的部位,$Cr_{23}C_6$ 的沉淀量越大,这个部位的晶间腐蚀倾向表现得越严重。

3. 晶界腐蚀试验

GB/T4334—2000 中规定了不锈钢草酸浸蚀、硫酸 – 硫酸铁腐蚀、硝酸腐蚀、氢氟酸腐蚀、硫酸铜腐蚀五种晶间腐蚀试验方法、试验溶液、试验条件、结果评定等内容。本实验采用不锈钢 10% 草酸浸蚀试验,这种方法用于检验奥氏体不锈钢晶间腐蚀的筛选试验(不适用于含钼钛的不锈钢),以判断是否需要进行其长时间热酸试验,也可以作为独立的晶间腐蚀检验方法。

三、主要仪器及材料

电解浸蚀装置;金相显微镜;吹风机;抛光机;手锯;1Cr18Ni9 钢;金相砂纸;10% 草酸水溶液;其他辅助用品。

四、实验方法及过程

对于 18 – 8 钢焊接接头,由于母材一般已经过晶间腐蚀试验评定合格,故可采用草酸浸蚀法与母材同时进行对比试验。

(1) 试验装置。如图 8.8 所示,装有腐蚀液的不锈钢容器接电源的负极,若采用玻璃烧杯作容器,则负极端部接一厚度为 1 mm 左右的不锈钢薄板,并放置于杯底,腐蚀液采用 10% 草酸水溶液。

(2) 取样及制备。用锯切的方法从焊件上取样,试样应包括母材、热影响区以及焊接金属,用锉刀加工试样表面,去除棱角。按金相试样的要

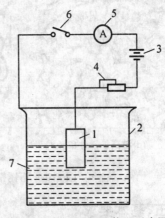

图 8.8 电解法浸侵蚀装置示意图
1—试样;2—不锈钢容器;3—直流电源;
4—变阻器;5—电流表;6—开关;7—电解液

求,对试样被检查表面进行磨制、抛光,以便进行腐蚀和显微组织检验。

(3) 试验操作。

① 把草酸倒入不锈钢容器,把试样作为阳极、不锈钢容器作为阴极连接好线路;② 闭合电源开关,调整电流使试样检验面电流密度为 1 A/cm²,浸蚀时间 90 s,溶液温度 20 ~ 50 ℃;③ 重复试验时使用新的溶液。

(4) 晶间腐蚀评定。试样浸蚀后,用流水清洗后吹干,在金相显微镜下观察试样的全部浸蚀表面,放大倍数为 200 ~ 500 倍,根据表 8.7 和图 8.9 判定组织的类别。

表 8.7 不锈钢晶间腐蚀组织类别(节选自 GB/T4334—2000)

类别	名称	组织特征
一类	阶梯组织	晶界清晰,无腐蚀沟,晶粒间呈台阶状
二类	混合组织	晶界有腐蚀沟,但没有一个晶粒被包围
三类	沟状组织	晶界有腐蚀沟,个别或全部晶粒被包围
四类	游离铁素体组织	焊接接头晶界无腐蚀沟,铁素体被显现
五类	连续沟状组织	沟状组织很深,几乎所有的晶界被包围
六类	凹坑组织 Ⅰ	浅凹坑多,深凹坑少的为凹坑组织 Ⅰ
七类	凹坑组织 Ⅱ	深凹坑多,浅凹坑少的为凹坑组织 Ⅱ

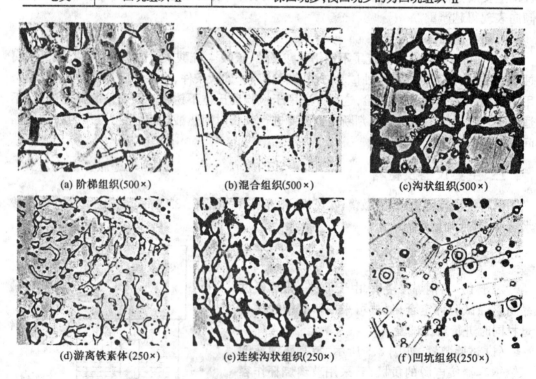

(a) 阶梯组织(500×)　　(b) 混合组织(500×)　　(c) 沟状组织(500×)
(d) 游离铁素体(250×)　　(e) 连续沟状组织(250×)　　(f) 凹坑组织(250×)

图 8.9 不锈钢晶间腐蚀金相组织类别(草酸电解浸蚀)

五、基本要求

(1) 实验中准确记录试样的检验面积,实际的电流、浸蚀时间和温度等参数;说明焊接接头产生腐蚀的部位宽度,区分是晶间腐蚀还是刀口腐蚀。

(2) 利用金相显微镜拍摄晶间腐蚀的典型金相照片,说明组织特征并进行评定;分析该焊接接头试样产生晶间腐蚀的原因。

六、思考题

(1) 在晶间腐蚀试验中有时需要做敏化处理,其作用是什么?
(2) 根据所掌握的有关知识,提出防止晶间腐蚀的措施。

8.5 钎料对母材的润湿性

一、实验目的

了解常用的钎料和钎剂,考察钎料成分及钎剂对母材润湿性的影响,掌握评定钎料润湿性的实验方法。

二、基本原理

钎焊是用比母材熔点低的金属材料作为钎料,用液态钎料润湿母材和填充工件接口间隙并使其与母材相互扩散的焊接方法。钎焊所用的填充金属称为钎料或焊料,形成的焊缝称为钎缝。钎焊时母材不熔化,不对焊件施加压力,因此钎焊接头平整光滑,母材性能变化小,焊接变形较小,适合于焊接精密、复杂和由不同材料组成的构件。

1. 钎料与钎剂

根据熔点不同,钎料分为软钎料和硬钎料。软钎料熔点低于450 ℃,常用的软钎料有锡铅钎料、镉银钎料、铅银钎料和锌银钎料等。软钎焊接头强度低(< 70 MPa),主要用于焊接受力不大和工作温度较低的工件,如各种电器导线的连接及电子线路的焊接。硬钎料熔点高于450 ℃,常用的钎料有铝基、铜基、银基、镍基等合金。硬钎焊形成的钎焊接头强度大(> 200 MPa),主要用于焊接受力较大、工作温度较高的机械零部件的焊接。

GB/T6208—1995钎料型号表示方法中规定,钎料型号由两部分组成,中间用隔线"-"分开。第一部分用一个大写英文字母表示钎料的类型,如"S"表示软钎料;"B"表示硬钎料。代号后面的第二部分表示主要合金组元的一组化学元素符号,第一个化学元素符号表示钎料的基体组元,其含量用阿拉伯数字表示(重量百分数)标于其后。其余组元的化学元素符号按含量多少顺序排列,但不标其含量。

钎剂是钎焊时使用的熔剂,主要起清除母材和钎料表面的氧化物及其他杂质、保护钎料及焊件不被氧化、改善液态钎料对工件金属的浸润性、增大钎料的填充能力的作用。常用的软钎剂有磷酸水溶液、氯化锌水溶液和松香,只限于300 ℃以下使用。常用的硬钎剂有硼砂、硼酸、氟硼酸钾。硼砂、硼酸活性温度高,均在800 ℃以上,只能配合铜基钎料使用,去氧化物能力差,不能去除Cr、Si、Al、Ti等的氧化物;氟硼酸钾,熔点低,去氧化能力强,是熔点低于750 ℃银基钎料的适宜钎剂。

2. 钎料的润湿与铺展

钎焊过程中,液态钎料在母材表面润湿、铺展,并借助毛细流动管作用被吸入和充满固态工件间隙之间,液态钎料与母材相互溶解和扩散,冷凝后即形成钎焊接头。因此,钎料与母材的润湿性的好坏是选择钎料时首要考虑的条件,也是能否获得优质钎焊接头的关键因素。钎料能否润湿母材,取决于它们分别处于液态和固态时有无相互作用。有相互作用则能润湿,否则不能,例如纯银能润湿铜但不能润湿钢。对于原先不能润湿的钎料和母材组合,若向钎料中额外添加某种与母材相互作用的组分,钎料即变得能润湿母材。例如银基钎料所以能广泛来钎焊钢,因为银钎料并不是纯银。

钎料对母材的润湿性本质上取决于它们本身的成分,但还受到钎焊时其他因素的影响。钎料和母材表面的氧化物是阻碍润湿的重要因素,因此必须借助钎剂或其他去膜措施。母材表面的氧化物不同,去除的难易程度也因之而异。只有针对母材的成分,选用不同的钎剂,才能发挥钎剂的作用。例如,锡铅钎料能润湿铜和多种母材,但若不能施加松香或其他钎剂,熔融钎料仍不能在铜上铺展。可是,为保证钎料对低碳钢特别是18-8型不锈钢的润湿,便不能采用松香,而要采用具有相应去膜能力的其他钎剂。

具有清除母材表面氧化膜的能力,这是选用钎剂首先考虑的因素,其次是钎剂的活性温度。钎剂的活性温度就是钎剂能够最有效发挥它的去膜作用的温度区间。钎焊的主要工艺参数是钎焊温度和保温时间。钎焊温度通常选为高于钎料液相线温度 25~60 ℃。只有当钎剂的活性温度能覆盖钎料的钎焊温度时,钎剂才能及时地为钎料的铺展创造条件,促进对母材的润湿,保证钎料能填满间隙。因此,软钎料不能用于硬钎焊,硬焊剂也不能用于软钎焊。即使同一种钎剂,也不适于熔点差别较大的不同钎料。

三、主要仪器及材料

仪器:高频感应加热装置;电热板;感应器;玻璃滴管;镊子;塑料小勺等。

材料:钎料及钎剂见表8.8和8.9;紫铜;低碳钢;1Cr18Ni9Ti 试片。

表8.8 钎料及熔化温度

序号	钎料型号	钎料种类	牌号	熔化温度/℃
1	S-Sn40Pb58Sb2	锡铅	HLSnPb58-2	183~238
2	B-Cu62Zn	铜基	H62 黄铜	900~905
3	B-Cu58ZnMn	铜基	HL105	885~888
4	BAg45CuZn	银基	HLAgCu30-25	665~745

表8.9 钎料润湿性实验中用钎剂型及化学配比

序号	钎剂型号	钎剂名称	化学配比
1	FS312A	氯化锌溶液	40% $ZnCl_2$;60% H_2O
2	FS311A	氯化锌-氯化铵溶液	40% $ZnCl_2$;55% H_2O;15% NH_4C
3	FS321	磷酸溶液	(40%~60%)H_3PO_4;(60%~40%)H_2O
4	FS111A	松香酒精溶液	25% 松香;75% 酒精
5	YJ-1	硼砂	100% 硼砂
6	YJ-6	硼砂+硼酸+CuF_2	15% 硼砂;80% 硼酸;5% CuF_2
7	FB101	硼酸+氟硼酸钾	30% 硼酸;70% 氟硼酸钾
8	FB102	氟化钾+氟硼酸钾+硼酐	42% 无水氟化钾;25% 氟硼酸钾;35% 硼酐

四、实验方法及过程

衡量钎料对母材润湿能力是以一定体积钎料,使其在合理的钎焊工艺条件下熔化铺展,测定钎料冷凝后的润湿角或铺展面积,分别以润湿角和铺展面积衡量润湿性。

(1) 利用酒精、丙酮、汽油等清洗油污,用锉刀、粗砂布等清除板材表面氧化物,最后用 320 目砂纸打磨表面,在试片上打上标号。

(2) 接通电热板电源,使加热平台温度保持在 300 ℃ 左右,分别以紫铜、低碳钢、1Cr18Ni9Ti 钢为母材,选取表 8.9 中 1～4 号钎剂,重复进行下面操作。

① 用镊子将试片放到电热板加热平台上,夹一块钎料放在试片中央,用滴管向钎料放置处滴数滴钎剂;

② 待钎料块熔化,如果钎料铺展(也可能不铺展),待铺展稳定后,用镊子平稳取下试片,放在试验台上冷却。

(3) 按规定程序完成高频感应加热装置启动操作,使装置进入待工作状态,分别以紫铜、低碳钢、1Cr18Ni9Ti 钢为母材,选取表 8.9 中 5～8 号钎剂,重复进行下面操作。

① 用镊子将试片放到感应器内,夹一块钎料放在试片中央,用小勺将钎剂加到试片放置钎料处;

② 按下高频加热装置的加热按钮,用加热时间长短调节加热温度,钎料熔化并稳定后停止加热,钎料凝固后,用镊子取下试片。

(4) 试片凝固后,测定钎料的铺展面积或润湿角,按照不润湿、润湿差、润湿较好和润湿好四类定性判别润湿性。

五、基本要求

(1) 在上述实验过程中,注意观察各组合情况下钎料熔化后的行为及有关现象,在实验报告中进行分析和讨论。

(2) 试验前按表 8.10 的设计画出表格,试验过程中填写试样标号、试验条件和测试的数据,并给出定性判断。

表 8.10 钎料对母材的润湿性实验记录

试样标号	试验条件			润湿面积 /mm^2	润湿角 /(°)	润湿情况
	钎料	母材	钎剂			

六、思考题

(1) 影响钎料润湿母材的主要因素除表面氧化物外还有哪些?

(2) 铜基钎料的特点和用途,用其焊接不锈钢时应选择哪种钎剂?

8.6 焊接电弧的静特性

一、实验目的

了解电弧静特性曲线的形状及形成机理,测定钨极氩弧的静特性,验证电弧静特性的形态。

二、基本原理

由焊接电源供给具有一定电压的两电极或电极与工件间隙的气体介质被电离,从而产生强烈而持久的气体放电现象,称为焊接电弧。焊接电弧从实质上看是气体导电,把电能转化成热能、机械能和光能。其中热能和机械能被用来熔化金属,形成焊接接头;光能就得靠劳动保护来加以防护。

1. 焊接电弧的产生

使气体电离的办法主要有两种:一种是在电极和工件之间加上很高的电压,在所形成的强电场的作用下使气体电离,就是击穿这部分气体,使它变成导体;另一种办法是使电极本身发射电子,这些发射电子撞击气体原子,使自由电子脱离原子核,形成自由电子和正离子,从而使气体电离。根据这两种电离原理,在电弧焊中有相应的两种引弧方法,即非接触引弧法和接触引弧法。在非熔化极电弧焊中,为防止烧毁电极,广泛采用非接触引弧法,如钨极氩弧焊常用高频振荡器引弧,其电压高达 2 000 V 以上。在熔化极电弧焊中,如手工电弧焊、埋弧焊和熔化极气体保护焊中都采用接触引弧法。

沿着电弧长度方向,焊接电弧由三部分组成:阴极区、弧柱区和阳极区。阳极区的热量主要来自自由电子撞入时所释放出来的能量,其温度约为 2 300 ℃。在阳极区产生的热量约占电弧总热量的 43%。阴极区的热量主要来自正离子撞入时所释放出来的能量,产生的热量约占电弧总热量的 36%。由于阴极发射电子就要消耗一部分能量,其温度低于阳极区的温度,约为 2 100 ℃。弧柱区的热量约占电弧总热量的 21%,但因散热条件比阳极区和阴极区都差,因此温度很高,一般在 4 700 ~ 7 700 ℃ 之间。

2. 焊接电弧的静特性

在电极材料、气体介质和弧长一定的情况下,电弧稳定燃烧时,焊接电流与电弧电压变化的关系,称为焊接电弧的静态伏安特性,简称电弧的伏安特性或电弧的静特性。电弧稳定燃烧时,电弧电压 U_f 与电弧电流 I_f 之间的关系可用函数表示为

$$U_f = f(I_f) \qquad (8.3)$$

如图 8.10 所示,电弧的静特性曲线呈 U 形,由图中可以看出,电弧电压值在不同的电流范围内是不同的,即电弧的电阻随电流的改变而改变。事实上,静特性曲线是在某一电弧长度下,在稳定的保护气流和电极条件下,改变电弧电流数值,在电弧达到稳定燃烧状

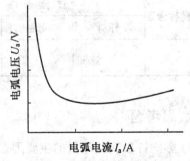

图 8.10 电弧静特性曲线

态时所对应的电弧电压曲线。焊接电弧的静特性不同于动特性,动特性是指在弧长一定下,当电弧电流很快变化时,电弧电压和电流之间的关系,由于热惯性对电离度的影响,焊接电弧的动特性曲线不同于静特性曲线。

从一般性特征考察,焊接电弧静特性曲线呈现三个区段,分别称作下降特性区(负阻特性区)、平特性区(等压特性段)、上升特性区。三个特性区(段)的特点是由于电弧自身性质所确定的,主要和电弧自身形态、金属蒸发、电磁收缩、电弧产热与散热平衡等有关。

钨极氩弧焊时,在小电流区间电弧静特性为下降段;焊条电弧焊、埋弧焊和大电流钨极氩弧焊时,因电流密度不太大,电弧静特性为水平段;CO_2 气体保护焊、熔化极氩弧焊,因电流密度较大,电弧静特性为上升段。电弧静特性曲线的形状,决定了它对焊接电源的要求。

三、主要仪器及材料

交流钨极氩弧焊机;交流电流表、电压表;钨极氩弧焊枪;氩气;减速器等。

四、实验方法及过程

(1) 熟悉手工交流钨极氩弧焊机的组成及实验电路和仪表,检查连接线路,接通水路,接通电源,调节减压器,把氩气流量调至合适数值。

(2) 引燃电弧,把弧长调至一定长度,并保持弧长不变;从 30 A 到 150 A 范围内,由小到大地调节至少 6 个不同值的电弧电流;把对应的电弧长度、电压和电流值记录于表 8.11 中。

(3) 将电流固定在 100 A,把弧长分别保持在 1.5 mm、3 mm、4.5 mm 和 6 mm,测定并记录各对应的电弧电压值。

表 8.11 焊接电弧静特性测量数据

序号	电弧长度/mm	测量参数	测 试 结 果							
			1	2	3	4	5	6	7	8
1		电流/A								
		电压/V								
2		电流/A								
		电压/V								
3		电流/A								
		电压/V								
4		电流/A								
		电压/V								

五、基本要求

(1) 按不同弧长时对应的电弧电压和电流数值,取电弧电压为纵坐标,电弧电流为横坐标,绘出电弧静特性曲线。

(2) 根据电弧电流为 100 A 时,不同电弧长度和电弧电压的数值,绘出弧压 - 弧长的 $U_f - I_f$ 特性曲线,并求出弧柱的电位梯度。

(3) 对比实测的电弧静特性曲线与理论分析的静特性曲线,分析造成差异的原因。

8.7 焊接电源的外特性

一、实验目的

熟悉 BX1 - 300 型或 BX3 - 300 型弧焊变压器的构造和调节电流的方法;测定弧焊变压器的外特性和调节特性,学会测定一般弧焊电源电特性的方法。

二、基本原理

弧焊电源具有适宜于电弧焊电气特性,在焊接过程中供给焊接电弧电压和电流。为了确保能顺利起弧和稳定燃烧,弧焊电源要满足两个基本要求:① 在引弧时能提供较高的电压和较小的电流,稳定燃烧后又能提供较低的电压和较大的电流;② 焊接电源可以灵活调节焊接电流,以满足焊接不同厚度工件时所需的电流,还应具有好的动特性。

1. 弧焊电源的种类

(1) 交流弧焊电源。交流弧焊变压器是一种特殊形式的降压变压器,可分为动铁式(BX1 和 BX2 系列)和动圈式(BX3 系列)两种,见图 8.11 和 8.12。BX1 系列焊机是目前应用最广泛的动铁式交流焊机,焊接电流调节分为粗调、细调两档。电流的粗调靠改变次级绕组的匝数来实现;电流的细调靠移动铁芯改变变压器的漏磁来实现。向外移动铁芯,磁阻增大,漏磁减小,则电流增大,反之则电流减少。

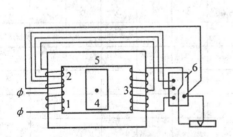

图 8.11 BX1 型弧焊电源结构原理图
1— 初级绕组;2、3— 次级绕组;
4— 动铁芯;5— 静铁芯;6— 接线板

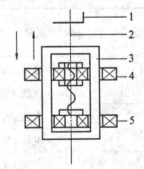

图 8.12 BX3 型弧焊电源结构原理图
1— 调节手柄;2— 调节螺杆;3— 主铁芯
4— 可动次级绕组;5— 初级绕组

动圈式弧焊电源是通过变压器的初级和次级线圈的相对位置来调节焊接电流的大小。焊机电流调节一般为两档,两档换接由组合转换开关一次完成。焊接电流细调节靠转动手柄调节次级线圈位置,改变漏抗的大小来实现。

(2) 直流弧焊电源。直流弧焊机按变流的方式不同分为弧焊整流器和旋转式直流弧焊发电机。这里只介绍整流式直流弧焊机。整流式直流弧焊机的结构上相当于在交流焊机上加上整流器,从而把交流电变成直流电,弥补了交流弧焊机电弧稳定性不好的缺点。

图 8.13 为硅整流电弧焊机的结构示意图,利用硅半导体整流元件将交流电变为直流电,常用型号如 ZXG – 300、ZXG – 400 等。硅整流电弧焊机焊接电流的调节依靠面板上的电流调节控制器,改变磁放大器控制或线圈中直流电大小,使铁芯中的磁通发生相应变化,从而调整焊接电流的大小。

(3) 逆变弧焊电源。逆变是指将直流电变为交流电的过程,借助于电子器件使弧焊电源的电压、电流、波形、相数和频率中的一个或几个特性发生变化,从而得到想要的焊接波形。逆变弧焊电源提高了变压器的工作

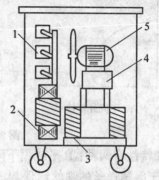

图 8.13　硅整流弧焊机结构示意图
1— 硅整流器组;2— 三相变压器;3— 三相磁饱和电抗器;4— 输出电抗器;5— 通风机组

频率,使主变压器的体积大大缩小。现在逆变式弧焊机品种由开始的手工电弧焊逐步普及到交、直流氩弧焊、切割、熔化极气保焊、自动焊、智能化多功能焊、弧焊机器人电源、野外焊接工程车等。

逆变式弧焊机的弧焊逆变器工作原理见图 8.14。工频网路电压经输入整流器整流,借助大功率电子开关的交替开关的作用,又将直流变换成几千至几万赫兹的中频交流电,再分别经中频变压器、整流器和电抗器等的降压、整流与滤波得到所需要的焊接电压和电流,通过闭环反馈电路实现对外特性和电弧电压、焊接电流的控制调节。逆变整流器输出电流可以是直流或交流,因此弧焊逆变器可归纳为两种逆变系统:AC – DC – AC 和 AC – DC – AC – DC。通常较多采用后一种逆变系统,故还可把它称为逆变弧焊整流器。

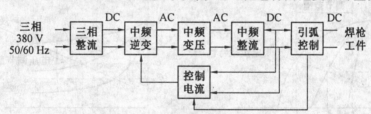

图 8.14　逆变电源基本原理框图

2.弧焊电源外特性

电弧焊时,弧焊电源与电弧组成一个供电与用电系统。在电源内部参数不变的情况下,改变负载,弧焊电源输出的电压和电流之间的关系称为弧焊电源的外(或静)特性。外特性曲线与纵坐标的交点即为弧焊电源的空载电压;外特性曲线与横坐标的交点即为弧焊电源的短路电流。为满足焊接的要求,弧焊电源的外特性曲线的形状大体有三种类型,分别是下降外特性、平外特性和双阶梯型外特性,如图 8.15 所示。

下降外特性有三种:① 陡降(恒流)特性,适于钨极氩弧焊和等离子弧焊,在电弧电压(弧长)变化时电流几乎不变;② 曲线缓降特性,适于一般手弧焊和埋弧焊,电压(弧长)变化时电流也变化,但变化不大;③ 近直线缓降特性,适于粗丝 CO_2 焊和一般手弧焊、埋弧焊,特别适于立焊和仰焊。

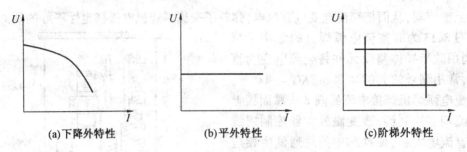

(a)下降外特性　　　　　(b)平外特性　　　　　(c)阶梯外特性

图 8.15　焊接电源的外特性

平外特性有两种：① 平或稍下降的外特性，适于等速送丝的粗丝气体保护焊；② 上升特性，适于等速送丝的细丝气保焊。对平特性电源，弧长（电压）变化极小而电流变化显著，加强了电弧自调节作用，使焊接规范保持稳定。

阶梯外特性为熔化极脉冲氩弧焊所采用，用阶梯形外特性的 L 形部分作为维弧之用，而将另一条阶梯形外特性的倒 L 形部分用作脉冲。在正常范围内，脉冲期间电弧工作点处于恒流段，因而熔滴过渡均匀，维弧期间电弧的工作点处于恒压段，从而改善了系统的弧长调节作用。

3.弧焊电源调节特性与动特性

焊接电弧电压和电流是由电弧静特性和弧焊电源外特性曲线相交的一个稳定工作点决定的，如图 8.16 所示。图中负载特性指包括输出回路电缆压降在内的电源的工作电压和下降外特性电源的可调参数工作电流的关系。为了获得一定范围的焊接电流和电压，要求弧焊电源应具有多条外特性曲线族，并可均匀调节。下降外特性电源的可调参数为输出电流的大小，电弧电压由弧长决定；平外特性电源的可调参数为工作电压。

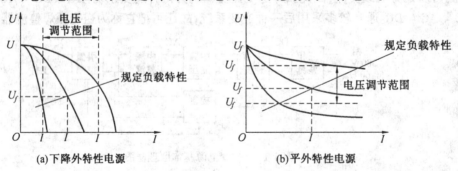

(a)下降外特性电源　　　　　(b)平外特性电源

图 8.16　外特性电源的可调参数

弧焊电源的动特性是指电弧负载状态发生突然变化时，弧焊电源输出电压与电流的过程，是弧焊电源对负载瞬态变化的适应能力。动特性指标有空载到短路的瞬时短路电流峰值、负载到短路的瞬时电流上升率和短路峰值、短路到空载的电压建立时间等。电源的动特性好时，引弧容易，电弧稳定，焊接飞溅小，焊缝成形好。

三、主要仪器及材料

弧焊变压器；变阻负载箱；钳形电流表(0～600 A)；交流电压表(100 V)。

四、试验方法及过程

(1) 观察 BX3-500 型弧焊变压器的构造,了解和掌握初、次级绕组分布的特点和绕组的接线,电流调节机构和电流大挡、小挡粗调的连接方法。

(2) 测定弧焊变压器的外特性。

① 按图 8.17 所示接好线路,把可调变阻负载箱串联在焊接回路里作为电弧负载,用脚踏开关作为短路开关。

② 把变阻器的闸刀开关全都拉开,测量并记录焊机的空载电压值。

③ 逐次合上变阻器的各个闸刀开关,逐步减小变阻器的电阻值,以增大电流,再踩下脚踏开关造成短路。每调一次电阻后,把电压表和电流表的读数记录于表 8.12 中。

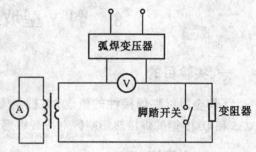

图 8.17 外特性实验电路图

④ 旋转手柄,改变变压器的初、次级绕组的位置,重复步骤(1)、(2) 和(3)的过程,并记录每次电压表和电流表的读数。

表 8.12 初、次级绕组不同位置时电流和电压值

绕组位置	测量参数	测量结果							
		1	2	3	4	5	6	7	8
1	I_f/A								
	U_f/V								
2	I_f/A								
	U_f/V								
3	I_f/A								
	U_f/V								
4	I_f/A								
	U_f/V								

五、基本要求

(1) 说明 BX3-500 型弧焊变压器的构造,初、次级绕组分布的特点和绕组的接线,电流调节机构和电流大挡、小挡粗调的连接方法。

(2) 绘制弧焊变压器外特性曲线,根据表 8.12 中的数据,取电压 U_f 为纵坐标,电流 I_f 为横坐标,绘出弧焊变压器的外特性曲线。

(3) 根据所绘制的外特性曲线,分析初、次级绕组不同位置时外特性曲线变化的规律和原因。

六、思考题

(1) 为什么钨极氩弧焊要选用具有陡降外特性的电源？
(2) 为什么 CO_2 气体保护焊焊接电源的静特性具有平硬特性。

8.8 斜 Y 型坡口焊接裂纹试验

一、实验目的

了解金属材料焊接性的概念，掌握斜 Y 型坡口焊接裂纹试验的原理和方法，评定 Q235 和 Q345 钢的焊接热影响区对冷裂敏感性的焊接性。

二、基本原理

金属材料的焊接性是指在一定的焊接工艺条件下，获得优质焊接接缝的难易程度。其内容包括两个方面：一是金属材料在经受焊接加工时对缺陷的敏感性，即工艺焊接性；二是焊成的接缝在使用条件下可靠运行的能力，即使用焊接性。因此，焊接性试验的内容主要有热裂纹试验、冷裂纹试验、脆性试验、性能试验等。最常用的是斜 Y 型坡口裂纹试验、插销试验、刚性固定对接裂纹试验、可变拘束裂纹试验、碳当量法等。

1. 斜 Y 型试样形式

斜 Y 型坡口焊接裂纹试验是评价钢材焊接性的一种常用方法，主要用于评定碳钢和低合金高强钢焊接热影响区对冷裂的敏感性。试验时试件厚度不作限制，常用厚度为 9～38 mm，采用机械切削方法加工对接接头，两端用拘束焊缝固定，试板中间留出 80 mm 作为试验焊缝区，两试板间缝隙 2 mm，如图 8.18 所示。试验焊缝在组装试板好的试板中间，其焊接方式和位置见图 8.19。

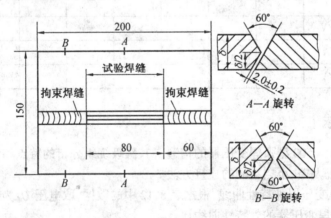

图 8.18 试件的形状与尺寸

由于两端固定及斜 Y 型坡口对试验焊缝的约束很大，故试验焊缝焊后可能会在试板接头的热影响区和焊缝中产生冷裂纹。通常情况下焊根尖角处的热影响区，当焊缝金属的抗裂性不好时，裂纹可能扩展到焊缝金属，甚至贯穿焊缝表面。裂纹可能在焊后立刻出现，也可能在焊后数分钟,乃至数小时后才开始出现。因此斜 Y 型坡口焊接裂纹试验除适合焊接接头热影响区的冷裂倾向评价外,也可作为母材和焊条组合的裂纹试验。

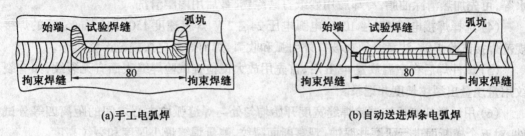

图 8.19　试验焊缝的焊接方式

2. 裂纹率计算方法

试件焊完一段时间以后,用肉眼或其他适当的方法检查焊接接头的表面和断面是否有裂纹。根据表 8.13 计算表面裂纹率、根部裂纹率和断面裂纹率。裂纹的长度或高度按表中示意图,裂纹长度为曲线时按直线长度检测,裂纹重叠相连时不必分别计算。

表 8.13　试样裂纹率计算公式及示意图

序号	裂纹形式	裂纹示意图	计算公式	公式说明
1	表面裂纹		$C_f = \dfrac{\sum l_f}{L} \times 100\%$	C_f:表面裂纹率,% l_f:表面裂纹长度,mm L:试验焊缝长度,mm
2	根部裂纹		$C_r = \dfrac{\sum l_r}{L} \times 100\%$	C_r:根部裂纹率,% l_r:根部裂纹长度,mm
3	断面裂纹		$C_s = \dfrac{H_c}{H} \times 100\%$	C_s:断面裂纹率,% H_c:断面裂纹高度,mm H:焊缝最小厚度,mm

三、主要仪器及材料

直流手弧焊机;$\phi 4$ 直径 E5015 焊条;Q235 钢试件;Q345 钢试件;焊工用具;砂纸;丙酮;钢板尺;量规;放大镜;试样切割机;着色渗透探伤剂;5% 硝酸酒精等。

四、实验方法及过程

(1) 分别将已加工好的 Q235 钢和 Q345 试件按图 8.18 各组装 2 套,在试验焊缝的部位插入比 2 mm 略大的塞片以保证试件间隙,然后进行点焊固定。

(2) 分别对两种钢试件两端进行拘束焊接,对拘束焊缝采用双面焊接,各层正面反面交替焊接,注意防止角变形和未焊透,拘束焊缝焊后拆除塞片。

(3) 清理焊接约束焊逢时附着在试样坡口附近的飞溅物,去除铁锈、氧化皮、油污和水等,可先加热清除油脂,冷却后用砂纸打磨除锈,最后用丙酮清洗。

(4) 选择焊接电流 170 ± 10 A、电弧电压 24 ± 2 V、焊接速度 150 ± 10 mm/min 的焊接规范焊接试验焊缝。注意必须在坡口外引弧和收弧,焊前焊条要按规范严格烘干。

(5) 试件焊后在室温放置 48 h 后,首先用放大镜检查试验焊缝表面有无裂纹,如有裂纹用量规量出裂纹长度并记录。

(6) 用试样切割机按试验焊缝宽度开始均匀处与焊缝弧坑中心之间的距离四等分试件,对五个横断面进行研磨并腐蚀,观察断面裂纹,测量焊缝最小厚度和裂纹高度。

(7) 将每种材料的另一块试件表面进行着色渗透,然后采取适当的办法拉断或弯断,用放大镜检查根部裂纹,测量试验焊缝长度和裂纹长度。

五、基本要求

(1) 试验过程中做好实验环境,试件钢号、状态、厚度,焊接电源的种类、焊条规格、焊接规范及烘干规范等的记录。

(2) 根据实验具体情况设计数据记录表,记录裂纹测量的最原始数据,根据试验数据计算被焊材料的裂纹率,分析对比 Q235 钢和 Q345 钢的冷裂倾向。

六、思考题

(1) 评定焊接冷裂和热裂倾向的试验方法都有哪些?
(2) 举例说明材料工艺焊接性不是金属固有的性能。

8.9 钨极氩弧焊

一、实验目的

熟悉交流钨极氩弧焊机的结构、电路原理及操作方法;了解直流分量对焊接电源及焊接规范的影响,消除直流分量的方法;了解钨极氩弧的特点,引弧及稳弧措施。

二、基本原理

氩弧焊是以氩气作为保护气的一种气体保护电弧焊方法。钨极氩弧焊是以高熔点的钨棒作为电极,故又称为不熔化极氩弧焊,也叫 TIG 焊。焊接时钨极不熔化,只起产生电弧的电极作用。填充金属(焊丝)从电弧前方送入,如图 8.20。钨极氩弧焊的焊接过程多以手工方式进行,也可以自动进行。

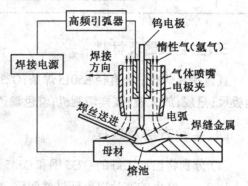

图 8.20 钨极氩弧焊焊接过程示意图

1. 钨极氩弧焊机组成

钨极氩弧焊机分为手工钨极氩弧焊机和自动钨极氩弧焊机两类。手工钨极氩弧焊设备主要由焊接电源、焊枪、供气和供水系统以及控制系统等部分组成,如图8.21所示。自动氩弧焊机设备则在手工焊机设备的基础上,再增加焊接小车(或转动设备)和焊丝送给机构等组成。

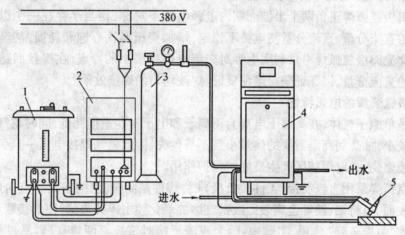

图8.21 氩弧焊设备系统组成
1— 焊接变压器;2— 控制箱(后面);3— 氩气瓶;4— 控制箱(前面);5— 焊枪

钨极氩弧焊可以采用直流、交流或交直流两用电源。无论是直流还是交流都应具有陡降外特性或垂直下降外特性,以保证在弧长发生变化时,减小焊接电流的波动。交流焊机电源常用动圈漏磁式变压器;直流焊机可用他激式焊接发电机或磁放大器式硅整流电源;交直流两用焊机常采用饱和电抗器或单相整流电源。

钨极氩弧焊机的控制系统由引弧器、稳弧器、行车(或转动)速度控制器、程序控制器、电磁气阀和水压开关等构成。在小功率焊机中,控制系统和焊接电源为一体式结构,而大功率焊机的控制系统则是单独的控制箱。对控制系统的要求:① 提前送气和滞后停气,以保护钨极和引弧、熄弧处的焊缝;② 自动控制引弧器、稳弧器的起动和停止;③ 手工或自动接通和切断焊接电源;④ 焊接电流能自动衰减。

供气系统主要包括氩气瓶、减压器、流量计及电磁气阀。供水系统主要用来冷却焊接电缆、焊枪和钨棒。电磁气阀的开启和关闭受控于控制系统,从而达到提前送气和滞后断气的目的。如果焊接电流超过150A时,就必须要水冷。为保证冷却水可靠接通并有一定的压力,通常在氩弧焊机中设有水压开关的保护装置,当水压达到一定水平时才能启动焊接设备。

2. 氩弧焊机的电弧控制

氩气的电离电位较高,引燃电弧困难,提高焊机的空载电压虽然能改善引弧条件,但对人身安全不利。因此,交流钨极氩弧焊一般使用高频振荡器协助引弧,使用脉冲稳弧器保证重复引燃电弧,并在焊接回路中串联电容消除交流电中的直流分量。

高频振荡器是一个高频高压发生器,是非接触式引弧的常用装置,一般串联在焊接回路中。高频振荡器只供焊接时第一次引弧时使用,它提供3 000 V左右的高频电压,在钨极与焊件距离 2 mm 左右时可使电弧引燃，引弧后即应切断。

交流钨极氩弧焊过程中，电流进入负半波时重新引燃困难，稳弧器可在进入负半波的瞬间，迅速向电弧施加高压脉冲，使电弧重新引燃。焊接过程中，高压脉冲始终与焊接电流同步，即焊接电流经过零点的瞬间输出足够功率的脉冲，保证电弧的连续燃烧，从而起到稳弧的作用。目前，常用的脉冲电压为 200～250 V，脉冲电流 2 A 左右。

交流钨极氩弧焊正负两个半波周期内电弧电流不对称，相当于存在一个以电极为负焊件为正的直流分量。直流分量使电弧不稳定，增加变压器铁心饱和耗损，甚至会烧坏焊机。因此，交流钨极氩弧焊中常利用电容对交流电阻抗很小的特点，在焊接回路中串联电容来消除的直流分量，以保证获得熔深良好、焊波均匀的焊接效果。

3. 钨极氩弧焊的电弧特性

氩气是单原子气体，在高温下电离为正离子和电子时能量损耗低，同时氩气的热容量与导热率较小，加热到高温需要的热量小且不易传失。因此氩气焊接电弧一旦引燃后就能比较稳定地燃烧，并对焊接区产生良好的保护作用。

钨极氩弧焊采用直流反接（工件接负极）时，焊件是阴极，氩的正离子流向焊件，撞击金属熔池表面，可将铝、镁等金属表面致密难熔的氧化膜击碎并去除，使焊接顺利进行，这种现象称为"阴极破碎"作用。实际中，因为直流反接时钨极温度较高，容易过热而烧损，许用电流很小，使焊件上产生的热量少，影响电子发射能力，造成电弧不稳定。所以焊接铝、镁及其合金时，尽量使用交流钨极氩弧焊，因为交流电的正半波内，钨极为阴极可以得到冷却，另半波内有阴极破碎作用，熔池表面的氧化膜可以得到去除，会产生较好的焊接效果。

焊接不锈钢、耐热钢、钛、铜及其合金时，直流钨极氩弧焊一般都采用直流正接。因为直流电没有极性变化，并且焊件（阳极区）上的热量大，钨极许用电流增大，电子发射能力增强，所以一经引弧便能稳定燃烧。同时，钨极不易熔化，损耗很小，而焊件的熔深较大，焊接效率明显提高。

三、主要仪器及材料

交流钨极氩弧焊机；TIG 焊焊炬；氩气（纯度 ≥ 99.7%）；减压阀；流量计；铝板 2 × 200 × 300 mm；铝焊丝 ϕ3～4 mm。

四、实验方法及过程

（1）焊机的组成。了解钨极氩弧焊机的主要组成部分及功能；熟悉供气、供水、焊接电源、控制箱、焊炬的接线；识别控制箱面板上各仪表、按钮、开关的作用；找出高频振荡器、脉冲变压器、隔直电容、延时线路的位置。

（2）选择规范参数。通常根据焊件的材质、厚度来选择焊接电流，再根据焊接电流大小确定钨极直径。试验用铝合金板材厚度为 2 mm，选用钨极直径 2 mm，喷嘴直径 6 mm，焊丝直径 2mm，焊接电流 80～100 A，钨极端部伸出喷嘴以外 3～4 mm，氩气流量 7～8 L/min。

（3）检查气体保护效果。用焊点试验法判断气体保护的效果，具体方法是在铝板上点焊,电弧引燃后焊枪固定不动,待燃烧 5～10 s 后断开电源。这时铝板上焊点周围因受到"阴极破碎"作用,出现银白色区域,这就是气体有效保护区域,称为去氧化膜区,其直径越大,说明保护效果越好。调整气体流量,重复进行焊点试验检查保护效果,测量并记录两次试验去氧化膜区的直径。钨极氩弧焊设备的焊接控制程序见图 8.22。

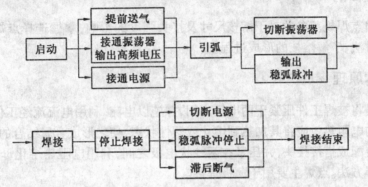

图 8.22 手工钨极氩弧焊焊接过程

(4) 进行平敷焊。

① 首先用汽油或丙酮去除油污,然后用钢丝刷或砂布将焊接处和焊丝表面清理至露出金属光泽。

② 启动高频振荡器引燃电弧,保持喷嘴到焊接处一定距离,待母材上形成熔池后,再给送焊丝,焊接方向采用左焊法,见图 8.23。

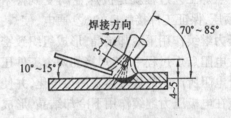

图 8.23 焊枪与焊丝的相对位置

③ 焊丝端始终在氩气保护区范围,但不可触及钨极,防止污染和损坏钨极。钨极端部要对准焊件接口的中心线,防止焊缝偏移和熔合不良。

④ 收弧时,通过焊枪手把上的按钮断续送电来填满弧坑。当熄弧后,氩气会自动延时几秒钟停气,以防止金属在高温下产生氧化。

(5) 焊接质量检查。焊后观察焊缝及焊缝两侧颜色,查看焊缝表面是否呈清晰和均匀的鱼鳞波纹,测量增高和熔宽,并做好记录。

五、基本要求

(1) 说明实验中钨极氩弧焊机组成、引弧方法及特点;绘制控制箱示意图,标明各按钮的名称及作用;描述钨极氩弧焊机焊接程序控制过程。

(2) 叙述气体保护效果检查情况,总结氩弧焊施焊过程中的操作要点及注意事项;分析平敷焊缝的形态和外观质量,总结钨极氩弧焊的优点。

六、思考题

(1) 分析交流钨极氩弧焊焊接时直流分量产生的原因及消除方法。
(2) 交流钨极氩弧焊机中的高频振荡器和稳弧器各有什么作用?
(3) 为什么钨极氩弧焊机采用的都是下降外特性的焊接电源?

8.10　电阻点焊工艺

一、实验目的

研究电阻点焊规范参数对于熔核尺寸及接头强度的影响,掌握选择点焊规范参数的一般原则和方法,了解熔核的形成过程。

二、基本原理

电阻焊是将被焊工件压紧于两电极之间,并施以电流,利用电流流经工件接触面及邻近区域产生的电阻热效应将其加热到熔化或塑性状态,使之形成金属结合的一种方法。点焊是将焊件装配成搭接接头,并压紧在两柱状电极之间,利用电阻热熔化母材金属,形成焊点的电阻焊方法。点焊主要用于薄板焊接。

1. 点焊接头的形成

点焊工艺过程就是被焊金属受到热和机械力共同作用的过程。具体可以概括为:① 预压,保证工件接触良好;② 通电,使焊接处形成熔核及塑性环;③ 断电锻压,使熔核在压力继续作用下冷却结晶,形成组织致密、无缩孔、裂纹的焊点。

电阻点焊过程中,将焊接的两个工件压紧在两个电极之间并通以焊接电流,利用工件自身电阻所产生的焦耳热来加热熔化,并使焊接区中心部位金属熔化,形成熔核。断电后,熔核在电极压力继续作用下冷却结晶,形成焊点核心。在形成熔核的同时,熔核周围金属也被加热到高温,在电极压力作用下产生塑性变形,在熔核周围形成环状塑性区(塑性环)。受温度作用,塑性区在焊接过程中产生强烈的再结晶过程,并在结合面上形成共同晶粒,它也有助于点焊接头承受载荷。

图 8.24 为熔核及塑性环示意图,图中 d_h 为熔核直径,D 为塑性环直径,d_y 为表面压坑直径,a 为熔核高度,δ 为板厚。低碳钢的过热区的熔化核心不太容易区分,测量时要仔细辨认。在低倍显微镜下,低碳钢的过热区的熔化核心一般有两圈,外圈颜色较深的是过热区,核心尺寸应以内圈为准。点焊接头结合面上被加热到高温但未熔化,在电极压力作用下进行再结晶并连成整体的部位是塑性环。一块板的熔核高度(a)与板厚(δ)的比值称为焊透率(A),计算公式为

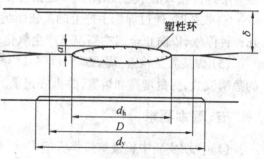

图 8.24　点焊熔核及塑性环

$$A = \frac{a}{\delta} \times 100\% \tag{8.4}$$

2. 熔核与接头性能

点焊接头的静载强度除了取决于母材强度和厚度外,还受到熔核形状和尺寸、接头组织、内部和外部缺陷、残余应力、搭边尺寸、焊点间距和排列等因素的影响,其中最重要的

是熔核直径。在不同规范条件下焊接接头的抗剪强度与熔核直径、塑性环直径之间基本上成正比关系。因此,只要获得符合技术条件要求的熔核尺寸,一般都能保证足够的静载强度。

接头的塑性指标用延性比来表示,延性比是正拉强度与抗剪强度的比值。碳素结构钢的延性比一般大于 0.25,低碳钢在 0.3 ~ 0.7 内变动。一般而言,碳质量分数越高,延性比往往越低。焊接规范,特别是焊接时间对于延性比的影响较大。

3. 焊接规范的选择

点焊的基本参数有焊接电流 I,通电时间 t(周),焊接压力(F)、电极断面形状和尺寸等。当电极端面形状和尺寸选定以后,焊接规范主要考虑焊接电流、通电时间及电极压力这三个参数,它们与焊接时的发热、散热有直接联系,可以相互匹配成硬、中、软三种规范,或称 A、B、C 三种规范,各种规范分别适用于 A、B、C(或一、二、三)类焊接接头。所谓硬规范是指采用大的焊机电流,短的通电时间,并相应提高电极压力。软规范是指采用较小的焊接电流、电极压力及较长的通电时间。介于两者之间的规范是中规范。

焊接电流是最重要的点焊参数。焊接电流较小时,加热量不足,不能形成熔核或熔核尺寸很小;随着焊接电流的增加,熔核尺寸迅速扩大;但焊接电流过大,加热过于强烈,熔核扩大速度大于塑性环扩展速度时,将会产生严重飞溅,使焊接质量下降。焊接电流应与电极电压匹配,以不产生飞溅为前提。电极压力大于一定数值,焊接时不会产生飞溅,并有效防止裂纹、缩孔等缺陷的产生。但压力过大时,焊接区接触面积增大,工件的总电阻及电流密度减小,特别焊透率下降更快,造成固相焊接的塑性环范围过宽,致使焊接质量不稳定。

如果在一定焊接时间焊接压力的条件下,把增大焊接电流而不产生飞溅时所获得的最大熔核直径 d_m 定义为临界熔核直径。当焊接电流与电极压力满足 $d_m = (1.15 \sim 1.2)d_h$ 时,能获得较稳定的焊接质量。表 8.14 为美国电阻焊机制造者协会(RWMA)推荐的焊接电流和板厚(δ)的关系式,而电极压力与焊接电流的关系为

$$F = 26.95 \times I^2 \quad (MN) \tag{8.5}$$

通常情况下,当焊接时间达到点焊热时间常数(τ)的 3 倍时,焊接区中心部位的温度已经基本稳定,熔核尺寸也接近饱和。如果加热时间过长,会造成焊接质量下降。所以焊接时间的选择应受加热时间常数的限制,一般选在接近 3τ 为宜,或者在熔核直径扩展速率减缓到接近饱和点范围内。

表 8.14 点焊低碳钢的推荐规范及熔核直径

规范种类	焊接电流 /A	电流密度 /A·mm^{-2}	熔核直径 /mm
A 类	$I_A = 10\ 400\sqrt{\delta}$	$I_A = 370\sqrt{\delta}$	$d_h = 6\delta$
B 类	$I_A = 7\ 100\sqrt{\delta}$	$I_A = 300\sqrt{\delta}$	$d_h = 5\delta$
C 类	$I_A = 4\ 820\sqrt{\delta}$	$I_A = 270\sqrt{\delta}$	$d_h = 4\delta$

三、主要仪器及材料

点焊机;拉力试验机;测量显微镜;砂轮切割机;150 × 25 × 1.5 mm 低碳钢试片。

四、实验方法及过程

(1) 实验准备。用粗砂纸清除焊接试片的铁锈,直到表面有金属光泽为止。了解焊机基本结构,启动焊机,检查焊机工作是否正常。

(2) 选择最佳焊接规范。

① 首先参照表 8.14 中的公式,初选参考焊接规范。然后用一对试片焊 2~3 个焊点,试片的一端应留出 20~30 mm 长度,以便撕开时夹紧试样。

② 焊接质量应满足无飞溅,表面无严重过热,压坑深度约为板厚的 10%~15%。在虎钳上撕开试件,对于 1.5+1.5 mm 试片,熔核直径应为 6.5~7.0 mm,否则应再调整焊接规范。

③ 在选定规范的基础上,增大焊接电流以获得最大临界熔核直径 d_m,当 $d_m = (1.15 \sim 1.2) d_h$ 时,可认为所选的为最佳规范,否则应重新调整所选的规范。

(3) 点焊规范参数调整。在已选定的最佳规范基础上,固定其他参数不变,分别只改变焊接电流、焊接时间、电极压力进行实验。焊接参数从小到大至少选择 6~8 个不同的值,每改变一次参数值,需焊 4 对试片,其中一对试片焊 5 个点,取中间 3 个焊点做低倍金相试样,另外 3 对试片焊单焊点,作剪切强度试验。用所选的最小(或最大)参数应出现未焊透,最好仅有很小的核心,但又不产生脱焊;最大(或最小)焊接参数焊成的焊点,应产生较严重飞溅。

在以上实验过程中,应注意监视各规范参数波动情况及观察焊接现象,特别是焊点表面压坑,颜色深浅及飞溅等,将实验参数及观察的结果填入表 8.15 中。

表 8.15 焊接参数对接头质量的影响数据记录表

参数名称	1	2	3	4	5	6	7	8	最佳参数
熔核直径 d_h/mm									
焊透率 A/%									$I_w =$
塑性环直径 D/mm									$F_w =$
抗剪强度 F/N									$T_w =$
焊接现象									

(4) 熔核尺寸的测量。将有 5 个焊点的试片制成金相试样后在低倍显微镜下观察,以测量熔核及塑性环相应参数,并根据式 8.4 计算焊透率 A,并做好数据记录。

(5) 抗剪强度实验。调整和设置拉伸试验机,以 5~10 mm/min 的速度对单焊点的试片进行加载试验,破断后记录强度值和破断部位。

五、基本要求

(1) 根据实际情况选择焊接电流、焊接时间、电极压力中的一个或几个参数进行实验,要在坐标纸上画出熔核尺寸 d_h、塑性环直径 D、接头抗剪强度 F、d_h/D 与焊接参数(电流、时间或压力)的关系曲线,并标明未焊透区、饱和区及最佳规范。

(2) 根据实验结果分析焊接参数(电流、时间或压力)对熔核尺寸、塑性环、抗剪强度、

d_h/D 值的影响规律及与所选择的最佳规范是否一致,如不一致试分析其原因。

六、思考题

(1) 电阻点焊时,结合面上电流密度分布有何特点?
(2) 焊接时间对点焊熔核尺寸的影响有何规律?
(3) 随着电极压力的增加,为什么工件表面的压坑反而会减少?

8.11 磁粉探伤

一、实验目的

掌握磁粉探伤的方法和过程,观察、分析磁化规范和磁场方向对于探伤灵敏度的影响。

二、基本原理

铁磁性金属材料的导磁率比空气的导磁率高得多,当它在磁场中被磁化后,磁力线将会集中在材料里。如果材料的表面或近表面存在着气孔、裂纹和夹杂等缺陷,磁力线则难以穿过这些缺陷,会在缺陷处形成局部漏磁场。这时,如果在材料表面撒上微细的磁性粉末,磁粉就会磁化而被试件表面的漏磁场所吸引聚集在缺陷处,从而显示了缺陷的宏观迹象,如图 8.25 所示。

由图 8.25 可见,被磁化的磁粉沿缺陷漏磁场的磁力线排列。在漏磁场力的作用下,磁粉向磁力线最密集处移动,最终被吸附在缺陷上。由于缺陷的漏磁场有比实际缺陷本身大数倍乃至数十倍的宽度,故而磁粉被吸附后形成的磁痕能够放大缺陷。通过分析磁痕评价缺陷,即是磁粉检测的基本原理。

磁化后的零件并不能使所有缺陷都能产生漏磁,漏磁的产生是与缺陷的形状、缺陷距表面的距离以及缺陷和磁力线的相对位置有

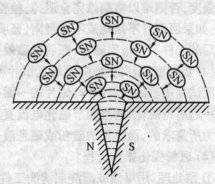

图 8.25 缺陷的漏磁场与磁粉的吸附

关。对于面状的缺陷,只有缺陷的延伸方向和磁力线的方向垂直时,才能使磁力线产生最大漏磁,平行时漏磁就很少。当缺陷存在于表面时产生的漏磁最大,显露缺陷最显著。总之,磁力探伤最容易发现接近表面及延伸方向与磁力线方向垂直的缺陷。

磁粉探伤只适用于铁磁性材料及由其制作的工件表面与近表面缺陷,如碳素钢、某些合金钢、铁、镍、钴及他们的合金。铝、铜、奥氏体钢等顺磁性材料和抗磁性材料的导磁率接近空气的导磁率,所以不能进行磁粉探伤。

三、主要仪器及材料

磁粉探伤仪;灵敏度试块(A 型);磁悬液(载液为变压器油和煤油,混合比 1∶1;磁粉

Fe_3O_4,15～30 g/L)或磁粉(Fe_3O_4);自制焊接试件。

四、实验方法及过程

(1) 磁化方法。在磁力探伤中,根据采用磁化电流的磁化方式可分为直流电磁化和交流电磁化;按通电方式可分为直接通电磁化和间接通电磁化。间接通电磁化又称间接励磁,其探伤器是用线圈通电(交流或直流)产生磁场,故可用改变线圈的圈数或电流大小来调整磁场大小,得到广泛应用。图 8.26 是工程中间接励磁的常用方法,图中的磁力线(虚线)表示磁场方向,按这个方向磁化容易测出缺陷。

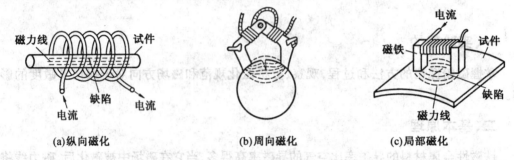

(a)纵向磁化　　(b)周向磁化　　(c)局部磁化

图 8.26　工程中常用的间接励磁方法

(2) 退磁方法。退磁的方法是反复改变方向和逐渐减小电流,需要的次数依材料导磁率不同一般在 10～30 次左右,但必须使电流减小到最小值。由交流电磁化的工件,还可以采取将工件缓慢远离磁场的方法进行退磁。退磁的起始电流必须大于检验时使用的磁化电流强度,否则难以将剩磁完全退掉。检验退磁的程度如何,可用几个回形针串起来移至工件,如果回形针不摆动或不被吸附,证明全部退掉剩磁。也可用磁粉检查退磁效果,如果退磁后的工件不再吸附磁粉,证明退磁效果良好。

(3) 灵敏度试片的使用。灵敏度试片可用来检查磁化规范、磁粉或磁悬液的性能。A 型灵敏度试片用软磁材料制作,试片的一面有刻槽。使用时,把有刻槽的一面贴在试件上,与试件一起进行磁化,适当调节磁化电流直至刻槽能被磁粉清晰显示为止,这时的磁化电流值即为所需求的,而所用的磁粉或磁悬液也比较恰当。

(4) 磁粉探伤操作过程。

① 预处理。用煤油或清洗剂清洗工件表面油污,用喷砂或酸洗方法去除试件表面铁屑和锈斑,以防磁粉附着在缺陷上。用干粉检测时,还要把工件表面干燥。

② 选择磁化电流。用灵敏度试片检查磁化规范,磁化电流能够使试片上的刻槽清晰显现时的电流即为所需电流。

③ 磁化。估计裂纹可能出现的位置和走向,用选定的磁化方法(纵向磁化、周向磁化和局部磁化)和磁化电流对试件进行磁化。

④ 施加磁粉。使用干粉探伤时,直接用手筛、喷射器等将干燥后的干粉均匀撒到磁化后的工件上,然后轻轻震动或吹动,去掉多余的粉。湿粉探伤则把磁化后的试件浸入磁悬液内 2～3 min 后取出。

⑤ 结果评定。实验完毕后,记录磁痕的形状大小和部位,必要时可用宏观照相的方法把磁痕记录下来,然后根据磁痕的特征鉴别缺陷的种类。对实验结果产生疑问时,应将工

件退磁后重做实验。

⑥ 后处理。探伤后去除磁粉并对试件进行退磁处理。

五、基本要求

(1) 实验报告中明确实验用的具体设备型号和实验材料,简述实验的原理和实验过程,把实验结果记录在表 8.16 中。

表 8.16　磁粉探伤记录

试件号	磁化方法	磁化电流 /A	退磁方式	磁痕特征及位置

(2) 根据磁痕特征分析缺陷可能的种类及产生原因。

六、思考题

(1) 磁粉检验能否检验不锈钢焊缝中的缺陷,为什么?
(2) 为什么磁力探伤后要对工件进行退磁处理?

第9章 计算机在材料科学中的应用

9.1 金属液充型过程数值模拟

一、实验目的

掌握二维绘图(Autocad 和 ProE)和三维绘图(Solidworks)技术;并会使用 Anycasting 软件对铸造充型过程进行数值模拟,预测缺陷位置,实现铸造工艺优化。

二、基本原理

欲获得健全的铸件必先确定一套合理的工艺参数。数值模拟或称数值试验的目的,就是要通过对铸件充型凝固过程的数值计算,分析工艺参数对工艺实施结果的影响,便于技术人员对所设计的铸造工艺进行验证和优化,以及寻求工艺问题的尽快解决。

铸件充型凝固过程数值计算以铸件和铸型为计算域,包括熔融金属流动和传热数值计算,用于液态金属充填铸型过程;铸件铸型传热过程数值计算,用于铸件凝固过程;应力应变数值计算,用于铸件凝固和冷却过程;晶体形核和生长数值计算,用于金属铸件显微组织形成过程和铸件力学性能预测;传热传质传动量数值计算,用于大型铸件或凝固时间较长的铸件的凝固过程。数值计算可预测的缺陷主要是铸件形成过程中易发生的冷隔、卷气、缩孔、缩松、裂纹、偏析、晶粒粗大等,另外通过数值计算可以提出合理的铸造工艺参数,包括浇注温度、铸型温度、铸件凝固时间、打箱时间、冷却条件等。

目前,用于液态金属充填铸型过程的熔融金属流动和传热数值计算,以及用于铸件凝固过程的铸件铸型传热过程数值计算已经比较成熟,已被铸造厂家在实际生产中采用。下面主要介绍这两种试验方法。

1. 数学模型

熔融金属充型与凝固过程为高温流体向复杂几何型腔内作有阻碍和带有自由表面的流动及向铸型和空气的传热过程。该物理过程遵循质量守恒、动量守恒和能量守恒定律,假设液态金属为常密度不可压缩的粘性流体,并忽略湍流作用,则可以采用连续、动量、体积函数和能量方程组描述这一过程。

质量守恒方程

$$\frac{\partial u}{\partial x} + \frac{\partial v}{\partial y} + \frac{\partial w}{\partial z} = 0 \tag{9.1}$$

动量守恒方程

$$\frac{\partial(\rho u)}{\partial t} + \frac{u \partial(\rho u)}{\partial x} + \frac{v \partial(\rho u)}{\partial y} + \frac{w \partial(\rho u)}{\partial z} = -\frac{\partial p}{\partial x} + \mu\left(\frac{\partial^2 u}{\partial x^2} + \frac{\partial^2 v}{\partial y^2} + \frac{\partial^2 w}{\partial z^2}\right) + \rho g_x \tag{9.2a}$$

$$\frac{\partial(\rho v)}{\partial t} + \frac{u\partial(\rho v)}{\partial x} + \frac{v\partial(\rho v)}{\partial y} + \frac{w\partial(\rho v)}{\partial z} = -\frac{\partial p}{\partial y} + \mu\left(\frac{\partial^2 u}{\partial x^2} + \frac{\partial^2 v}{\partial y^2} + \frac{\partial^2 w}{\partial z^2}\right) + \rho g_y \quad (9.2b)$$

$$\frac{\partial(\rho w)}{\partial t} + \frac{u\partial(\rho w)}{\partial x} + \frac{v\partial(\rho w)}{\partial y} + \frac{w\partial(\rho w)}{\partial z} = -\frac{\partial p}{\partial z} + \mu\left(\frac{\partial^2 u}{\partial x^2} + \frac{\partial^2 v}{\partial y^2} + \frac{\partial^2 w}{\partial z^2}\right) + \rho g_z \quad (9.2c)$$

体积函数方程

$$\frac{\partial F}{\partial t} + \frac{\partial(Fu)}{\partial x} + \frac{\partial(Fv)}{\partial y} + \frac{\partial(Fw)}{\partial z} = 0 \quad (9.3)$$

能量守恒方程

$$\frac{\partial(\rho c_p T)}{\partial t} + \frac{\partial(\rho c_p uT)}{\partial x} + \frac{\partial(\rho c_p vT)}{\partial y} + \frac{\partial(\rho c_p wT)}{\partial z} = \frac{\partial(\frac{\partial(\lambda T)}{\partial x})}{\partial x} + \frac{\partial(\frac{\partial(\lambda T)}{\partial y})}{\partial y} + \frac{\partial(\frac{\partial(\lambda T)}{\partial z})}{\partial z} + q_v$$

$$(9.4)$$

式中，u,v,w 为 x,y,z 方向速度分量，m/s；ρ 为金属液密度，kg/m³；t 为时间，s；p 为金属液体内压力，Pa；μ 为金属液分子动力粘度，Pa·s；g_x,g_y,g_z 为 x,y,z 方向重力加速度，m/s²；F 为体积函数，$0 \leq F \leq 1$；c_p 为金属液比热容，J/(kg·K)；T 为金属液温度，K；λ 为金属液热导率，W/(m·K)；q 为热源项，J/(m³·s)。

2. 实体造型和网格剖分

欲进行三维充型凝固过程数值模拟，首先需要铸件和铸型的几何信息，具体地说是要根据二维零件图和铸造工艺图形成三维铸件铸型实体，然后再对实体进行三维网格划分以得到计算所需的网格单元几何信息。

利用市场上成熟的造型软件(如 UG、ProE、Solidworks、AutoCAD 等)进行铸件铸型实体造型，然后读取实体造型后产生的几何信息文件(如 STL 文件)，编制程序对实体造型铸件铸型进行自动划分，这种方法可以大大缩短几何条件准备时间。剖分后的网格信息包括单元尺寸和单元材质标识。

3. 数值计算方法

用于铸件充型凝固过程数值计算的方法主要有三种：有限差分法、控制容积法(又称有限体积法)和有限元法，后两种方法采用的较少，目前在铸造市场上推广的一些数值模拟软件大部分采用的是有限差分法。

充型凝固过程数值计算步骤如下：

① 将铸件和铸型作为计算域，进行实体造型、剖分和单元标识。

② 给出初始条件、边界条件和金属、铸型的物性参数。

③ 求解体积函数方程得到新时刻流体流动计算域。

④ 求解连续性方程和动量方程，得到新时刻计算域内流体速度场和压力场。

⑤ 求解能量方程，得到铸件和铸型的温度场及液态金属固相分数场。

⑥ 增加一个时间步长，重复 ③ ~ ⑥ 步至充型完毕。

⑦ 计算域内流体流动速度置零，调整时间步长。

⑧ 将充型完毕时计算得到的铸件和铸型温度场作为初始温度条件，求解能量方程至铸件凝固完毕。

⑨ 进行铸造工艺分析、铸件缺陷预测和工艺参数优化等工作。

4. 数值模拟方法

(1) 用 solidworks 软件进行简单铸件的三维造型(自选铸件),并进行工艺过程设计。

(2) 利用 AnyCasting 软件进行金属液充型与凝固过程的数值模拟。

AnyCasting 分为四部分:预处理模块(anyPRE)、数据库模块(anyDB)、铸造工艺过程模拟模块(anySOLVER)和结果分析模块(anyPOST)。

预处理模块(anyPRE):在这一部分中,首先是导入铸件的三维造型文件,并使用表面编辑方法进行快速实时渲染。然后根据铸件形状进行网格划分,最后进行模拟条件的设定。

数据库模块(anyDB):这是一个内置的结构化材料数据库,内含大量铸造过程中常用的金属材料和非金属材料的热物性值。

铸造工艺过程模拟模块(anySOLVER):可以进行传热和凝固分析、铸造缺陷分析、铸造过程分析等模拟计算工作。

结果分析模块(anyPOST):用三维可视技术输出铸造模拟过程,进行结果分析。

三、实验过程

下面以发动机前悬左支架的铸造工艺图(图 9.1)为例,进行铸造工艺过程数值模拟。

图 9.1 用 Solidworks 软件三维实体造型图

(1) 发动机前悬左支架三维实体造型。

(2) 浇注系统设计及装配(见图 9.2)。

(3) 预处理网格划分。

① 均匀剖分网格。首先进行均匀网格剖分,进行模拟,见图 9.3。

② 不均匀剖分网格。当计算机配置较低,不能满足数值模拟要求时,可在少于三个网格部位,进行网格的局部剖分,即不均匀剖分,再进行数值模拟,见图 9.4。

图 9.2 浇注系统设计及装配图

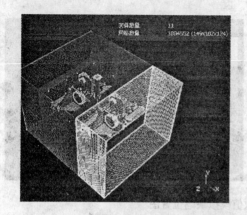 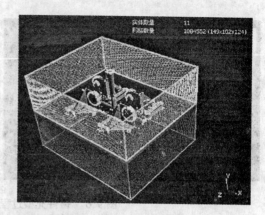

图 9.3 铸件均匀网格划分图

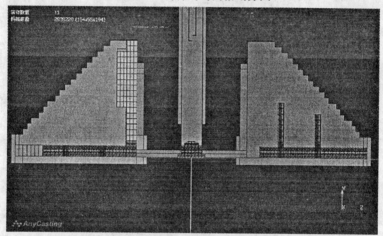

图 9.4 铸件不均匀网格划分图

(4) 铸造过程充型模拟(见图 9.5)。

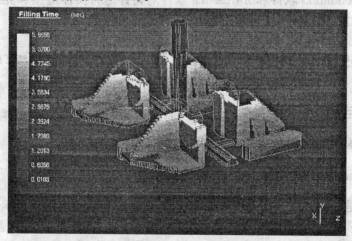

图 9.5 铸件充型过程数值模拟

(5) 缺陷分析。根据模拟结果可知,图中所示位置易出现缩孔缺陷,见图 9.6。
(6) 改进工艺后最终产品(见图 10.7)。

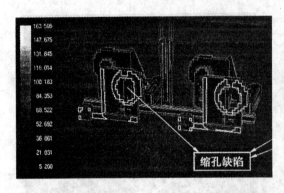
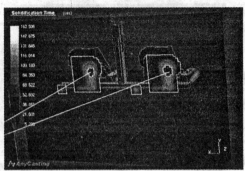

图9.6 铸件充型过程数值模拟缺陷位置图

图9.7 改进工艺后铸件产品图

五、思考题

(1) 试用 Solidworks 软件和 Anycasting 软件对铸件进行实体造型和充型过程数值模拟,预测缺陷位置,优化铸件的铸造工艺方案,铸件图由教师给出。

9.2 Jade5.0软件在金属晶体X射线衍射谱标定中的应用

一、实验目的

学会使用 MDIJade5.0 软件进行 X 射线谱的计算机标定方法。

二、MDIJade5.0 软件简介及物相检索步骤

Jade 软件是一款 X 射线衍射图谱处理软件,具有 X 射线衍射图谱显示,图谱拟合,配合 PDF 数据库软件使用,可以实现自动寻峰进行物相分析,晶格常数计算,晶粒大小计算,残余应力计算等多种功能。其中,物相分析是 jade 软件最常用的功能之一,其物相分析步骤如下:

(1) 给出检索条件,包括检索子库(有机还是无机、矿物还是金属等)、样品中可能存在的元素等。

(2) 计算机按照给定的检索条件进行检索,将最可能存在的前 100 种物相列入表中。

(3) 从列表中检定出一定存在的物相。一般来说,判断一个相是否存在有三个条件:

① 标准卡片中的峰位与测量峰的峰位是否匹配,换句话说,一般情况下标准卡片中出现的峰位置,样品谱中必须有相应的峰与之对应,即使三条强线对应得非常好,但有另一条较强线位置明显没有出现衍射峰,也不能确定存在该相,但是,当样品存在明显的择优取向时除外,此时需要另外考虑择优取向问题。

② 标准卡片的峰强比与样品峰的峰强比要大致相同,但一般情况下,对于金属块状样品,由于择优取向存在导致峰强比不一致,因此峰强比仅可作参考。

③ 检索出来的物相包含的元素在样品中必须存在,如果检索出一个 FeO 相,但样品中根本不可能存在 Fe 元素,则即使其他条件完全吻合,也不能确定样品中存在该相,此时可考虑样品中存在与 FeO 晶体结构大体相同的某相。当然,不能确定样品会不会受 Fe 污染,就需去做元素分析再进行 XRD 测试。

对于无机材料和黏土矿物,一般参考"特征峰"来确定物相,而不要求全部峰的对应,因为一种黏土矿物中包含的元素也可能不同。

三、主要仪器

计算机;PDF 数据库软件;MDIJade5.0 软件;Al – Zn – Mg 合金的 X 射线衍射数据。

四、Jade 软件自动标定 X 射线衍射谱的物相分析步骤

1. 在电脑上打开 jade 软件,并建立 PDF 卡片索引

在开始菜单或桌面上找到"MDI Jade"图标,双击,一个简单的启动页面过后,就进入到 Jade 的主窗口。如果 Jade 是安装好了的而且使用过,那么,进入 Jade 时会显示最近一次关闭 Jade 前窗口中显示的文件。如果是第一次安装并使用 Jade 软件,先打开菜单中"PDF"选项下拉菜单中的"setup"选项,建立卡片索引,见图 9.8。

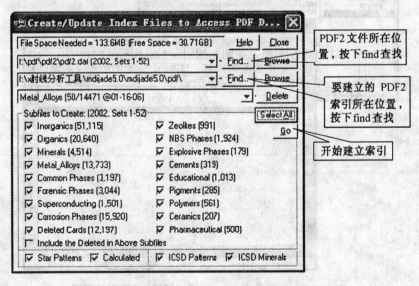

图 9.8 jade 软件与 pdf 卡片数据库的关联图

2. 打开要分析的 XRD 数据

XRD 数据打开方式有如下几种方法：

(1) 选择菜单"File | Read…"，打开电脑中存储的 XRD 数据，进入图 9.9 所示的对话框。

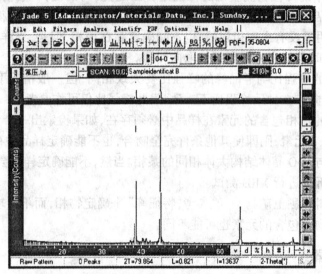

图 9.9　jade 软件 read 模式打开 xrd 数据的图谱

(2) 选择菜单中"File | Patterns…"模式打开 XRD 数据文件，见图 9.10。此外工具中的" 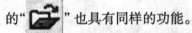 "也具有同样的功能。

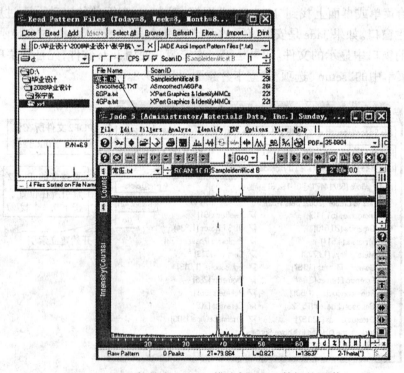

图 9.10　jade 软件中 patterns 模式打开 xrd 数据的图谱

(3)选择菜单"File | Thumbnail…"模式打开XRD数据。该打开模式可以同时打开多个XRD数据文件,其相应图谱能在同一界面显示,如图9.11所示。

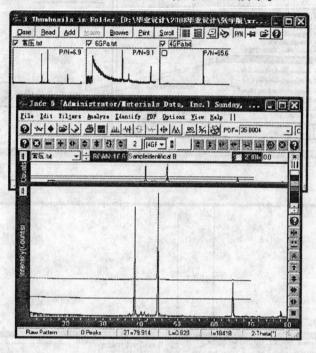

图9.11 jade软件中Thumbnail模式打开xrd数据的图谱

3. 物相检索

(1)第一轮检索。打开一个图谱,不作任何处理,鼠标右键点击工具栏中的"S/M"按钮,打开检索条件设置对话框,去掉"Use chemistry filter"选项的对号,同时选择多种PDF子库,检索对象选择为主相(S/M Focus on Major Phases),再点击"OK"按钮,进入"Search/Match Display"窗口,见图9.12。该步骤确定三强峰为铝相。

"Search/Match Display"窗口分为三块,最上面是全谱显示窗口,可以观察全部PDF卡片的衍射线与测量谱的匹配情况,中间是放大窗口,可观察局部匹配的细节,通过右边的按钮可调整放大窗口的显示范围和放大比例,以便观察得更加清楚。窗口的最下面是检索列表,从上至下列出最可能的100种物相,一般按"FOM"由小到大的顺序排列,FOM是匹配倒数。数值越小,表示匹配性越高。在这个窗口中,鼠标所指的PDF卡片行显示的标准谱线是红色,已选定物相的标准谱线为其他颜色,会自动更换颜色,以保证当前所指物相谱线的颜色一定为蓝色。在列表右边的按钮中,上下双向箭头用来调整标准线的高度,左右双向箭头则可调整标准线的左右位置,这个功能在固溶体合金的物相分析中很有用,因为固溶体的晶胞参数与标准卡片的谱线对比总有偏移(固为固溶原子的半径与溶质原子半径不同,造成晶格畸变)。物相检索完成,关闭这个窗口返回到主窗口中。

使用这种方式,一般可检测出主要的物相。

(2)限定条件的检索。限定条件主要是限定样品中存在的"元素"或化学成分,在"PDF"工具栏中选定"chemistry"选项,打开元素周期表,选定合金中存在或可能存在的合金元素,然后点击"OK",可能出现的物相全部列出,下面的检索操作同上,见图9.13。该步骤确定所有矮峰均为 $MgZn_2$ 相。

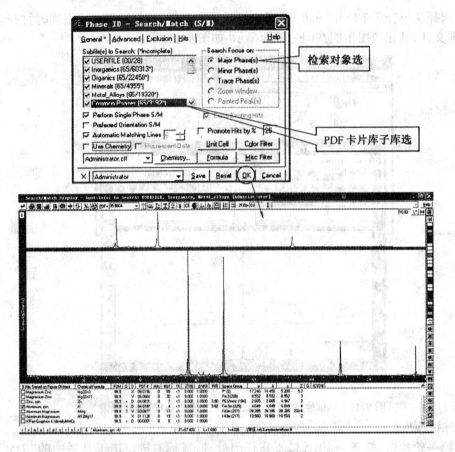

图 9.12 jade 软件检索物相第一步

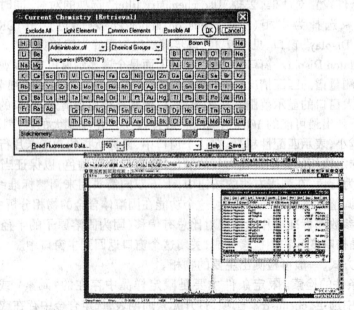

图 9.13 jade 软件检索物相第二步

· 210 ·

(3) 单峰搜索。如果经过前两轮尚有不能检出的物相存在,也就是有个别的小峰未被检索出物相来,那么,此时最有可能成功的就是单峰搜索。书中有"三强线"检索法,这里使用单峰搜索,即指定一个未被检索出的峰,在PDF卡片库中搜索在此处出现衍射峰的物相列表,然后从列表中检出物相。方法如下:在主窗口中选择"计算峰面积"按钮,在峰下划出一条底线,该峰被指定,鼠标右键点击"S/M",检索对象变为"Painted Peaks"。此时,你可以限定元素或不限定元素,软件会列出在此峰位置出现衍射峰的标准卡片列表。其他操作则无别样。

通过以上三轮搜索,99.9%的样品都能检索出全部物相。

五、基本要求

(1) 学会使用 jade 软件进行计算机标定 XRD 物相。
(2) 教师给出 Fe、Ni、Al_2O_3 等物质的 XRD 数据,利用 Jade 软件完成物相标定。

9.3 Origin 软件在实验数据处理中的应用

一、实验目的

掌握 Origin 软件处理实验数据的方法。

二、Origin 软件简介

计算机结合专用软件包为主体的方法不仅可以进行原始数据采集,更为重要的是可以对所采集的数据进行更符合现实要求的处理,并以较为直观的可视化图形表示。实践证明,MicroCal Origin 软件包是一种较为理想的选择,尤其是在图形绘制过程中,可以避免手工操作产生的较大误差。采用软件包进行复杂实验数据的处理,也能够降低人为因素所引起的误差。

Origin 由美国 MicrocalLab 公司推出,是外国科技工作者公认的最快、最灵活、最容易使用的数据分析绘图软件。其突出特点是简单易学,采用直观的、图形化的、面向对象的窗口菜单和工具栏操作。Origin 软件在材料科学研究和实验中被广泛应用,用曲线拟合等多种方法处理数据。Origin 除了可以进行绘图及非线性拟合等数值分析外,在工作表窗口中提供了数据的排序、调整、计算、统计、相关、卷积、解卷、数字信号处理等功能;在绘图窗口中提供了数学运算、平滑滤波、图形变换、傅立叶变换、各类曲线拟合等功能。

三、Origin 软件在绘制 X 射线衍射图谱中的应用

(1) 在开始菜单或桌面上找到"Origin7.0"图标。双击,进入到 Origin 的主窗口。
(2) 导入 XRD 数据。选择工具栏中 File → Import → Single ASC Ⅱ (如果是 3 列数据以上选 Multiple ASCII) → 选定 XRD 数据 → Open,其界面见图 9.14。
(3) 绘图。选择工具栏中 Plot → Line → Select columns for plotting。

如果要对纵横坐标轴的数据范围进行设定或者修改坐标轴及刻度的形式,可以双击任一显示的坐标轴或刻度,出现坐标轴设定对话框,然后可以进行设定,其界面见图9.15。

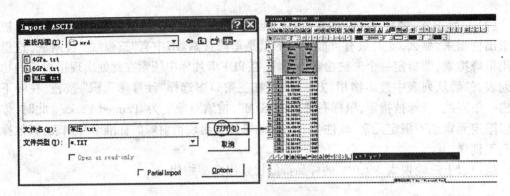

图 9.14　Origin 7.0 导入数据图

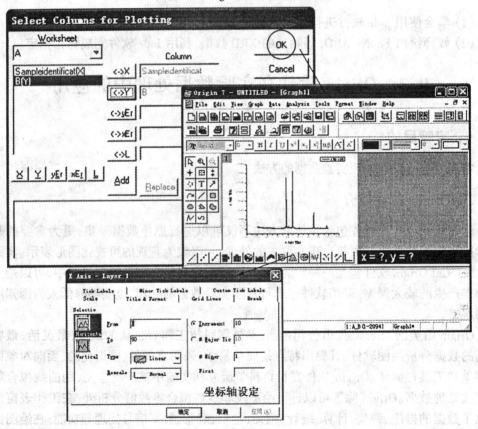

图 9.15　Origin 7.0 绘图界面

纵横坐标轴标题的设定,可点击图左方和下方的 X Axis Title 和 Y Axis Title,按右键,下拉菜单中出现 Text Contron 对话框,在 X Axis Title 位置输入横轴标题和单位,见图 9.16,纵轴标题设定同上,绘图完毕。

绘图还可以用另一种方式,选定两列数据,直接点击快捷工具栏中的绘图图标,见图 9.17,该方法方便快捷。

(4) 图形保存。绘图完毕后,点击 File → Save Project 或者 Save Project As,保存对话框,保存为 *.OPJ 格式。如果将图形复制到 word 文档里,选择工具栏中 Edit → Copy page,在 word 文档里黏贴即可。

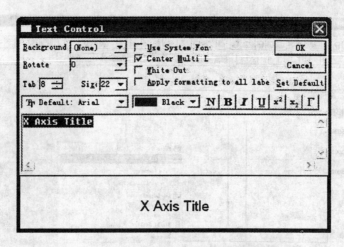

图 9.16　Origin 7.0 绘图坐标轴标题设置界面

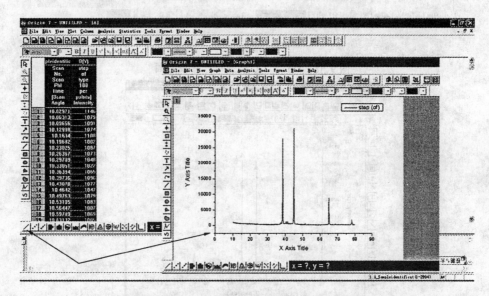

图 9.17　Origin 7.0 选定数据进行快速绘图界面

(5) 在 XRD 衍射峰上进行相的符号标定。Al – Zn – Mg 合金的物相经标定后由 Al 相和 MgZn$_2$ 相组成。在 XRD 图谱中各个衍射峰上需用不同符号表示出哪些峰是 Al 相,哪些峰是 MgZn$_2$ 相。标定符号的方法如下:

① 在 XRD 图谱的空白位置点击鼠标右键,出现下拉菜单,选定 Add Text,显现可编辑文本框。

② 在可编辑文本框内随便输入一字母(否则文本框容易看不见),然后用鼠标右键点击文本框内位置,出现下拉菜单,点击 symbol Map,出现 symbol Map 图集,选择 Wingdings 选项,则出现所需的大量符号图集,在图集中选择合适的符号形式用以表示不同相的衍射峰。最后用 Origin7.0 绘制完的 XRD 图谱见图 9.19。

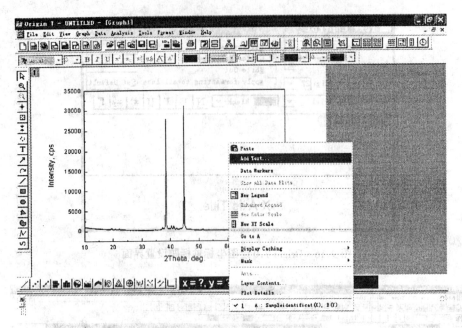

图 9.18　Origin 7.0 绘图符号寻找界面

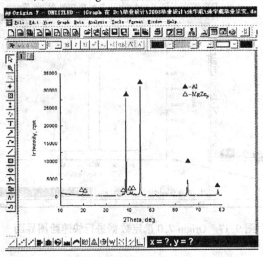

图 9.19　用 Origin 7.0 绘制的 XRD 完整图界面

四、Origin 软件在实验数据拟合中的应用

在材料的腐蚀试验中,研究腐蚀的反应速度和动力学规律对了解反应机理及整个反应的速度控制步骤都是非常有用的。同时,反应速度的测定也是定量描述材料腐蚀程度的基础,再与理论模型相结合对研究材料腐蚀行为将是很有帮助的。质量法是最直接也是最方便测定高温腐蚀速度的方法。如果腐蚀后的腐蚀产物致密且牢固地附在试样表面且质量增加时,可以用增重法来计算。表 9.1 中 A 是锅炉用钢 20G 高温氧化条件下的腐蚀增重的数据。为了得出 20G 腐蚀增重曲线的规律,用 Origin 软件中的 Plot 菜单下的 Scatter 得出散点图,再用 Analysis 菜单中的 Non – liner Curves Fit 得出拟合方程。其结果如图 9.20 所示。可以得出 20G 氧化增重的动力学方程的拟合结果为:$y = 3.535, x = 0.618$。由此可以

看出使用 Origin 软件可以很容易地作出漂亮的曲线,而且能直观地看出其变化趋势,得出其曲线方程的表达式,从而准确地进行定量分析。特别是在求解多元线性回归方程和多项式回归方程时显得非常方便快捷。由此可见,采用 Origin 软件比手工和其他专业数学分析软件都好用,又无需编程。

表 9.1　不同试样随时间变化的氧化增重量

时间/h	0	5	10	20	30	50	70
增重/mg	0	2.1	13.2	22.2	30.5	41.6	48.7
时间/h	90	110	130	150	175	200	
增重/mg	59.6	66.5	71.8	78.7	85.6	92	

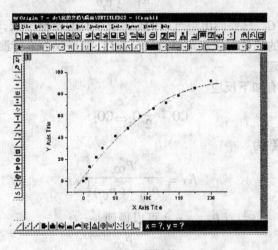

图 9.20　输出结果

五、基本要求

学会使用 origin 软件对实验数据进行绘图和拟合处理。对给出的两组数据进行绘图和拟合处理。

9.4　渗碳气氛计算机控制过程

一、实验目的

初步了解计算机检测与控制渗碳气氛软硬件系统的基本工作原理;了解利用计算机控制系统控制热处理炉内碳势的基本方法。

二、基本原理

1. 碳势控制原理(以吸热式气氛为例)

在高温下,钢与渗碳气氛之间发生如下反应

$$[C]_\gamma + CO_2 \Leftrightarrow 2CO$$

此反应的平衡常数为

$$K_1 = \frac{P^2_{CO}}{P_{CO_2} \cdot a_c} \tag{9.5}$$

$$H_2 + CO_2 \Leftrightarrow CO + H_2O$$

此反应平衡常数为

$$K_2 = \frac{P_{CO} \cdot P_{H_2O}}{P_{CO_2} \cdot P_{H_2}} \tag{9.6}$$

由式(9.5)和式(9.6)可得

$$a_c = \frac{K_2 \cdot P_{H_2} \cdot P_{CO}}{K_1 \cdot P_{H_2O}} \tag{9.7}$$

又由于 $a_c = C_P/C_S$，只要测出炉气内的 CO_2 或 H_2O 的质量分数，就可以计算出炉内碳势 C_P。炉内渗碳气氛的成分可以利用红外线分析仪、露点仪等进行测定。

2. 氧势的控制原理

在渗碳气氛中还有如下反应

$$CO + \frac{1}{2}O_2 \Leftrightarrow CO_2$$

在此情况下其平衡常数为

$$K_3 = \frac{P_{CO_2}}{P_{CO} \cdot (P_{O_2})^{\frac{1}{2}}} \tag{9.8}$$

由式(9.7)和 $K_1 = P^2_{CO}/(P_{CO_2} \cdot a_c)$ 可以得到

$$\alpha_c = \frac{P_{CO}}{K_1 \cdot K_3 \cdot (P_{O_2})^{\frac{1}{2}}} \tag{9.9}$$

在一定温度下，一氧化碳浓度恒量，K_1、K_3 为定值，根据式(9.8)可知，a_c 与 P_{O_2} 存在一定的关系，所以可以利用氧势直接控制炉内碳势。渗碳气氛中氧浓度的测量采用氧探头进行测定。

3. 渗碳工艺的控制方法

以 HT8002AC 井式炉渗碳／工艺过程计算机控制系统为例，介绍计算机控制碳势的基本方法和控制过程。

HT8002AC 系统利用计算机控制系统的快速计算和控制功能，可对渗碳工艺全过程进行智能化控制，控制方式分为自适应法和分段法两种。

(1) 自适应控制法。自适应控制法可对工艺过程实行全面自适应控制，还能对工艺过程中出现的意外情况，如炉子漏气，渗碳介质供给系统阻塞或泄漏等引起的炉气碳势偏离，以及某些因素引起的炉温变化等进行综合自动补偿，最大限度地消除人为误差，提高工艺的重现性。同时采用自适应控制方式，由强渗转入扩散和由渗碳温度转入淬火温度，开始降温的时刻无须用户设定，完全由系统自动安排。设备控制界面如图 9.21 所示。

(2) 分段法控制方式 1（各段按设定时间到结束）。根据工件的具体要求设定好强渗阶段和扩散阶段炉气碳势以及各阶段的渗碳时间、升温时间，系统按照设定的时间进行控制到结束。具体编辑画面如图 9.22 所示。

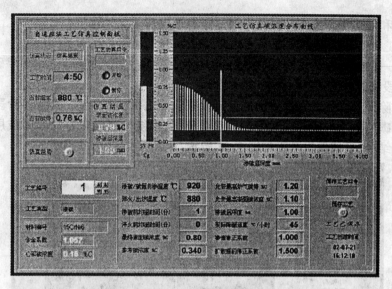

图 9.21 自适应法工艺编辑画面

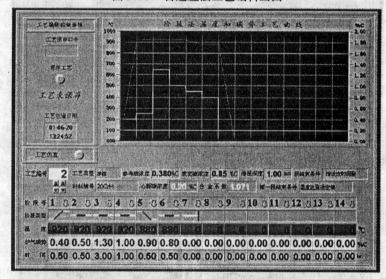

图 9.22 分段法 1 渗碳／碳氮共渗温度碳势程控工艺编辑窗口

① 升温阶段。本段在到达设定炉温时结束,最大升温速度按下式计算

$$最大升温速度 = \frac{目的温度 - 起始温度}{设定时间}$$

为了尽快排气和建立碳势,当炉温超过通入渗碳介质的最低温度后通入炉气介质(如:750~800℃后通入煤油)。由于本阶段炉温和工件温度都较低,故本段碳势设定也应较低。

② 均温、排气阶段。使罐内工件内外温度均匀,达到设定的渗碳温度。此时已基本排尽炉内空气建立了较高的炉气碳势,具备工件开始渗碳的条件。计算机通过碳势控制仪输出报警信号,通知操作者进行关孔操作。

③ 碳势、温度、时间分段定值控制阶段。从此时开始,工件开始渗碳,系统对炉气氧探头电势和炉温采样,实时计算每一时刻的炉气碳势、工件硬化层内碳浓度分布、工件表面

碳质量分数和硬化层深度。在降温段,最大降温速度按下式计算

最大降温速度 =（起始温度 - 目的温度）/ 设定时间

当最后一段保温时间达到后,系统自动发出报警信号,提示操作者结束渗碳工艺。

(3) 分段法控制方式 2

此方法除了升降温段和出炉前的保温段按设定时间到结束外,其余各阶段均是事先设定好各渗碳阶段工件表面碳浓度和层深百分比,系统按照设定好的时间或层深百分比进行控制到结束。具体编辑画面如图 9.23 所示。

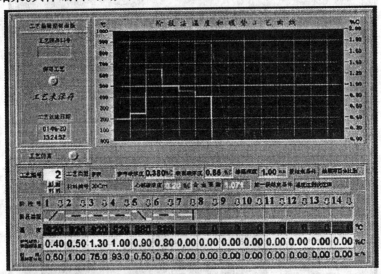

图 9.23　分段法 2 渗碳／碳氮共渗温度碳势程控工艺编辑窗口

4. 整个系统全貌界面图(见图 9.24)

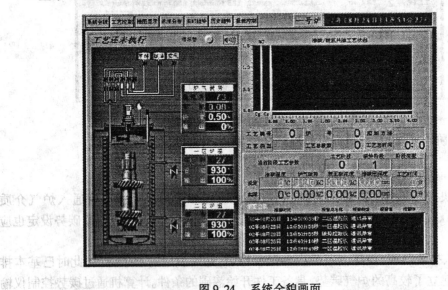

图 9.24　系统全貌画面

工艺过程进行时,系统全貌画面的工艺状态框内提示："工艺正在进行"。

在系统全貌画面,点击炉底中央部位可以选择 11 种零件形状,用于模拟显示处理的

零件。零件形状文件保存在 C：\ HT8002ACC \ BMP 目录下，文件名为 part0.bmp ~ part10.bmp。用户可根据自己的要求，对这些文件进行修改，可改变图形内容，但不要改变图形的大小、颜色、位数等属性。

三、主要仪器及材料

HT8002AC 井式炉渗碳／碳氮共渗工艺过程计算机控制系统；井式渗碳炉；碳势控制仪；煤油；甲醇；Q235 钢试件。

四、实验过程

(1) 打开控制系统机箱，观察整个控制系统电路及其元器件，认识主要元器件。

(2) 作金属材料渗碳热处理的前期准备，除去试样表面油污和杂质，干燥后放入炉内。大型渗碳工件可打开炉盖放入炉内，尺寸小于 10 mm × 10 mm × 10 mm 的试验件，用铁丝固定好后，可从排气孔处放入炉内。

(3) 开机。打开电源，启动微机电源，打开桌面上的渗碳炉控制软件，选择分段工艺控制方式，点击《OK》按钮进入工艺控制界面，输入渗碳相关的工艺参数。设置好后，点击红色按钮（使之变成绿色），启动工艺运行。

(4) 炉膛温度达到 750 ℃，打开甲醇管路手阀，通入甲醇排气，甲醇流量大约 25 ~ 30 mL/min，炉膛温度达到 800 ℃ 后，打开煤油自动控制管路手阀，通入煤油。同时注意观察氧探头电势，氧电势超过 950 mV 时，点燃排气口排出废气。

(5) 渗碳工艺完成后，达到出炉条件时，系统自动打铃报警，点击工艺控制界面，结束工艺运行，最后退出渗碳程序并关机。

(6) 停炉。停止加热前先关闭甲醇和煤油管路上的手动阀门，待炉子冷却后，从排气孔处取出 Q235 钢渗碳试件，检查渗碳质量。

五、基本要求

掌握基本原理，记录实验数据并分析实验结果。

参考文献

[1] 那顺桑.金属材料工程专业实验教程[M].北京:冶金工业出版社,2004.
[2] 李晨希,曲迎东,杭争翔.材料成形检测技术[M].北京:化学工业出版社,2007.
[3] 吴润,刘静.金属材料工程实践教学综合实验指导书[M].北京:冶金工业出版社,2008.
[4] 刘天佑.钢铁质量检验[M].北京:冶金工业出版社,1999.
[5] 马晓娥.材料试验与测试技术[M].北京:中国电力出版社,2008.
[6] 费得君,涂敏瑞,曾英.化工实验研究方法及技术[M].北京:化学工业出版社,2008.
[7] 刘振学,黄仁和,田爱民.实验设计与数据处理[M].北京:化学工业出版社,2009.
[8] 胡灶福,李胜祗.材料成形实验技术[M].北京:冶金工业出版社,2007.
[9] 程兰征,章艳豪.物理化学[M].上海:上海科学技术出版社,2006.
[10] 邱成军,王元化,王义杰.材料物理性能[M].哈尔滨:哈尔滨工业大学出版社,2003.
[11] 葛利玲.材料科学与工程基础实验教程[M].北京:机械工业出版社,2008.
[12] 潘清林,黄继武,薛松柏.金属材料科学与工程试验教程[M].长沙:中南大学出版社,2006.
[13] 唐大林,曾大本.铸造非铁合金及其熔炼[M].北京:中国水利水电出版社,2007.
[14] 陆文华,李隆盛,黄良余.铸造合金及熔炼[M].北京:机械工业出版社,2002.
[15] 周玉.材料分析方法[M].北京:机械工业出版社,2007.
[16] 中国机械工程学会焊接学会.焊接手册 - 焊接方法及设备[M].北京:机械工业出版社,2001.
[17] 张文钺.焊接冶金学[M].北京:机械工业出版社,1999.
[18] 黄继武.MDI Jade 使用手册 - X射线衍射实验操作指导[M].长沙:中南大学出版社,2006.
[19] 唐春华.金属表面磷化技术[M].北京:化学工业出版社,2009.
[20] 麦群,雷阿丽.金属的腐蚀与防护[M].北京:国防工业出版社,2009.
[21] 王盘鑫.粉末冶金学[M].北京:冶金工业出版社,2008.
[22] 曹茂盛,徐群,杨郦.材料合成与制备方法[M].哈尔滨:哈尔滨工业大学出版社,2005.
[23] 胡赓祥,蔡珣,戎咏华.材料科学基础[M].上海:上海交通大学出版社,2006.
[24] 姚寿山,李戈扬,胡文彬.表面科学与技术[M].北京:机械工业出版社,2007.
[25] 陆兴.热处理工程基础[M].北京:机械工业出版社,2007.
[26] 崔忠圻.金属学及热处理[M].北京:机械工业出版社,1998.
[27] 于永泗,齐民.机械工程材料[M].大连:大连理工大学出版社,2007.
[28] 束德林.工程材料力学性能[M].北京:机械工业出版社,2007.

[29] 吉泽升.热处理炉[M].哈尔滨:哈尔滨工程大学出版社,2008.
[30] 孙智,江利,应鹏展.失效分析[M].北京:机械工业出版社,2005.
[31] 王文清,李魁盛.铸造工艺学[M].北京:机械工业出版社,2007.
[32] 孙业英.光学显微分析[M].北京:清华大学出版社,1996.
[33] 王守朴.金相分析基础[M].北京:机械工业出版社,1998.

部分图书介绍

书名	作者
材料基础实验教程	徐家文
材料物理导论(第2版)	杨尚林
材料化学导论(第2版)	席慧智
材料科学基础教程(第3版)	赵　品
材料科学基础教程习题及解答(修订版)	赵　品
材料近代分析测试方法(第3版)	常铁军
复合材料概论(第2版)	王荣国
功能材料概论(第2版)	殷景华
应用表面化学(第3版)	姜兆华
材料合成与制备方法(第3版)	曹茂盛
材料加工原理(第2版)	蒋成禹
工程材料力学性能(第2版)	刘瑞堂
材料现代设计理论与方法(第2版)	曹茂盛
材料科学与工程导论(第2版)	杨瑞成
传输原理(修订版)	吉泽升
材料物理性能(第3版)	邱成军
机械工程材料(第3版)	齐宝森
机械工程材料实验教程(第2版)	姜　江
机械工程材料学习方法指导(第2版)	边　洁
机械零件失效分析	刘瑞堂
制造工艺基础	崔明铎
现代材料处理工艺过程计算机控制	朱　波
材料加工中的计算机应用基础	栾贻国
材料加工中的计算机应用技术	栾贻国
新型材料及其应用	齐宝森
材料科学与工程	文九巴
特种先进连接方法	张柯柯
特种陶瓷工艺与性能	毕见强
结构材料学	刘锦云
塑料成型工艺与模具设计	杨永顺
钢结构焊接导论	王国凡